# 数学建模与数学实验

## Mathematical Modeling and Mathematics Experiment

◎ 主　编　宣　明

副主编　王新成　阮　婧

林　斌　项海飞

ZHEJIANG UNIVERSITY PRESS
浙江大学出版社

## 内容简介

本书是高职院校数学建模与数学实验课程建设与教学实践成果的第二版。全书共三篇。第一篇数学建模实践：第1章，数学建模与数学实验简介；第2章，数学建模实践。第二篇数学实验：第3章，MATLAB数学实验；第4章，LINGO数学实验；第5章，EXCEL数学实验。第三篇数学建模培训：第6章，微分方程模型；第7章，数据拟合方法；第8章，数据统计与回归分析；第9章，大专数学建模竞赛优秀论文选。

本书的特色是：第一篇为数学建模实践课，以"任务驱动"开展教学活动，该活动模拟了数学建模竞赛过程；第二篇为数学实验课，以学生为主学习数学工具；第三篇为数学建模培训，学习适合高职学生的数学知识和汇集大专数学建模竞赛的优秀论文。

**图书在版编目（CIP）数据**

数学建模与数学实验／宣明主编. —2版.—杭州：
浙江大学出版社，2016.2（2021.1重印）
ISBN 978-7-308-14493-3

Ⅰ.①数… Ⅱ.①宣… Ⅲ.①数学模型－高等职业教育－教材 ②高等数学－实验－高等职业教育－教材
Ⅳ.①0141.4 ②013-33

中国版本图书馆 CIP 数据核字（2015）第 057459 号

**数学建模与数学实验(第二版)**

主　　编　宣　明

副主编　王新成　阮　婧　林　斌　项海飞

责任编辑　王　波
封面设计　雷建军
出版发行　浙江大学出版社
　　　　　（杭州市天目山路148号　邮政编码310007）
　　　　　（网址：http://www.zjupress.com）
排　　版　杭州中大图文设计有限公司
印　　刷　广东虎彩云印刷有限公司绍兴分公司
开　　本　787mm×1092mm　1/16
印　　张　19.25
字　　数　468千
版 印 次　2016年2月第2版　2021年1月第3次印刷
书　　号　ISBN 978-7-308-14493-3
定　　价　39.50元

# 前　　言

随着数学建模竞赛的深入开展,有更多的高职院校开设了数学建模课程和数学实验课程。为了使更多学生在数学建模和数学实验方面受益,我们结合高职院校学生的实际情况,并根据高职院校"项目化"、"任务驱动"等教学改革要求,对数学建模课程和数学实验课程进行了多年的教学实践,探索出"任务驱动"的数学建模实践教学,以学生为主的学习数学工具的数学实验教学,以及适合高职院校学生的数学建模培训内容。在此基础上,对2009年浙江省高校重点教材《数学建模与数学实验》(宣明主编)进行了修改和完善。

在教材修改和完善过程中,主要体现以下特色:

1. 第一篇为数学建模实践课,以"任务驱动"开展教学活动,该活动模拟了数学建模竞赛过程,具体为三个步骤:(1)任务提出;(2)技能学习;(3)完成任务。

2. 第二篇为数学实验课,以学生为主,突出数学工具(软件 MATLAB、LINGO、EX-CEL)的实训。

3. 第三篇为数学建模培训,补充适应高职学生的微分方程模型、数据拟合方法、数据统计与回归分析,以及汇集大专数学建模竞赛的优秀论文。

**教学建议:**

1. 数学建模课是以学生为主的数学建模实践,有 MATLAB 数学建模实践、LINGO 数学建模实践、EXCEL 数学建模实践。学时设计为72节课。教学可分三个步骤:(1)数学建模任务提出;(2)技能学习(学生小组学习相关知识、学习数学模型和学习软件的相关操作);(3)完成数学建模任务(学生用软件求解数学模型、验证参考答案并完成数学建模实践小论文)。

2. 数学实验课学时设计为36节课,教学可侧重软件 MATLAB、LINGO、EXCEL 的以学生为主的学习,并提交实训报告。

3. 数学建模培训可作为赛前辅导,学时可根据学生实际情况设计。

本书编写和完善的具体分工如下:宣明撰写第1、2、3、5章;林斌撰写第4章;王新成撰写第6章;项海飞撰写第7章;阮婧撰写第8章;第9章由宣明、项海飞、阮婧、林斌合作完成。宣明负责全书质量把关。

由于编者水平有限,书中难免有不足之处,恳切希望广大读者对教材提出宝贵的意见和建议,以便修订时加以完善。

编　者

2016 年 1 月

# 目 录

## 第一篇 数学建模实践

# 第二篇　数学实验

# 第三篇　数学建模培训

▶ 第一篇 ┃ 数学建模实践

# 第1章　数学建模与数学实验简介

随着科学技术的飞速发展和社会的进步,数学不但在各传统领域(如工程技术、经济建设等)发挥着越来越重要作用,而且不断地向新的领域(如生物、医学、金融、交通、人口、地质等)渗透.数学与计算机技术相互结合,形成了一种普遍的、可以实现的关键技术 —— 数学技术,并成为当代高新技术的重要组成部分.同时,"数学模型"、"数学建模"、"数学实验"这些词汇也越来越多地出现在现代人的生活、工作和社会活动中,可以毫不夸张地说,数学模型、数学建模和数学实验无处不在.甚至报刊、媒体中也越来越多地出现数学模型、数学建模和数学实验这样的术语,它们正在成为人们日常生活和语言交流中常见的术语.

## 1.1　数学模型

初等代数中碰到过这样的航行问题:

甲、乙两地相距 750km,船从甲到乙顺水航行需 30h,从乙到甲逆水航行需 50h,问船速和水速各是多少?

**解**　设用 $x$km/h 表示船速,$y$km/h 表示水速,船运行中仅考虑水流的影响,列出方程:

$$\begin{cases} (x+y) \times 30 = 750 \\ (x-y) \times 50 = 750 \end{cases}$$

求解得到 $x = 20, y = 5$.

答:船速每小时 20km,水速每小时 5km.

当然,真正实际问题的数学模型通常要复杂得多,但是建立数学模型的基本内容已经包含在解上述问题的过程中了.那就是:根据目标和问题的背景作出必要的简化假设(航行中设船速和水速为常数);用字母表示待求的未知量($x, y$ 代表船速和水速);利用相应的物理或其他规律(匀速运动的距离等于速度乘以时间),列出数学式子(二元一次方程组);求出数学上的解答($x = 20, y = 5$);用这个答案解释原问题(船速每小时 20km,水速每小时 5km);最后还要用实际现象来验证上述结果.

数学模型(Mathematical Model)是用数学术语对部分现实世界近似的描述.即用如函数、图形、代数方程、微分方程等数学式子来描述所研究的客观对象或系统在某一方面的存在规律.

# 1.2 数学建模和数学建模竞赛

## 1.2.1 数学建模

数学建模(Mathematical Modeling)是利用数学知识与方法解决实际问题的一种有效实践,即建立模型、求解该模型并得到结论以及验证结论是否正确的全过程.

数学建模的全过程大体上可归纳为以下步骤:

第1步,对某个实际问题进行观察、分析;

第2步,对实际问题进行必要的抽象、简化,作出合理的假设;

第3步,确定要建立的模型中的变量和参数;

第4步,根据某种"规律",建立变量和参数间确定的数学关系;

第5步,解析或近似地求解该数学问题;

第6步,数学结果能否展示、解释预测实际问题中出现的现象,或用某种方法来验证结果是否正确;

第7步,如果第6步的结果是肯定的,那么就可以付之试用;如果是否定的,那就要回到第1至6步进行仔细分析,重复上述建模过程.

可见,数学建模过程中最重要的三个要素,也是三个最大的难点是:

1. 怎样从实际情况出发作出合理的假设,从而得到可以执行的合理的数学模型;

2. 怎样简明、合理、快捷地求解模型中出现的数学问题;

3. 怎样验证模型是合理、正确、可行的.

要想比较成功地运用数学建模去解决真正的实际问题,还需学习"双向翻译"的能力,即能够把实际问题用数学的语言表述出来,而且能够把数学建模得到的结果,用普通人能够懂的语言表述出来.

例如,哥尼斯堡有一条普雷格尔河,这条河有两个支流,在城中心汇合成大河,河中间有一小岛,河上有七座桥,如图1-1所示.18世纪哥尼斯堡的很多居民总想一次不重复地走过这七座桥,再回到出发点.可是试来试去总是办不到,于是有人写信给当时著名的数学家欧拉,欧拉于1736年建立了一个数学模型解决了这个问题.他把$A$、$B$、$C$、$D$这四块陆地抽象为数学中的点,把七座桥抽象为七条线,如图1-2所示.

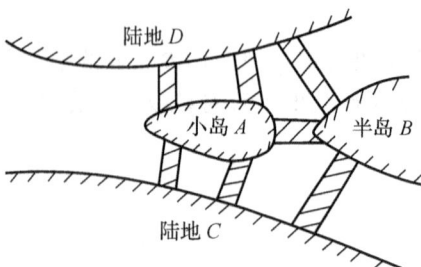

图1-1 七桥

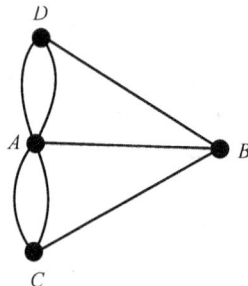

图1-2 抽象后的七桥

人们步行七桥问题,就相当于图1-2的一笔画问题,即能否将图1-2所示的图形不重复地一笔画出来.这样的抽象并不改变问题的实质.

哥尼斯堡七桥问题是一个具体的实际问题,属于数学模型的现实原型.经过理想化抽象所得到的如图 1-2 所示的一笔画问题便是七桥问题的数学模型.在一笔画的模型里,只保留了桥与地点的连接方式,而其他一切属性则全部抛弃了.所以从总体上来说,数学模型只是近似地表现了现实原型中的某些属性,而就所要解决的实际问题而言,它是更深刻、更正确、更全面地反映了现实,也正由此,对一笔画问题经过一定的分析和逻辑推理,得到此问题无解的结论之后,可以返回到七桥问题,得出七桥问题的解答,不重复走过七座桥回到出发点是不可能的.

## 1.2.2　数学建模竞赛

自古以来,各种竞赛方式历来是各行各业培养、锻炼和选拔人才的重要手段.凡竞赛实际上都有准备阶段、临场发挥和赛后总结、提高三个阶段.全国大学生数学建模竞赛也不例外.

**1. 全国大学生数学建模竞赛简介**

全国大学生数学建模竞赛每年 9 月第二个星期五至下一周星期一(共 3 天,72h) 举行,竞赛面向全国大专院校的学生,不分专业(但竞赛分甲、乙两组,甲组竞赛任何大学生均可参加,乙组竞赛只针对大专生).竞赛是由三名大学生组成一队,可以自由地收集资料、调查研究,使用计算机、互联网和任何软件,在三天时间内分工合作,共同完成一篇科技论文.

该竞赛首次举办于 1992 年,由中国工业与应用数学学会(CSIAM) 组织实施.1994 年起由教育部高教司和中国工业与应用数学学会共同主办.1999 年开始设立大专组的竞赛.该项竞赛已经成为全国高等院校中规模最大的课外科技活动.

**2. 数学建模竞赛的宗旨及意义**

数学建模竞赛的宗旨是:创新意识,团队精神,重在参与,公平竞争.

数学建模竞赛对高职教育的意义在于:高等职业教育的培养目标是为生产和服务第一线培养具备综合职业能力和全面素质的高级实用性人才.而数学建模就是要求大学生参与到具体的生产生活中去,并解决实际问题,它所包含的数学训练、数学思想、数学方法将来都会发挥积极的作用,使大学生终身受益;从某种意义上说,数学建模竞赛是提前让大学生了解今后走向工作岗位所需要的能力和品质.

**3. 全国大学生数学建模竞赛的三个阶段**

(1) 培训阶段

① 细水长流和集中培训相结合.所谓"细水长流",就是开设公共选修课或必修课;"集中培训"就是在赛前用一定的时间对参赛者进行提高能力的集训.

② 培训内容包括:扩充理论知识(比如数值方法、统计分析等),加强常用软件的操作(比如 MATLAB、LINGO、EXCEL 等),解决实际问题,编写论文.培训的主要形式可以是:数学建模任务的提出、学习相关理论和相应软件操作,以论文的形式完成任务.重要的是在这过程中始终以 3 人学习小组为单位.

③ 组织 1 至 2 次的模拟考试,让学生适应实战情形.

(2) 三天的拼搏

这是学生独立去迎接竞赛的挑战,既体现培训的成果,也充分展现了学生的应变能力,当然有时候也有运气问题.主要应该做好以下事情:

① 要有充分时间来审题,展开充分的讨论,写下曾经讨论过的所有假设,及设想的各种做法.

② 针对题目要求进行数学建模,回答题目中的问题.

③ 论文是关键,要有一位队员负责写论文,特别是要写好摘要.

④ 因为三天时间太短,不可能将所有想法都实现,应把未实现的想法记录下来,以备赛后阶段之用.

(3)赛后继续阶段

竞赛结束,从某种意义上说是真正收获的开始.理由有二:其一是,绝大多数同学在参赛的三天中有很多想法,由于时间的限制,无法一一实现,已经做好的成果来不及深入研究;其二是,师生可以在一起切磋、讨论问题.对于教师来说,竞赛题目的深入往往提供了很好的科研项目;对于学生来说,是实施"大学生素质拓展计划"的有效尝试.

**4.数学建模论文的撰写方法**

在写作论文时,建模小组的各成员应齐心协力,既要各司其职,又要通力合作.按照数学建模竞赛章程规定,数学建模论文主要组成部分有如下几方面:

(1)题目

论文题目是一篇论文给出的涉及论文范围及水平的第一重要信息,要求简短精练、高度概括、准确得体、恰如其分.既要准确表达论文内容,恰当反映所研究的范围的深度,又要尽可能概括、精练.例如《基金使用计划的优化模型》、《飞越北极问题的数学模型》等.

(2)摘要

摘要是论文内容不加注释和评论的简短陈述,其作用是使读者不阅读论文全文即能获得必要的信息.在数学建模论文中,摘要是非常重要的一部分.数学建模论文的摘要应包含以下内容:所研究的实际问题、建立的数学模型、求解模型的方法、获得的基本结果以及对模型的检验或推广.论文摘要需要用概括、简练的语言反映这些内容,尤其要突出论文的优点或闪光点.2001年起,为了提高论文评选效率,要求将论文第一页全用作摘要,摘要中可出现图、表和数学公式,对字数无明确限制.

摘要在整篇论文中占有重要权重,需要认真书写.

(3)问题重述

数学建模竞赛要求解决给定的问题,所以论文中应叙述给定问题.撰写这部分内容时,不要照抄原题,应把握住问题的实质,再用较精练的语言叙述问题.

(4)模型假设

建模时,要根据问题的特征和建模目的,抓住问题的本质,忽略次要因素,对问题进行必要的简化,做出一些合理的假设.模型假设部分要求用精练、准确的语言列出问题中所给出的假设,以及为了解决问题所做的必要、合理的假设.假设做得不合理或太简单,会导致产生错误的或无用的模型;假设做得过分详尽,试图把复杂对象的众多因素都考虑进去,会使工作很难或无法继续下去,因此常常需要在合理与简化之间作出恰当的折中.

例如,飞越北极问题,假设飞机飞行高度不变,飞行不受其他干扰;饮酒驾车问题假设在晚上7点半晚饭时大李第二次喝酒.

(5)分析与建立模型

这一阶段即根据假设,用数学的语言、符号描述对象的内在规律,得到一个数学结构.建模时应尽量采用简单的数学工具,使建立的模型易于被人理解.在撰写这一部分时,对所用的变量、符号、计量单位应作解释,特定的变量和参数应在整篇文章中保持一致.为使模型易懂,可借助于适当的图形、表格来描述问题或数据.

它是论文的核心部分,能体现建模的创造性.

(6)模型求解

模型求解即使用各种数学方法或软件包求解数学模型.此部分应包括求解过程的公式推导、算法步骤及计算结果.为求解而编写的计算机程序应放在附录部分.有时需要对求解结果进行数学上的分析,如结果的误差分析、模型对数据的稳定性或灵敏度分析等.

它是问题的结果,有时是最值得关注的数据.

(7)模型检验

模型检验即把求解和分析结果翻译回到实际问题,与实际的现象、数据比较,检验模型的合理性和适用性.如果结果与实际不符,问题常出在模型假设上,应该修改、补充假设,重新建模.这一步对于模型是否真的有用十分关键.

(8)模型推广

模型推广即将该问题的模型推广到解决更多的类似问题,或讨论给出该模型在更一般情况下的解法,或指出可能的深化、推广及进一步研究的建议.

(9)参考文献

在正文中提及或直接引用的材料或原始数据,应使用"[1]、[2]、……"的形式注明出处,并将相应的出版物列举在参考文献中.需标明出版物的著者姓名、名称、页码、出版日期、出版单位等.

参考文献的著录格式为:

[编号]作者.书名.出版地:出版社,出版年

期刊论文的表述方式为:

[编号]作者.篇名.刊名,出版年卷(期):页码

网上资源的表达式为:

[编号]作者.文章名.网页.下载年-月-日

(10)附录

附录是正文的补充,与正文有关而又不便于编入正文的内容都收集在这里,包括计算机程序、比较重要但数据量较大的中间结果等.为便于阅读,应在源程序中加入足够的注释和说明语句.

# 1.3 数学实验

长久以来,数学一直被认为是一门高度抽象的学科.对大多数人来说,无论是研究数学还是学习数学,都是从公理体系出发,沿着"定义 → 定理 → 证明 → 推理"这样一条逻辑演绎的道路进行.公理化体系的建立,充分展示了数学的高度抽象性和严谨的逻辑性,使数学成为有别于其他自然科学的独树一帜的科学领域.

但是,在完美的公理化体系的包装下,数学家们发现问题、处理问题、解决问题的思维轨

迹往往被掩盖了.在学习中,常常有学生问道:当初的数学家是怎样想到这个问题的?他们是怎样发现和证明的?事实上,理性的认识需要充分的感性认识作为基础,数学的抽象来源于对具体数学现象的归纳和总结.我们学数学不仅要学习它的理论体系,而且要学会数学的思考方法.那么,我们能不能采用归纳的方法和实验的手段来学习和理解数学呢?数学实验课正是出于这样的目的而开设的一门课程.

### 1.3.1　数学实验

数学实验(Mathematical Experiments)是指为获得某种数学理论、验证某种数学猜想、解决某种数学问题,人们利用计算机系统作为实验工具,数学软件作为实验平台,数学理论作为实验原理,所进行的一种数学探索活动.

现在常用的数学软件有 MATHEMATICA,MATLAB,LINGO,EXCEL 等.

### 1.3.2　数学实验的内容与教学模式

**1. 数学实验的内容**

数学实验的内容包括基础实验和综合实验.

① 基础实验:以高等数学的基础内容为主要实验素材,掌握数学软件的基本命令,熟悉软件的公式演算、数值计算、图形绘制等基本功能.

② 综合实验:以实际应用问题为主要实验素材,如个人所得税计算、选址问题、易拉罐尺寸的最优设计、基金使用计划等让学生亲身体验用数学解决实际问题的全过程,培养学生建立数学模型、综合运用数学知识和解决实际问题的能力.

**2. 数学实验教学模式**

数学实验摆脱了传统数学教学中"老师讲,学生听,老师写,学生抄"的状况,借助数学软件和计算机构建了"问题 — 实验 — 交流"的教学新模式.该教学新模式充分体现了教学以学生为主体,让学生明确了学做什么,怎么做.

"问题 — 实验 — 交流"的教学新模式具体包括:

(1)问题

问题是实验的前提和条件,是实验教学的首要环节,问题情景的设计要有利于学生学习兴趣的激发,有助于唤起学生的积极思维.

(2)实验

实验是指按实验目标和要求所进行的具体操作和演示,是实验教学的核心环节.

(3)交流

交流是指学生与学生、学生与教师的交流,实验是在教师的指导下进行,信息的传送和反馈是不可或缺的.数学交流是现代数学教学中的一个新课题,把实验与交流结合起来凸现了数学知识的形成过程.

# 1.4　微积分建模实例

## 1.4.1　合理避税

根据 2011 年 9 月 1 日起实施的最新修订的《中华人民共和国个人所得税法(修正案)》规定,个人所得税计算方法为:

全月应纳税额 ＝ 全月应纳税所得额 × 适用税率 － 速算扣除数

全月应纳税所得额 ＝ 实发工资薪金 － 3500(扣除标准)

个人所得税税率如表 1-1 所示.

表 1-1　个人纳税税率表

| 级　　数 | 全月应纳税所得额(超过 3500 元的数额) | 税率(％) | 速算扣除数 |
|---|---|---|---|
| 1 | 不超过 1500 元的部分 | 3 | 0 |
| 2 | 超过 1500 元到 4500 元的部分 | 10 | 105 |
| 3 | 超过 4500 元到 9000 元的部分 | 20 | 555 |
| 4 | 超过 9000 元到 35000 元的部分 | 25 | 1005 |
| 5 | 超过 35000 元到 55000 元的部分 | 30 | 2755 |
| 6 | 超过 55000 元到 80000 元的部分 | 35 | 5505 |
| 7 | 超过 80000 元的部分 | 45 | 13505 |

**例 1-1**　某事业单位研究员王先生是一位难得的优秀人才,单位承诺他的年收入将不低于 10 万元,王先生每月的基本实发工资为 4000 元.每年,王先生都要承担一项周期性较长的研究项目,单位对王先生每月的工作难以量化考核,先按每月 4000 元的基本工资实发,这样连续发了 11 个月,王先生仅得到 4.4 万元的工资收入.到第 12 个月,王先生恰好把项目的所有工作做完,并通过验收.于是,该单位按 10 万元最低收入的承诺一次性发给王先生 5.6 万元的差额作为王先生 12 月份的工资收入.结果造成王先生 12 月份的纳税款额急剧升高.该单位领导认为:10 万元的收入,先发还是后发,实质是一样的,果真如此吗?

如果该单位前 11 个月每月先实发给王先生工资 7000 元,而在 12 月份再将另外的 2.3 万元发给王先生,这样,单位发给王先生的工资总额仍为 10 万元,但对王先生来说,其实际收入将大不一样,为什么?哪种发放形式更能让王先生合理避税?

**解**　假设某人全月应纳税所得额为 $x$ 元,全月应纳税额为 $y$ 元.

按照税法规定,当 $x=0$ 元时,不必纳税,所以,这时 $y=0$;当 $0<x\leqslant1500$ 元时,应交纳税额为 $y=3\%x$;当 $1500<x\leqslant4500$ 元时,应交纳税额为 $y=10\%x-105$,….

依此可以建立函数模型如下:

$$y = \begin{cases} 3\%x, & 0 \leqslant x \leqslant 1500 \\ 10\%x - 105, & 1500 < x \leqslant 4500 \\ 20\%x - 555, & 4500 < x \leqslant 9000 \\ 25\%x - 1005, & 9000 < x \leqslant 35000 \\ 30\%x - 2755, & 35000 < x \leqslant 55000 \\ 35\%x - 5505, & 55000 < x \leqslant 80000 \\ 45\%x - 13505, & x > 80000 \end{cases}$$

（1）若采用第一种方式发放

① 王先生前 11 个月应纳税额计算

由于 $0 < x = 4000 - 3500 = 500 \leqslant 1500$，王先生每月应纳税额为

$$y_0 = 3\% \times 500 = 15 \text{ 元},$$

这样，王先生前 11 个月共纳税额为 $11 \times 15 = 165$ 元.

② 王先生 12 月份工资应纳税额计算

由于 $35000 < x = 56000 - 3500 = 52500 \leqslant 55000$，王先生 12 月份应纳税额为

$$y^* = 35\% \times 52500 - 5505 = 12870 \text{ 元},$$

这样按第一种发放方式王先生全年应纳税额为

$$y_1 = 11y_0 + y^* = 11 \times 15 + 12870 = 13035 \text{ 元}.$$

（2）若采用第二种方式发放

① 王先生前 11 个月应纳税额计算

由于 $1500 < x = 7000 - 3500 = 3500 \leqslant 4500$，王先生每月应纳税额为

$$y_0 = 10\% \times 3500 - 105 = 245 \text{ 元},$$

这样，王先生前 11 个月共纳税额为 $11 \times 245 = 2695$ 元.

② 王先生 12 月份工资应纳税额计算

由于 $9000 < x = 23000 - 3500 = 19500 \leqslant 35000$，王先生 12 月份应纳税额为

$$y^* = 25\% \times 19500 - 1005 = 3875.5 \text{ 元}.$$

这样按第二种发放方式王先生全年应纳税额为

$$y_2 = 11y_0 + y^* = 11 \times 245 + 3875.5 = 6570.5 \text{ 元}.$$

显然，按第二种发放工资，可使王先生合理避税

$$\Delta y = y_1 - y_2 = 13035 - 6570.5 = 6464.5 \text{ 元}.$$

可见，在日常生活中，合理使用数学并了解和掌握基本的税务知识也能为人们创造收益.

### 1.4.2 工行利息收取模型

**例 1-2** 一位使用工商银行国际信用卡的张姓用户，2004 年 12 月用工商银行的信用卡，刷卡消费 39771.52 元，由于记错了还款额，他在还款日期（2005 年 1 月 25 日）到期之前，分多次共计还款 39771.28 元，少还了 0.24 元（事后才发现）. 但就是这区区 0.24 元，工商银行在他 1 月份的账单里记账两笔共计 853 元的利息. 张先生从网上查到账单后，立即致电工商银行，得到的答复是最新的国际信用卡章程已将原来只对逾期没有还的欠款部分收取利息，改为对消费款全部从消费发生日起收取每日万分之五的利息.

我们先不说张先生是否及时知道新的章程及这种收费是否合理,这里我们只问一个问题:工行按多少天来收的利息?

**解**　我们向银行借钱支付的是复利,银行就是这么向我们收钱的.其数学模型为

$$A_n = A_0(1+r)^n$$

其中 $A_0$ 表示开始的投资(或借款)本金总额,$r$ 表示单位时间(可以是天、月或年,称为一期)的利率,$A_n$ 表示 $n$ 个单位时间后的总金额.

已知 $A_0 = 39771.52$,$A_n = 39771.28 + 853 = 40624.52$,$r = 0.0005$,由 $n = \dfrac{\ln(A_n/A_0)}{\ln(1+r)}$,代入计算得 $n \approx 42.46$ 天.

**贷款还款模型**

持续收取的定额款项叫作年金.假设借款额为 $A_0$,每期利率为 $r$,每期的还款额为 $x$,$A_k$ 表示第 $k$ 期结束时尚欠的借款.总借期为 $n$ 期(即到第 $n$ 期结束时还清全部借款,即 $A_n = 0$).其数学模型为

$$A_k = A_{k-1}(1+r) - x, \quad k = 1, 2, \cdots, n. \tag{1-1}$$

利用数学归纳法和等比级数求和公式 $1 + y + y^2 + \cdots + y^{n-1} = \dfrac{1-y^n}{1-y}$,可以求解式(1-1),得到

$$A_k = A_0(1+r)^k - \frac{x\left[(1+r)^k - 1\right]}{r}$$

从 $A_n = 0$(贷款还清),可得 $x = \dfrac{A_0 r(1+r)^n}{(1+r)^n - 1}$,$n = \dfrac{\ln\left(\dfrac{x}{x - A_0 r}\right)}{\ln(1+r)}$,$A_0 = \dfrac{x\left[(1+r)^n - 1\right]}{r(1+r)^n}$ 为求 $A_n = 0$ 时的 $r$,需要求解下面的代数方程式

$$A_0(1+r)^{n+1} - (A_0 + x)(1+r)^n + x = 0$$

## 1.4.3　危险气体检测报警装置设计模型

据不完全统计,2004 年我国发生多起煤矿瓦斯爆炸安全事故,死亡人数达 6027 人,超过伊拉克战争中美军死亡人数的数倍.瓦斯是酿成煤矿事故的第一"杀手",瓦斯治理是煤矿安全生产的核心任务.瓦斯是一种无色无味的气体,平时靠瓦斯检测仪进行检测,如果矿井安装了瓦斯检测仪,瓦斯浓度一旦超标时就能及时报警,矿工们也就会平安升上地面……

那么,瓦斯检测仪为什么能够检测出瓦斯的浓度,并根据检测出的瓦斯浓度发出报警声?它是怎样设计出来的?据了解,矿井中含有瓦斯的空气被吸入盛有瓦斯吸收剂的圆柱形过滤检测仪后出来的空气中的瓦斯气体浓度会降低,而且,这种检测仪吸收瓦斯的量与矿井空气中瓦斯的百分比浓度及吸收层厚度成正比.

**例 1-3**　对于一个具有特定厚度的检测仪,若进口处的瓦斯浓度较高,则其出口处的瓦斯浓度也会相对较高.假设现有瓦斯含量为 8% 的空气,通过厚度为 10cm 的吸收层后,其瓦斯的含量为 2%,问:

(1) 若通过的吸收层厚度为 30cm,出口处空气中的瓦斯含量是多少?

(2) 若要使出口处空气中的瓦斯含量为 1%,其吸收层厚度应为多少?

**解**　设吸收层厚度为 $d$cm,现将吸收层分成 $n$ 小段,每小段吸收层的厚度为 $\dfrac{d}{n}$cm,现在已

知吸收瓦斯的量与瓦斯的百分浓度以及吸收层厚度成正比,对于瓦斯含量为 8% 的空气,则有:

通过第一小段吸收后,吸收瓦斯的量为 $k \times 8\% \times \dfrac{d}{n}$,($k$ 为比例系数)空气中剩余的瓦斯含量为

$$8\% - k \times 8\% \times \frac{d}{n} = 8\%\left(1 - k \times \frac{d}{n}\right),$$

通过第二小段吸收后,吸收瓦斯的量为 $k \times 8\%\left(1 - k \times \dfrac{d}{n}\right) \times \dfrac{d}{n}$,空气中剩余的瓦斯含量为

$$8\%\left(1 - k \times \frac{d}{n}\right) - k \, 8\%\left(1 - k \times \frac{d}{n}\right) \times \frac{d}{n} = 8\%\left(1 - k \cdot \frac{d}{n}\right)^2,$$

······

依次类推.

通过第 $n$ 小段吸收后,吸收瓦斯的量为 $k \times 8\%\left(1 - k \cdot \dfrac{d}{n}\right)^{n-1} \times \dfrac{d}{n}$,空气中剩余的瓦斯含量为

$$8\%\left(1 - k \cdot \frac{d}{n}\right)^{n-1} - k \times 8\%\left(1 - k \cdot \frac{d}{n}\right)^{n-1} \times \frac{d}{n} = 8\%\left(1 - k \cdot \frac{d}{n}\right)^{n}.$$

当 $n \to \infty$ 时,即将吸收层无限细分,通过厚度为 $d\,\text{cm}$ 的吸收层后,出口处空气中的瓦斯含量为

$$\lim_{n\to\infty} 8\%\left(1 - k \cdot \frac{d}{n}\right)^{n} = 8\%\left[\lim_{n\to\infty}\left(1 - k \cdot \frac{d}{n}\right)^{-\frac{n}{kd}}\right]^{-kd} = 8\%\,\mathrm{e}^{-kd}.$$

已知通过厚度为 10cm 的吸收层后,其瓦斯含量为 2%,即

$$8\%\,\mathrm{e}^{-k\cdot10} = 2\%, \quad k = \frac{\ln 2}{5}.$$

(1) 若通过的吸收层厚度为 30cm,即 $d = 30\text{cm}$,则出口处空气中的瓦斯含量为

$$8\%\,\mathrm{e}^{-\frac{\ln 2}{5}\cdot30} = 0.125\%.$$

(2) 若要使出口处空气中的瓦斯含量为 1%,则

$$8\%\,\mathrm{e}^{-\frac{\ln 2}{5}\cdot d} = 1\%, \quad d = 15\text{cm}.$$

此时吸收层厚度为 15cm.

### 1.4.4 旅馆定价

**例 1-4** 某旅馆有 150 个客房.经过一段时间的经营实践,旅馆经理得到一些数据:如果客房定价 160 元,入住率为 55%;每间客房定价为 140 元,入住率为 65%;每间客房定价为 120 元,入住率为 75%;每间客房定价为 100 元,入住率为 85%.欲使每天收入最高,问每间住房的定价应是多少?

**解** 为了建立旅馆一天收入的数学模型,可作如下假设:

假设 1:在无其他信息时,不妨设每间客房的最高定价为 160 元.

假设 2:根据经理提供的数据,设随着房价的下降,住房率呈线性增长.

假设3：设旅馆每间客房定价相等.

**模型建立**

分析：根据题意，设 $y$ 为旅馆一天的总收入，$x$ 为与160元相比降低的房价.

由假设2，可得每降低1元房价，入住率增加 $\frac{10\%}{20} = 0.005$.

因此旅馆一天的总收入为 $y = 150(160 - x)(0.55 + 0.005x)$

由于 $0.55 + 0.005x \leqslant 1$，可知

$$0 \leqslant x \leqslant 90$$

我们的问题是：当 $0 \leqslant x \leqslant 90$ 时，求 $y$ 的最大值点，即求解

$$\max_{0 \leqslant x \leqslant 90} \{y = 150(160 - x)(0.55 + 0.005x)\}.$$

**解模型**

$$y' = 150(-1)(0.55 + 0.005x) + 150(160 - x) \times 0.005$$

令 $y' = 0$，得 $x = 25$

当 $x = 25$ 时，$y$ 最大，最大收入对应的每间客房定价为 $160 - 25 = 135$(元)；相应的入住率为 $0.55 + 0.005 \times 25 = 67.5\%$；一天的最大收入为 $150 \times 135 \times 67.5\% = 13668.75$(元).

验证如下：

(1) 各种定价对应收入，如表1-3所示.

表1-3　各种客房定价对应的收入

| 定价(元/天·间) | 160 | 140 | 120 | 100 | 135 |
|---|---|---|---|---|---|
| 收入(元) | 13200 | 13650 | 13500 | 12750 | 13668.75 |

如果为了便于管理，那么定价140元/天·间也是可以的，因为此时它与最高收入只差18.75元.

(2) 如果定价是180元/天·间，入住率应为45%，其相应收入只有12150元.因此假设1是合理的.事实上二次函数只有一个极值点25在[0,90]之内.

## 1.4.5　城市交通流下黄灯闪烁时间的设置模型

**例1-5**　在北京、上海、广州等大城市乘坐公交车，我们常会遇到交通灯的烦恼问题.交通路口的指挥灯信号有红、黄、绿三种颜色，在绿灯转换成红灯之前有一个过渡状态，这个过渡状态是由黄灯来完成的.通常是亮一段时间的黄灯后才变成红灯信号.交通指挥灯信号设置合理，既可保证交通安全，又能避免某一方向的车流等待太久，减少司机、乘客的烦恼，如果交通指挥灯信号设置不合理，虽也可在一定程度上保证交通安全，但有时往往会造成人们等待某一方向的"车龙"太长，白白浪费了司机、乘客的宝贵时间，无谓地增加了司机、乘客的烦恼.

那么，怎样设置交通指挥灯中各种颜色信号灯闪烁时间的长短，特别是黄灯闪烁的时间才合理呢？

**解**　黄灯信号的作用之一是：当机动车驶到设有红绿灯的路口时，提醒驾驶员注意红绿灯信号，当遇到红灯时应立即停车让横向的车流和人流通过，但已越过停止线的车辆可以继续行驶；黄灯信号的作用之二是：当黄灯亮闪烁时，机动车、行人在保证安全的原则下通行.

停车是需要时间的，在这段时间内，车辆仍将向前行驶一段距离 $L$，这就是说，在离路口

距离为 $L$ 处存在一条停车线(见图 1-3),对于黄灯亮时已经过线的车辆,则应当保证它们仍能穿过马路而不能与横向车流相撞.道路的宽度 $D$ 是已知的,现在的问题是如何确定 $L$ 的大小.

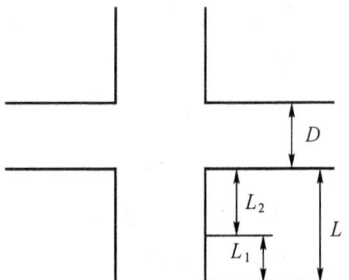

图 1-3 红绿灯路口

$L$ 应当划分为两段:$L_1$ 和 $L_2$,其中 $L_1$ 是驾驶员发现黄灯亮时刻起到他判断应当刹车的反应时间内机动车行驶的距离,$L_2$ 为机动车制动后到停下来车辆行驶的距离,即刹车距离.$L_1$ 是容易计算的,因为交通部门对驾驶员的平均反应时间 $t_1$ 早有测算,而在城市不同路况的道路上对车辆行驶速度 $v_0$ 已有明确规定,就是选择适当的行驶速度 $v_0$ 使交通流量达到最大.于是 $L_1 = v_0 t_1$.

刹车距离 $L_2$ 可通过下述方法求得.假设汽车在城市路面上以速度 $v_0$ 匀速行驶,到某处需要减速停车,汽车以等加速度 $a = -a_0$ 刹车.设开始刹车的时刻为 $t = 0$,刹车后减速行驶,其速度函数 $v(t)$ 满足 $v(t) = v_0 - a_0 t$.

当汽车停住时,$v(t) = 0$,从而得 $t_0 = \dfrac{v_0}{a_0}$,于是从刹车时刻到汽车停下来,汽车行驶的距离为

$$L_2 = \int_0^{t_0} v(t)\,\mathrm{d}t = \int_0^{t_0} (v_0 - a_0 t)\,\mathrm{d}t = \frac{v_0^2}{2a_0}.$$

那么,黄灯究竟应当亮多久呢?通过上面的推导可知,黄灯闪烁时间包括从驾驶员看到黄灯开始到汽车停下来所行驶的距离为

$$L = v_0 t_1 + \frac{v_0^2}{2a_0}.$$

所用的时间和让已经过线的车顺利穿过路口所用的时间.因此,黄灯闪烁的时间至少应为

$$T = \frac{D+L}{v_0}.$$

# 技能训练

1. 37 支球队进行冠军争夺赛,每轮比赛中出场的每两支球队中的胜者及轮空者进入下一轮,直至比赛结束.问共需进行多少场比赛?

2. 用 6 根火柴搭成 4 个三角形,这些三角形的每边都是一根火柴的长度.你能做吗?

3. 两兄妹分别在离家 2km 和 1km 且方向相反的两所学校上学,每天同时放学后分别以 4km/h 和 2km/h 的速度步行回家,一小狗以 6km/h 的速度从哥哥处奔向妹妹,又从妹妹处奔向哥哥,如此往返直至回家中,问小狗奔波了多少路程?

4. 某甲早上 8:00 从山下旅店出发,沿一条路径上山,下午 5:00 到达山顶并留宿.次日早 8:00 沿同一条路径下山,下午 5:00 回到旅店.某乙说,甲必在两天中的同一时刻经过路径中的同一地点.为什么?

5. 某人住 $T$ 市在他乡工作,每天下班后乘火车于 6:00 抵达 $T$ 市车站,他的妻子驾车准时到车站接他回家.一日他提前下班搭乘早一班火车于 5:30 抵 $T$ 市车站,随即步行回家,他

的妻子像往常一样驾车前往,在半路上遇到他,即接他回家,此时发现比往常提前 10 分钟.问他步行了多长时间?

6. 你所在的年级有 5 个班,每班一支球队在同一块场地上进行单循环赛,共要进行 10 场比赛.请你安排一个赛程,使对各队来说都尽量公平.你认为评价公平的指标是什么?

7. 在一个风雨交加的夜里,从某水库闸房到防洪指挥部的电话线路发生了故障.这是一条 10km 长的线路,如何迅速查出故障所在?如果沿着线路一小段一小段查找,困难很多.每查一个点要爬一次电线杆子,10km 长,大约有 200 多根电线杆子呢!想一想,维修线路的工人师傅怎样工作最合理(假设电话线路仅有一处故障)?

8. 两家银行都提供汽车贷款,规定的月还款都是 10000 元.第一家银行贷款的月利率为 6%,第二家银行贷款的月利率较高,为 8%,但是银行同时赠送一台价值 2000 元的相当好的彩电.如果你的朋友至少需要借 50000 元,而且非常喜欢那台彩电.请你帮助你的朋友决策,他应该到哪家银行去贷款?

9. 设一套商品房价值 100 万元,王某自筹了 30 万元,要购房还需借款 70 万元,假定借款月利率为 0.5%,条件是每月采用等额本息还款法,25 年还清,假如还不起,房子归债权人.问王某具有什么样的能力才能贷款购房呢?

10. (“连环送”中的折扣问题)年末,某商家为了吸引顾客,采取“满 100 送 20,连环送”的酬宾方式,即顾客在该商店内消费满 100 元(这 100 元,可以是现金,也可以是奖励券或二者合计),就送 20 元奖励券;满 200 元送 40 元奖励券;满 300 元送 60 元奖励券 …… 某日,消费最多的一名顾客用去现金 70000 元.如果按照这种酬宾方式,这位顾客最多能得到多少优惠?这种“连环送”促销方式,相当于商家至少打了几折?

11. (旅行社组团问题)某旅行社组织 20～80 人的旅行团.旅客为 20 名时,每位旅客收费为 200 元;当旅客超过 20 名时,可以适当少收旅客的旅费,例如每增加 1 名旅客少缴 2 元.旅行社组织一次旅行的固定成本为 4000 元,另外供给每位旅客 30 元的食品.旅行社希望知道:旅行社的利润与旅客人数的关系,何时获得的利润最大,何时亏本。

12. (交通流的分析)某城市有两组单行道,构成了一个包含四个节点 $A,B,C,D$ 的十字路口如图 1-4 所示.在交通繁忙时段的汽车从外部进出此十字路口的流量(每小时的车流数)标于图上.现要求计算每两个节点之间路段上的交通流量 $x_1,x_2,x_3,x_4$.

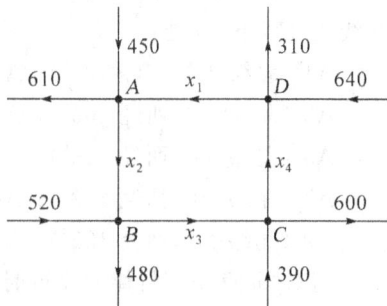

图 1-4　单行线交通流

# 第2章 数学建模实践

数学建模实践分三个步骤：(1)数学建模任务提出；(2)技能学习(在教师指导下，学生小组学习相关知识、学习数学模型和学习 MATLAB、LINGO、EXCEL 软件的相关操作)；(3)完成数学建模任务(用 MATLAB、LINGO、EXCEL 软件求解数学模型、验证参考答案并完成数学建模实践小论文).

## 2.1　MATLAB 数学建模实践

### 2.1.1　飞越北极

#### 一、任务提出

2000 年 6 月,扬子晚报发布消息："中美航线下月可飞越北极,北京至底特律可节省4h",摘要如下：

7 月 1 日起,加拿大和俄罗斯将允许民航班机飞越北极,此改变可大幅度缩短北美与亚洲间的飞行时间,旅客可直接从休斯敦,丹佛及明尼阿波利斯直飞北京等地.据加拿大空中交通管制局估计,如飞越北极,底特律至北京的飞行时间可节省 4h.由于不需中途降落加油,实际节省的时间不止此数.

假设：飞机飞行高度约为 10km,飞行速度约为每小时 980km;从北京至底特律原来的航线飞经以下 10 处:

A1 (北纬 31°,东经 122°)；A2 (北纬 36°,东经 140°)；
A3 (北纬 53°,西经 165°)；A4 (北纬 62°,西经 150°)；
A5 (北纬 59°,西经 140°)；A6 (北纬 55°,西经 135°)；
A7 (北纬 50°,西经 130°)；A8 (北纬 47°,西经 125°)；
A9 (北纬 47°,西经 122°)；A10 (北纬 42°,西经 87°).

请对"北京至底特律的飞行时间可节省 4h"从数学上作出一个合理的解释,设地球是半径为 6371km 的球体.

#### 二、技能学习

#### 1.学习数学模型

任务分析：解释"北京至底特律的飞行时间可节省 4h",就是计算原航线飞行时间与新航线飞行时间的差大约为 4h.假设飞机匀速飞行,不考虑其他因素,则飞行时间 $t$ 等于飞行航程 $s$ 除以飞机速度 $v$.飞行航程 $s$ 的计算实际上就是求一段圆弧长.

(1)地理坐标数学模型

若地理坐标中的东经度数用正角表示,则西经度数可转化为东经度数(等于 360－西经度数);北纬度数用正角表示,则南纬度数用负角表示.

设(纬度,经度)坐标为$(\varphi^0,\theta^0)$,则

$$\varphi^0=\begin{cases}h, & h\text{ 为北纬}\\ -h, & h\text{ 为南纬}\end{cases}\qquad \theta^0=\begin{cases}l, & l\text{ 为东经}\\ 360-l, & l\text{ 为西经}\end{cases}$$

便于计算机计算,将上述的经纬度坐标换算成弧度单位.公式为:

$$\begin{cases}\varphi=\varphi^0\times\dfrac{\pi}{180}\\[2mm] \theta=\theta^0\times\dfrac{\pi}{180}\end{cases}$$

北京和底特律的位置可以到网络上解决.

(2)地理坐标转换为空间直角坐标数学模型(见图 2-1)

地球方程 $x^2+y^2+z^2=r^2$

$$\begin{cases}x=r\cdot\cos\varphi\cdot\cos\theta\\ y=r\cdot\cos\varphi\cdot\sin\theta\\ z=r\cdot\sin\varphi\end{cases}$$

(3)航程计算(即圆弧长的计算)和所用时间计算

考虑飞机从站点 $M_1(x_1,y_1,z_1)$ 飞到 $M_2(x_2,y_2,z_2)$ 的航线,应该是平面 $M_1OM_2$ 和地球球面相截所得的一段圆弧长.

图 2-1　地理坐标转换为空间直角坐标

设该段圆弧的长度为 $d$,$\angle M_1OM_2$ 的角度数为 $\alpha$,$\omega$ 表示 $\alpha$ 对应的弧度数,地球的半径为 $r$ ,则 $d=\dfrac{\alpha}{180}\cdot\pi r=\omega r$

在 $\triangle M_1OM_2$ 中,应用余弦定理可推得:

$$\cos\omega=\frac{2r^2-|M_1M_2|^2}{2r^2}=\frac{2r^2-(\sqrt{(x_1-x_2)^2+(y_1-y_2)^2+(z_1-z_2)^2})^2}{2r^2}$$

$$=\frac{x_1x_2+y_1y_2+z_1z_2}{r^2}.$$

设地球方程 $x^2+y^2+z^2=r^2$.

$$\omega=\arccos[(x_1x_2+y_1y_2+z_1z_2)/r^2]\text{弧度}$$

航程计算:$d=r\cdot\arccos[(x_1x_2+y_1y_2+z_1z_2)/r^2]$

时间计算:时间 $t=$ 航程 $d\div$ 速度 980.

**2. 学习 MATLAB 数学软件**

(1)入门

鼠标点击"开始→程序→MATLAB7.6"就启动了数学软件 MATLAB,稍等一会儿出现 MATLAB 窗口或称 MATLAB 工作空间(Workspace),如图 2-2 所示.

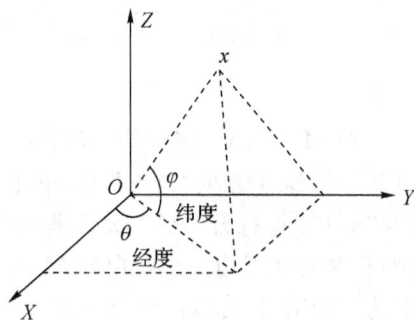

MATLAB 窗口中的命令窗口的主要作用就是显示输入命令和输出结果,如图 2-2 所示.

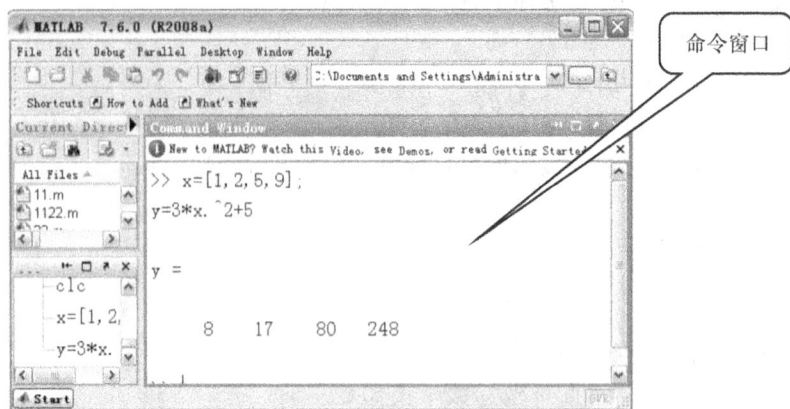

图 2-2　MATLAB 窗口

在 MATLAB 窗口中,菜单栏上的"File"菜单里选项"New"处,单击"M-file"选项,将打开 MATLAB 程序编辑窗口,并自动新建一个空白的 M 文件命名为 Untitled,可以同时打开多个 M 文件(见图 2-3).其主要作用是输入、调试、修改程序.

MATLAB 操作须知如下:

在 MATLAB 命令窗口中,当出现符号">>"时,表示可以开始工作了.

在程序编辑中,程序输入时要在小写英文状态下.运行 MATLAB 程序的

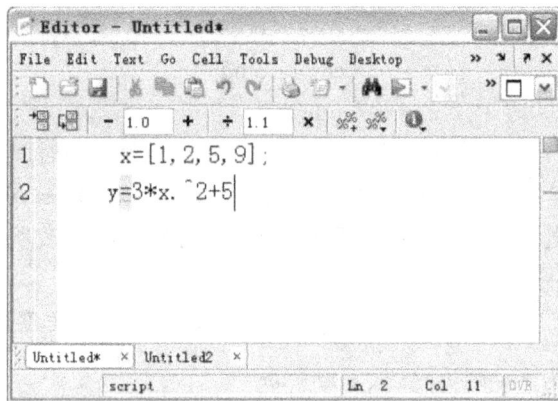

图 2-3　M 文件窗口

方法是:选中要运行的程序,在 Text 菜单里单击 Evalnate Selection 或按键盘中 F9 键,此时在命令窗口中就会出现输入程序和输出结果.若有图形,会自动弹出图形显示窗口显示图形.

若要保存 M 文件,单击保存图标,弹出默认 work 文件夹,在文件名处给文件取名后单击保存即可.

若要把图形复制到 word 文档中,可在图形显示窗口中,菜单栏 Edit 里选择 Copy Figure,然后到 word 文档中粘贴即可.

**例**　在$[1,10]$区间上绘制函数 $y=x\sin x+\cos x$ 的图像.

要求:①程序编辑窗口中输入程序并运行;

②将程序 M 文件保存在默认 work 文件夹中,取名为 tx.

③将图形复制到 word 文档中.

**解**　① 在程序编辑窗口中输入程序如下:

```
x = 1:0.1:10;                    % 表示定义域
y = x. * sin(x) + cos(x);        % 数组运算的函数表达式
plot(x,y)                        % 函数作图
```

选中输入程序,按键盘中 F9 键,计算机运行之后,在命令窗口中显示输入程序和输出结果并自动弹出图形显示窗口,如图 2-4 所示.

注:% 表示注释.

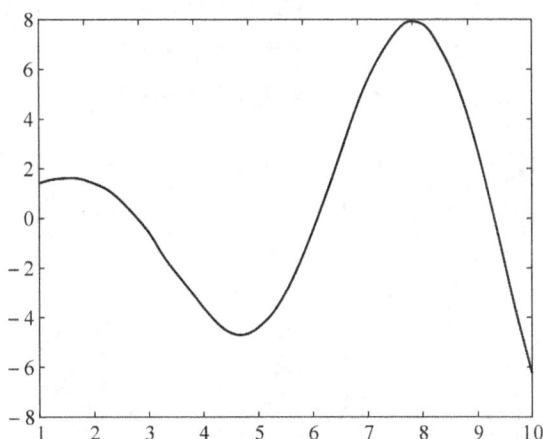

图 2-4　显示函数图像

②程序编辑窗口中点击保存图标,弹出 work 文件夹对话框,在文件名处取名 tx,点击保存按钮.

③在图形显示窗口中,菜单栏 Edit 里选择 Copy Figure,然后到 word 文档中粘贴.

(2)数组构造和数组元素的访问

**问题 1.** 构造一个 1 到 20 的偶数数组 *A*,并求数组 *A* 所有元素之和.

【MATLAB命令 1】

```
A = [2,4,6,8,10,12,14,16,18,20]    % 直接构造数组
sum(A)                             % 所有元素之和
```

【输出结果】

```
A =
  2    4    6    8    10    12    14    16    18    20
ans =
    110
```

【MATLAB命令 2】

```
A = 2:2:20        % 冒号法构造数组,格式为 A = 初值:增量:终值
sum(A)
输出略
```

**问题 2.** 已知二维数组 $A=\begin{bmatrix} 8 & 1 & 6 \\ 3 & 5 & 7 \\ 4 & 9 & 2 \end{bmatrix}$

访问第 2 行第 3 列的元素;访问第 1 行;访问第 1 列.

【MATLAB 命令】

```
A=[8,1,6;3,5,7;4,9,2]
A(2,3)                    % 访问 A 中第 2 行第 3 列的元素
A(1,:)                    % 访问 A 中第 1 行
A(:,1)                    % 访问 A 中第 1 列
```

【输出结果】

```
A =

     8     1     6
     3     5     7
     4     9     2
ans =

     7
ans =

     8     1     6
ans =

     8
     3
     4
```

(2)数组的运算

**问题 3.** 已知二维数组 $A=\begin{pmatrix} 1 & 2 \\ 3 & 4 \end{pmatrix}$, $B=\begin{pmatrix} -5 & 0 \\ 8 & -2 \end{pmatrix}$,求

(1)$7A+B$;(2)$A-B$;(3)$A.*B$.

【MATLAB 命令】

```
clear                     % 清除 A,B 变量
A=[1,2;3,4];
B=[-5,0;8,-2];
7*A+B                     % 数乘以数组,数组的加法.
A-B                       % 数组的减法.
A.*B                      % 数组乘以数组.
```

【输出结果】

```
ans =

     2    14
    29    26
```

```
ans =
        6      2
      - 5      6


ans =
      - 5      0
       24    - 8
```

说明：命令"$A=[1,2;3,4]$；"中，尾部的分号表示不显示结果．

（3）函数求值

**问题 4.** 设 $x=1,2,3,4,5,6,7,8,9$，求 $y=\sin x\times\cos x-3x$ 的值（保留 7 位有效数字）．

【MATLAB 命令】

```
x = [1:1:9];
y = sin(x).*cos(x) - 3 * x        % 数组运算
vpa(y,7)                          % 保留 7 位有效数字
```

【输出结果】

```
y =
  Columns 1 through 7
  - 2.5454   - 6.3784   - 9.1397  - 11.5053  - 15.2720  - 18.2683  - 20.5047
  Columns 8 through 9
 - 24.1440  - 27.3755
ans =
[ - 2.545351, - 6.378401, - 9.139708, - 11.50532, - 15.27201, - 18.26829, - 20.50470,
- 24.14395, - 27.37549]
```

（4）编程

**问题 5.** 已知分段函数 $y=\begin{cases} \sin x & x\neq 0 \\ 0 & x=0 \end{cases}$，求 $x=7.5$ 的值．

【MATLAB 命令】

```
function y = fun(x)              % 自定义函数 M 文件 fun
  if x = = 0
     y = 0;
  else
     y = sin(x);
  end
  在命令窗口中输入以下命令并运行：
  fun(7.5)
```

【输出结果】

```
ans =
```

```
    0.9380
```
注:自定义函数格式为:function 输出变量 = 函数名(输入变量)

$$函数表达式\ y = f(x)$$

其中函数文件名与函数名必须一致.

条件语句格式为:

```
        if 条件表达式 1
            执行语句体 1
        elseif 条件表达式 2
            执行语句体 2
        …
        elseif 条件表达式 n-1
            执行语句体 n-1
         else
            执行语句体 n
        end
```

当有多个条件时,如果条件 1 为真,运行语句体 1,然后跳出 if...else...end 结构;如果条件 1 为假,再判断条件 2,如果条件 2 为真,运行语句体 2,然后跳出 if...else...end 结构;依次类推.

**问题 6.** 求 $\sum\limits_{i=1}^{100} 3i$ 的值;

【MATLAB 命令 1】

```
a = 0;
for i = 1:1:100;
    a = a + 3 * i;
end
a
```

【输出结果 1】

```
a =
    15150
```

【MATLAB 命令 2】

```
sum = 0;
i = 0;
while i< = 100
  sum = sum + 3 * i;
  i = i + 1;
end
sum
```

【输出结果 2】

同上

注:循环语句

for 语句格式为

$$\text{for 循环变量 = 初值:步长:终值}$$
$$\text{循环语句体}$$
$$\text{end}$$

while 语句格式为

$$\text{while 条件表达式真}$$
$$\text{循环语句体}$$
$$\text{end}$$

只有条件表达式的逻辑值为真时,才执行循环语句体.条件表达式可以是数组.

**问题 7.** 已知分段函数 $y=\begin{cases} \sin x+1, & x<0 \\ 1, & 0\leq x\leq 1,\text{求 } x=-5,0,0.6,3 \text{ 时的值.} \\ \cos(x-1), & x>1 \end{cases}$

【MATLAB 命令】

```
function y = fun1(x)    % 自定义函数 M 文件 fun1
if x<0
    y = sin(x) + 1;
elseif x> = 0&x< = 1
    y = 1;
else
    y = cos(x - 1);
end
```

在另一个 M 文件中输入以下命令并运行:

```
clear                 % 清除变量
x = [-5,0,0.6,3];
for i = 1:4
    y(i) = fun1 (x(i));
end
y
```

【输出结果】

```
y =
    1.9589    1.0000    1.0000    - 0.4161
```

注:分段函数也可如下定义:

```
function y = myfun(x)
y = (sin(x) + 1). * (x<0) + 1. * (x> = 0 & x< = 1) + cos(x - 1). * (x>1);
end
```

### 3．技能训练

(1)若把 $A$ 记作 1 至 100 之间所有奇数依次从小到大组成的数组，$B$ 记作 1 至 100 之间所有偶数依次从小到大组成的数组，试求：$A$ 与 $B$ 的和、乘积、$A$ 中所有元素之和并访问乘积中第 11 个元素.

(2)设 $x$ 为 1 到 10 的整数，求 $y = x^2 - 3x \cdot \sin x + 1$ 的值.

(3)已知分段函数 $y = \begin{cases} 2^x, & x \leqslant 0 \\ \sin x \cdot \cos x + 1, & x > 0 \end{cases}$，求出 $y(-2.5)$，$y(e+5)$ 的值(保留 7 个有效数字).

(4)编程求一个 10 阶魔方阵 $A$(10 阶魔方阵命令是 $A = \text{magic}(10)$)的第一行上数字之和，每列数字之和.

## 三、完成任务

### 1．用 MATLAB 软件求解数学模型，并验证以下参考答案

表 2-1　航线对应的航程和所用时间

| 航线 | 航程(km) | 所用时间(h) |
| --- | --- | --- |
| A0—A1 | 1139.80 | 1.163 |
| A1—A2 | 1758.89 | 1.795 |
| A2—A3 | 4624.41 | 4.719 |
| A3—A4 | 1339.23 | 1.367 |
| A4—A5 | 641.17 | 0.654 |
| A5—A6 | 538.60 | 0.550 |
| A6—A7 | 651.54 | 0.665 |
| A7—A8 | 497.57 | 0.508 |
| A8—A9 | 227.87 | 0.233 |
| A9—A10 | 2811.23 | 2.869 |
| A10—A12 | 331.08 | 0.338 |
| 全程 | 14561.39 | 14.859 |
| A12—A0 | 10714.94 | 10.934 |

其中 A0 和 A12 分别代表北京和底特律.

原航线的飞行路程：14561.39km;

新航线的飞行路程：10714.94km;

原航线的飞行时间:14.859h;

新航线的飞行时间:10.934h;

可节省飞行时间:3.925≈4h.

**2.完成数学建模实践小论文和任务继续研究**

(1)小组合作完成飞越北极数学建模实践小论文.

(2)研究:当地球是一旋转椭球体,赤道半径为 6378km,子午线短半轴为 6357km 时,请对"北京至底特律的飞行时间可节省 4h"从数学上作出一个合理的解释.

## 2.1.2　基金使用计划

### 一、任务提出

某校基金会有一笔数额为 $M=5000$ 万元的基金,打算将其存入银行.当前银行存款利率如表 2-2 所示.取款政策参考银行的现行政策.

校基金会计划在 $n=10$ 年内每年用部分本息奖励优秀师生,要求每年的奖金额相同,且在 $n=10$ 年末仍保留原基金数额.校基金会希望获得最佳的基金使用计划.请你帮助校基金会设计基金使用方案,并给出具体结果.

表 2-2　当前银行存款年利率

| 存款期限 | 银行存款年利率(%) |
| --- | --- |
| 1 年期 | 3.25 |
| 2 年期 | 3.75 |
| 3 年期 | 4.25 |
| 5 年期 | 4.75 |

### 二、技能学习

**1.学习数学模型**

任务分析:设计一种最优的基金使用方案,思路如下:

基金 $M$ 使用 10 年的情况,首先把 $M$ 分成 10 份,其中第 $i(1\leqslant i\leqslant 10)$ 份基金 $x_i$ 存款期限为 $i$ 年(当 $i=4,i=6、7、8、9、10$ 时,利率取最优组合,比如 4 年期最优组合为 3 年加 1 年),那么只有当第 $i(1\leqslant i\leqslant 9)$ 份基金 $x_i$ 按最优存款策略存款 $i$ 年后的本息和等于当年的奖金数,并且第 10 份基金按最佳存款策略存款 10 年后的本息和等于原基金 $M$ 与当年的奖金数 $p$ 之和时,每年发放的奖金才能达到最多.

(1)利率最优组合模型

银行是按照单利计算 $n$ 年的本息:$a(1+nr)$,其中:$a$—本金,$n$—年数,$r$—利率.

比如,1 万元 4 年期存款方案存有 4 次 1 年本利和为 $(1+3.25\%)^4=1.13647$,存 2 次 2 年本利和为 $(1+2\times3.75\%)^2=1.1556$,存 3 年 1 年各一次本利和为 $(1+3\times4.25\%)\times(1+3.25\%)=1.17414$,可见 4 年期存款最优组合是存 3 年 1 年.

（2）设计一种最优方案在存款最优组合下的线性方程组模型

$$
\begin{cases}
x_1(1+3.25\%) = p \\
x_2(1+2\times3.75\%) = p \\
x_3(1+3\times4.25\%) = p \\
x_4(1+3\times4.25\%)(1+3.25\%) = p \\
x_5(1+5\times4.75\%) = p \\
x_6(1+5\times4.75\%)(1+3.25\%) = p \\
x_7(1+5\times4.75\%)(1+2\times3.75\%) = p \\
x_8(1+5\times4.75\%)(1+3\times4.25\%) = p \\
x_9(1+5\times4.75\%)(1+3\times4.25\%)(1+3.25\%) = p \\
x_{10}(1+5\times4.75\%)^2 = M+p \\
\sum_{i=1}^{10} x_i = M
\end{cases}
$$

## 2. 学习 MATLAB 数学软件

方程组

**问题 8.** 解方程组：$\begin{cases} x^2+y^2=3 \\ x+3y=0 \end{cases}$，要求准确值和近似值（保留 7 位有效数字）.

【MATLAB 命令】

```
syms  x  y
f1 = x^2 + y^2 - 3;
f2 = x + 3 * y;
[x,y] = solve(f1,f2)    % solve 求代数方程和代数方程组的解
x = vpa(x,7)            % 保留 7 位有效数字
y = vpa(y,7)
```

【输出结果】

```
x =
 -3/10 * 30^(1/2)
  3/10 * 30^(1/2)
y =
  1/10 * 30^(1/2)
 -1/10 * 30^(1/2)
x =
 -1.643168
  1.643168
y =
  .5477226
 -.5477226
```

**3. 技能训练**

解方程组 $\begin{cases} x_1 + x_2 + x_3 = 20 \\ 8x_1 + 4x_2 + 2x_3 = 52 \\ 27x_1 + 9x_2 + 3x_3 = 90 \end{cases}$ .

## 三、完成任务

**1. 用 MATLAB 软件求解数学模型，并验证以下参考答案**

最佳存款方案如表 2-3 所示。

表 2-3　最佳存款方案

| 基金分成 10 份 | 资金数额（万元） | 最佳存款策略（年） |
|---|---|---|
| $x_1$ | 209.0210325 | (1) |
| $x_2$ | 200.2713149 | (2) |
| $x_3$ | 190.9460430 | (3) |
| $x_4$ | 185.3845078 | (3,1) |
| $x_5$ | 173.9730614 | (5) |
| $x_6$ | 168.9058849 | (5,1) |
| $x_7$ | 161.8354060 | (5,2) |
| $x_8$ | 154.2998327 | (5,3) |
| $x_9$ | 149.8056628 | (5,3,1) |
| $x_{10}$ | 3405.557254 | (5,5) |

奖金数 215.2916635 万元.

**2. 完成数学建模实践小论文和任务继续研究**

(1) 小组合作完成基金使用计划数学建模实践小论文.

(2) 研究：若这笔基金可存款也可购国库券，利率如表 2-4 所示，校基金会希望获得最佳的基金使用计划．请你帮助校基金会设计基金使用方案，并给出具体结果.

表 2-4　某一时期银行存款年利率与各期国库券利率

| 存款期限 | 银行存款年利率（%） | 国库券年利率（%） |
|---|---|---|
| 活期 | 0.792 | |
| 半年期 | 1.664 | |
| 1 年期 | 1.800 | |
| 2 年期 | 1.944 | 2.55 |
| 3 年期 | 2.160 | 2.89 |
| 5 年期 | 2.304 | 3.14 |

## 2.1.3 易拉罐尺寸的最优设计

### 一、任务提出

我们只要稍加留意就会发现销量很大的饮料(例如饮料量为 330mL 的可口可乐、青岛啤酒等)的饮料罐(即易拉罐)的形状和尺寸几乎都是一样的. 看来,这并非偶然,这应该是某种意义下的最优设计. 当然,对于单个的易拉罐来说,这种最优设计可以节省的钱可能是很有限的,但是如果是生产几亿,甚至几十亿个易拉罐的话,可以节约的钱就很可观了.

现在就请你们小组来研究易拉罐尺寸的最优设计问题. 具体说,请你们完成以下的任务:

取一个饮料量为 330mL 的易拉罐,例如 330mL 的可口可乐饮料罐,设易拉罐是一个直圆柱体. 什么是它的最优设计? 例如说,半径和高之比.

### 二、技能学习

#### 1. 学习数学模型

任务分析:最优设计可以认为是材料最省. 分两种情况讨论:不考虑材料的厚度和考虑材料的厚度.

(1)不考虑材料的厚度,易拉罐表面积模型

设易拉罐各处厚度均匀且非常薄(可忽略不计)时,易拉罐的高为 $h$,上下底半径为 $r$,表面积为 $S(r,h)$,罐内体积 $V(r,h)=350$(测量可得). 则

最优化模型:

$$\begin{cases} V(r,h)=\pi r^2 h=350 \\ r>0,h>0 \\ S(r,h)=2\pi rh+2\pi r^2 \end{cases} \Rightarrow S=2\pi r^2+\frac{2\times 350}{r}, \quad r\in(0,+\infty)$$

问题转化为求 $S$ 极小值,也是最小值.

(2)考虑材料的厚度时,易拉罐壳体体积模型

设易拉罐侧面和罐底所用材料的厚度均为 $b$ 时,顶盖的厚度分别为 $\alpha b(\alpha$ 表示倍数)易拉罐的高为 $h$,上下底半径为 $r$,罐内体积 $V$,所用材料总体积 $S_v$. 则

$$\begin{cases} S_v(r,h)=(\pi(r+b)^2-\pi r^2)(h+(\alpha+1)b)+\alpha b\pi r^2+b\pi r^2 \\ V=\pi r^2 h \end{cases}$$

因为 $b\ll r$,为简化模型求解,所以含有 $b^2,b^3$ 的项可以忽略不计,从而有如下最优化模型:

$$\begin{cases} V=\pi r^2 h=350 \\ r>0,h>0 \\ S_v(r,h)=2\pi rhb+(\alpha+1)b\pi r^2 \end{cases} \Rightarrow S_v=2\times\frac{350}{r}\times b+(\alpha+1)b\pi r^2, \quad r\in(0,+\infty)$$

问题转化为求 $S_v$ 极小值,也是最小值.

#### 2. 学习 MATLAB 数学软件

极值

**问题 9.** 求函数 $y=2\sin^2(2x)+\frac{5}{2}x\cos^2\left(\frac{x}{2}\right)$ 位于区间 $(0,\pi)$ 内的极值.

【MATLAB 命令】

```
subplot(1,2,1)                      % 绘制子图
y1 = '2 * sin(2 * x)^2 + 5/2 * x * cos(x/2)^2'
ezplot(y1,[0,3.1415])               % ezplot 绘图命令
grid on;                            % 绘图网格
subplot(1,2,2)
y2 = '- 2 * sin(2 * x)^2 - 5/2 * x * cos(x/2)^2'
ezplot(y2,[0,3.1415])
grid on;
[x,ymin] = fminbnd(y1,1,2);         % fminbnd 表示极小值,所在区间[1,2]
[x,ymin]                            % 区间[1,2]上 y1 极小值
[x,ymin_] = fminbnd(y2,0.5,1.5);    % 区间[0.5,1.5]上 y2 极小值
[x, - ymin_]                        % 区间[0.5,1.5]上 y1 极大值
[x,ymin_] = fminbnd(y2,2,2.5);      % 区间[2,2.5]上 y2 极小值
[x, - ymin_]                        % 区间[2,2.5]上 y1 极大值
```

【输出结果】(见图 2-5)

```
ans =
    1.6239    1.9446
ans =
    0.8642    3.7323
ans =
    2.2449    2.9571
```

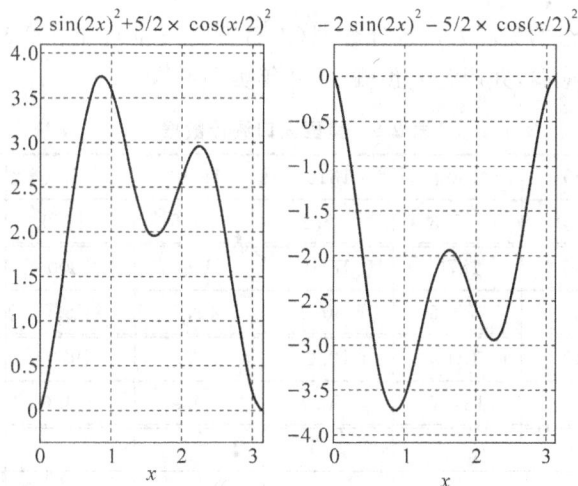

图 2-5　输出图像

说明:极值问题,若在不知初始值的情况下,求极值问题应先画图形,找极值点的大约范围;fminbnd 是求极小值命令,若求 $y$ 极大值,可先求出 $-y$ 的极小值,则 $y$ 就是极大值. 无约束多元函数极小值点的调用格式为:fminsearch('fun',x0)或 fminunc('fun',x0).

**3. 技能训练**

(1)已知函数 $y=\sqrt{5^2+x^2}+\sqrt{(15-x)^2+8^2}$ $(0 \leqslant x \leqslant 15)$，先作图，再求该函数的极值.

(2)已知函数 $z=\sqrt{5^2+x^2}+\sqrt{(15-x)^2+8^2}+y$ $(0 \leqslant x \leqslant 15, 0 \leqslant y \leqslant 6)$，求该函数的极值.

## 三、完成任务

### 1. 用 MATLAB 软件求解数学模型，并验证以下参考答案

如果不考虑材料厚度，半径和高之比大约 1:2；

如果考虑材料厚度，半径和高之比大约 1:4.

### 2. 完成数学建模实践小论文和任务继续研究

(1)小组合作完成易拉罐尺寸的最优设计数学建模实践小论文.

(2)研究：请你们继续完成以下的任务：

设易拉罐的中心纵断面如图 2-6 所示，即上面部分是一个正圆台，下面部分是一个直圆柱体.

什么是它的最优设计？

图 2-6　易拉罐纵断面

## 2.1.4　Malthus 人口预报模型

### 一、任务提出

我国是世界第一人口大国，1995 年 2 月 15 日第 12 亿个中国人的诞生，再一次向国人敲响了警钟.地球上每九个人中就有一个中国人.有效地控制我国人口的增长，是我国实现四个现代化强国的需要.对全人类的美好理想来说，也是我们义不容辞的责任.

由此可见，认识人口数量的变化规律，建立人口模型，作出较准确的预报，是有效控制人口增长的关键任务之一.

现给出近两个世纪的美国人口统计数据(以百万为单位)，如表 2-5 所示.请对 Malthus 指数增长模型作一下检验，并用它们预测 2010 年美国的人口.

表 2-5　美国人口统计数据

| 年 | 1790 | 1800 | 1810 | 1820 | 1830 | 1840 | 1850 |
|---|---|---|---|---|---|---|---|
| 人口 | 3.9 | 5.3 | 7.2 | 9.6 | 12.9 | 17.1 | 23.2 |
| 年 | 1860 | 1870 | 1880 | 1890 | 1900 | 1910 | 1920 |
| 人口 | 31.4 | 38.6 | 50.2 | 62.9 | 76.0 | 92.0 | 106.5 |
| 年 | 1930 | 1940 | 1950 | 1960 | 1970 | 1980 | 1990 |
| 人口 | 123.2 | 131.7 | 150.7 | 179.3 | 204.0 | 226.5 | 251.4 |
| 年 | 2000 | | | | | | |
| 人口 | 281.4 | | | | | | |

### 二、技能学习

### 1. 学习数学模型

任务分析：英国人口统计学家马尔萨斯(Malthus)(1766—1834)在担任牧师期间，查看

了教堂 100 多年人口出生统计资料,发现人口出生率是一个常数,于 1789 年在《人口原理》一书中提出了闻名于世的马尔萨斯人口指数增长模型,下面用该模型分析美国人口变化情况.

他的基本假设是:在人口自然增长过程中,净相对增长(出生率与死亡率之差)是常数,即单位时间内人口的增长量与人口成正比,则有人口随时间变化的数学模型为:

设时刻 $t$ 人口总数为 $x=x(t)$,我们将 $\dfrac{\mathrm{d}x}{\mathrm{d}t}=r \cdot x$($r$ 为比例系数,即人口增长率)称为马尔萨斯人口微分方程. 若假设 $t=0$ 时的人口总数为 $x_0$,则解微分方程得 $x=x_0 \mathrm{e}^{rt}$. 求极限 $\lim\limits_{t \to +\infty} x_0 \mathrm{e}^{rt}=+\infty$,说明该模型不适用长时间预测.

**2. 学习 MATLAB 数学软件**

微分方程:一般地,凡表示未知函数、未知函数的导数(或微分)与自变量之间的关系的方程,叫微分方程.

**问题 10.** 分两种情况求解微分方程 $\dfrac{\mathrm{d}y}{\mathrm{d}x}=xy^2+y$:

(1)未给初始条件;
(2)给定初始条件 $y(0)=1$.

【MATLAB 命令】

```
y = dsolve('Dy = x * y^2 + y','x');
[y,how] = simple(y)
```

【输出结果】

```
y =
1/(1 - x + exp( - x) * C1)
```

【MATLAB 命令】

```
y = dsolve('Dy = x * y^2 + y','y(0) = 1','x');
[y,how] = simple(y)
```

【输出结果】

```
y =
1/(1 - x)
```

**问题 11.** 已知七个散点的坐标如下:$(0,0.3)$,$(0.2,0.45)$,$(0.3,0.47)$,$(0.52,0.5)$,$(0.64,0.38)$,$(0.7,0.33)$,$(1.0,0.24)$.试用这些数据拟合一个三次函数,并作图比较.

**解** 用多项式拟合方法
【MATLAB 命令】

```
x = [0,0.2,0.3,0.52,0.64,0.7,1.0];
y = [0.3,0.45,0.47,0.5,0.38,0.33,0.24];
a = polyfit(x,y,3)          % 拟合三次多项式系数(降幂排列)
x1 = linspace(0,1,500);     % 函数构造 500 个数的数组
```

```
y1 = polyval(a,x1);              % 求多项式 a 在 x1 处的值
plot(x,y,'ko',x1,y1,'k');        % plot 表示作图
```

【输出结果】

a =

1.2396   − 2.6153    1.3172    0.2931

对应的三次函数为:$y=1.2396x^3-2.6153x^2+1.3172x+0.2931$,图像如图 2-7 所示.

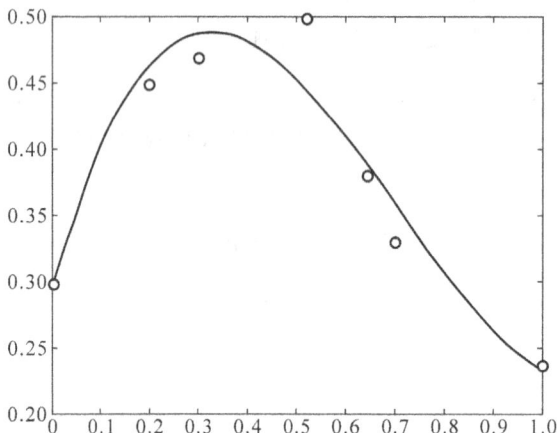

图 2-7   散点图和拟合函数图

最小二乘意义下的超定方程组的方法

【MATLAB 命令 2】

```
clear
x = [0,0.2,0.3,0.52,0.64,0.7,1.0]';
y = [0.3,0.45,0.47,0.5,0.38,0.33,0.24]';
R = [x.^3,x.^2,x,ones(size(x))];   % 三次多项式的数组结构
a = (R\y)'                         % 求三次多项式的系数
x1 = linspace(0,1,500);
y1 = polyval(a,x1);
plot(x,y,'ko',x1,y1,'k');
```

【输出结果】略

### 3. 技能训练

(1)你用 1000 美元开了一个账户,并且计划每年加入 1000 美元.账户中的所有资金赚得 10% 的年利息,且是连续复利.如果新加的存款也是连续地存入你的账户,你的账户在时间 $t$(年)的美元数目将满足初值问题

$$\frac{\mathrm{d}x}{\mathrm{d}t}=1000+0.10x, \qquad x(0)=1000$$

①求时刻 $t$ 的函数 $x$.

②为使你的账户中的总金额达到 10 万美元,大约需多少年?

(2)已知 8 个散点的坐标如下:(1,15.3),(2,20.5),(3,27.4),(4,36.6),(5,49.1),(6, 65.6),(7,87.8),(8,117.6),利用最小二乘准则选择函数 $y=a_1 e^{a_2 x}$ 加以拟合(提示:两边取对数得 $\ln y=a_2 x+\ln a_1$,令 $Y=\ln y$,A1$=a_2$,A2$=\ln a_1$,于是有线性函数 $Y=A1x+A2$,转变为线性拟合).

### 三、完成任务

**1. 用 MATLAB 软件求解数学模型,并验证以下参考答案**

将 $x(t)=x_0 e^{rt}$ 取对数,可得 $y=rt+a$,其中 $y=\ln x$,$a=\ln x_0$.

以 1790 年至 1900 年的数据拟合,可得 $r=0.2743/10$ 年,$x_0=4.1884$.

用 $x(t)=4.1884 e^{0.2743 t}$ 计算可得表 2-6 中 $x_1$ 的数据.

以 1900 年至 2000 年的数据拟合,可得 $r=0.1286/10$ 年,$x_0=19.5301$.

用 $x(t)=19.5301 e^{0.1286 t}$ 计算可得表 2-6 中 $x_2$ 的数据.

以全部数据(1790 年至 2000 年)拟合,得 $r=0.2022/10$ 年,$x_0=6.0450$.

用 $x(t)=6.0450 e^{0.2022 t}$ 计算可得表 2-6 中 $x_3$ 的数据.

**表 2-6　用参数 $r,x_0$ 计算三个时间段的人口与实际数据作比较**

| 年 | 实际人口 | 计算人口 $x_1$ | 计算人口 $x_2$ | 计算人口 $x_3$ |
|---|---|---|---|---|
| 1790 | 3.9 | 4.2 | | 6.0 |
| 1800 | 5.3 | 5.5 | | 7.4 |
| 1810 | 7.2 | 7.2 | | 9.1 |
| 1820 | 9.6 | 9.5 | | 11.1 |
| 1830 | 12.9 | 12.5 | | 13.6 |
| 1840 | 17.1 | 16.5 | | 16.6 |
| 1850 | 23.2 | 21.7 | | 20.3 |
| 1860 | 31.4 | 28.6 | | 24.9 |
| 1870 | 38.6 | 37.6 | | 30.5 |
| 1880 | 50.2 | 49.5 | | 37.2 |
| 1890 | 62.9 | 65.1 | | 45.7 |
| 1900 | 76.0 | 85.6 | 80.4 | 55.9 |
| 1910 | 92.0 | | 91.4 | 68.4 |
| 1920 | 106.5 | | 103.9 | 83.7 |
| 1930 | 123.2 | | 118.2 | 102.5 |
| 1940 | 131.7 | | 134.4 | 125.5 |
| 1950 | 150.7 | | 152.9 | 153.6 |

**续表**

| 年 | 实际人口 | 计算人口 $x_1$ | 计算人口 $x_2$ | 计算人口 $x_3$ |
|---|---|---|---|---|
| 1960 | 179.3 | | 173.9 | 188.0 |
| 1970 | 204.0 | | 197.7 | 230.1 |
| 1980 | 226.5 | | 224.9 | 281.7 |
| 1990 | 251.4 | | 255.7 | 344.8 |
| 2000 | 281.4 | | 290.8 | 422.1 |
| 2010 | | | | |

三个时间段拟合效果图比较如图 2-8 所示。

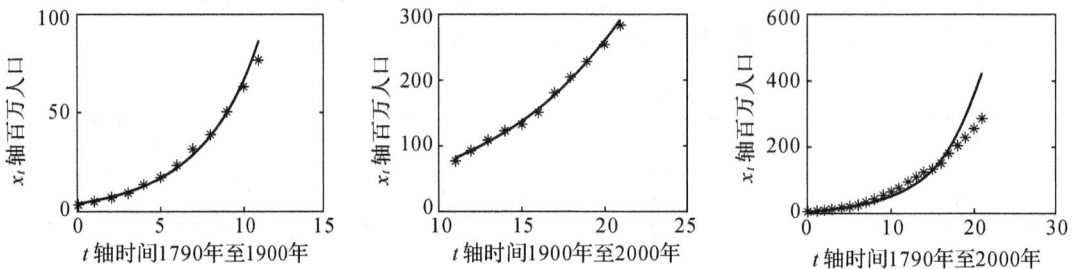

图 2-8　三个时间段拟合效果图比较

**2. 完成数学建模实践小论文和任务继续研究**

(1)小组合作完成 Malthus 人口预报模型数学建模实践小论文.

(2)研究:实际上人口增长率是变化的,增长率计算公式 $r=\dfrac{\mathrm{d}x}{\mathrm{d}t}\div x \cdot 100\%$,向前差商 $f'(a)\approx\dfrac{f(a+h)-f(a)}{h}$,中心差商 $f'(a)\approx\dfrac{f(a+h)-f(a-h)}{2h}$,向后差商 $f'(a)\approx\dfrac{f(a)-f(a-h)}{h}$,分析可知增长率 $r$ 与人口 $x$ 关系 $r=a-bx$(递减),这时人口模型可修改为 $\dfrac{\mathrm{d}x}{\mathrm{d}t}=(a-bx)\cdot x$,该模型称 Logistic 人口预报模型.试用该模型分析.

## 2.1.5　古塔的变形分析

### 一、任务提出

由于长时间承受自重、气温、风力等各种作用,偶然还要受地震、飓风的影响,古塔会产生各种变形,诸如倾斜、弯曲、扭曲等.为保护古塔,文物部门需适时对古塔进行观测,了解各种变形量,以制定必要的保护措施.

某古塔已有上千年历史,是我国重点保护文物.管理部门委托测绘公司先后于 1986 年 7 月、1996 年 8 月、2009 年 3 月和 2011 年 3 月对该塔进行了 4 次观测.

现给出 1986 年 7 月观测数据(见表 2-7),请你们讨论以下问题:

1. 给出确定古塔各层中心位置的通用方法,并列表给出各次测量的古塔各层中心坐标.

2. 分析该塔弯曲变形情况.

表 2-7　1986 年观测数据

| 层 | 点 | 坐标 | | | 层 | 点 | 坐标 | | |
|---|---|---|---|---|---|---|---|---|---|
| | | $x$(m) | $y$(m) | $z$(m) | | | $x$(m) | $y$(m) | $z$(m) |
| 1 | 1 | 565.454 | 528.012 | 1.792 | 4 | 1 | 565.526 | 527.327 | 17.084 |
| | 2 | 562.058 | 525.544 | 1.181 | | 2 | 562.555 | 525.047 | 17.109 |
| | 3 | 561.390 | 521.447 | 1.783 | | 3 | 562.144 | 521.373 | 17.072 |
| | 4 | 563.782 | 518.108 | 1.769 | | 4 | 564.387 | 518.435 | 17.059 |
| | 5 | 567.941 | 517.407 | 1.772 | | 5 | 568.091 | 517.838 | 17.064 |
| | 6 | 571.255 | 519.857 | 1.770 | | 6 | 571.005 | 520.144 | 17.063 |
| | 7 | 571.938 | 523.953 | 1.794 | | 7 | 571.558 | 523.829 | 17.081 |
| | 8 | 569.500 | 527.356 | 1.801 | | 8 | 569.263 | 526.762 | 17.094 |
| 2 | 1 | 565.480 | 527.764 | 7.326 | 5 | 1 | 565.548 | 527.119 | 21.726 |
| | 2 | 562.238 | 525.364 | 7.351 | | 2 | 562.706 | 524.896 | 21.751 |
| | 3 | 561.663 | 521.420 | 7.314 | | 3 | 562.373 | 521.351 | 21.714 |
| | 4 | 564.001 | 518.226 | 7.301 | | 4 | 564.571 | 518.534 | 21.701 |
| | 5 | 567.995 | 517.563 | 7.306 | | 5 | 568.136 | 517.969 | 21.705 |
| | 6 | 571.165 | 519.961 | 7.304 | | 6 | 570.929 | 520.232 | 21.708 |
| | 7 | 571.801 | 523.908 | 7.324 | | 7 | 571.443 | 523.791 | 21.723 |
| | 8 | 569.414 | 527.141 | 7.336 | | 8 | 569.191 | 526.591 | 21.736 |
| 3 | 1 | 565.506 | 527.520 | 12.761 | 6 | 1 | 565.570 | 526.915 | 26.267 |
| | 2 | 562.415 | 525.188 | 12.786 | | 2 | 562.854 | 524.748 | 26.309 |
| | 3 | 561.931 | 521.394 | 12.749 | | 3 | 562.600 | 521.329 | 26.308 |
| | 4 | 564.216 | 518.343 | 12.736 | | 4 | 564.752 | 518.632 | 26.264 |
| | 5 | 568.048 | 517.716 | 12.741 | | 5 | 568.180 | 518.095 | 26.189 |
| | 6 | 571.076 | 520.063 | 12.740 | | 6 | 570.857 | 520.315 | 26.136 |
| | 7 | 571.666 | 523.864 | 12.758 | | 7 | 571.333 | 523.765 | 26.164 |
| | 8 | 569.330 | 526.930 | 12.771 | | 8 | 569.121 | 526.406 | 26.244 |

续表

| 层 | 点 | 坐标 | | | 层 | 点 | 坐标 | | |
|---|---|---|---|---|---|---|---|---|---|
| | | $x$(m) | $y$(m) | $z$(m) | | | $x$(m) | $y$(m) | $z$(m) |
| 7 | 1 | 565.671 | 526.652 | 29.869 | 11 | 1 | 566.078 | 525.628 | 44.472 |
| | 2 | 563.132 | 524.585 | 29.911 | | 2 | 564.193 | 523.950 | 44.485 |
| | 3 | 562.883 | 521.356 | 29.910 | | 3 | 563.958 | 521.463 | 44.505 |
| | 4 | 564.949 | 518.846 | 29.866 | | 4 | 565.649 | 519.607 | 44.486 |
| | 5 | 568.172 | 518.346 | 29.791 | | 5 | 568.094 | 519.242 | 44.442 |
| | 6 | 570.679 | 520.441 | 29.737 | | 6 | 570.013 | 520.885 | 44.309 |
| | 7 | 571.094 | 523.672 | 29.765 | | 7 | 570.236 | 523.350 | 44.400 |
| | 8 | 568.994 | 526.167 | 29.846 | | 8 | 568.615 | 525.259 | 44.428 |
| 8 | 1 | 565.770 | 526.397 | 33.383 | 12 | 1 | 565.195 | 525.355 | 48.743 |
| | 2 | 563.403 | 524.427 | 33.425 | | 2 | 564.459 | 523.780 | 48.756 |
| | 3 | 563.158 | 521.382 | 33.424 | | 3 | 564.224 | 521.492 | 48.776 |
| | 4 | 565.141 | 519.055 | 33.380 | | 4 | 565.782 | 519.753 | 48.757 |
| | 5 | 568.164 | 518.590 | 33.305 | | 5 | 568.039 | 519.415 | 48.713 |
| | 6 | 570.506 | 520.564 | 33.251 | | 6 | 569.854 | 520.969 | 48.580 |
| | 7 | 570.862 | 523.591 | 33.279 | | 7 | 570.063 | 523.268 | 48.671 |
| | 8 | 568.870 | 525.933 | 33.360 | | 8 | 568.598 | 525.037 | 48.699 |
| 9 | 1 | 565.868 | 526.141 | 36.887 | 13 | 1 | 566.308 | 525.092 | 52.866 |
| | 2 | 563.674 | 524.268 | 36.929 | | 2 | 564.716 | 523.616 | 52.878 |
| | 3 | 563.433 | 521.408 | 36.928 | | 3 | 564.481 | 521.521 | 52.897 |
| | 4 | 565.333 | 519.263 | 36.884 | | 4 | 565.910 | 519.893 | 52.880 |
| | 5 | 568.156 | 518.834 | 36.809 | | 5 | | | |
| | 6 | 570.333 | 520.686 | 36.755 | | 6 | 569.701 | 521.050 | 52.703 |
| | 7 | 570.630 | 523.510 | 36.783 | | 7 | 569.897 | 523.188 | 52.794 |
| | 8 | 568.747 | 525.701 | 36.864 | | 8 | 568.582 | 524.822 | 52.822 |
| 10 | 1 | 565.961 | 525.900 | 40.201 | 塔尖 | 1 | 567.255 | 522.238 | 55.128 |
| | 2 | 563.927 | 524.120 | 40.214 | | 2 | 567.235 | 522.242 | 55.108 |
| | 3 | 563.693 | 521.433 | 40.244 | | 3 | 567.247 | 522.251 | 55.128 |
| | 4 | 565.516 | 519.462 | 40.223 | | 4 | 567.252 | 522.244 | 55.129 |
| | 5 | 568.149 | 519.068 | 40.171 | | | | | |
| | 6 | 570.171 | 520.801 | 40.038 | | | | | |
| | 7 | 570.408 | 523.433 | 40.129 | | | | | |
| | 8 | 568.631 | 525.482 | 40.157 | | | | | |

**二、技能学习**

**1.学习数学模型**

任务分析:缺失数据的预处理,可以由第 11 层与第 12 层第 5 个观测点坐标的相对变化来求得.问题 1,先用拟合方法拟合平面方程,验证每层 8 个点是否在同一平面上,若在同一平面上,则它们的平均值就是各层中心坐标.问题 2,空间问题考虑比较困难,把求到的中心坐标进行 $xoz$ 平面投影和 $yoz$ 平面投影,用三次样条插值函数,再求平面上曲线曲率.

(1)相对变化模型 $\Delta x = x_i - x_{i-1}$.

(2)平面拟合模型

第 $k$ 次测量,第 $i$ 层观测点的拟合平面方程
$$z = A_i(k)x + B_i(k)y + C_i(k)$$

利用最小二乘法的思想,建立优化模型
$$f(A_i(k), B_i(k), C_i(k)) = \min \sum_{j=1}^{8} (A_i(k)x_{ij}(k) + B_i(k)y_{ij}(k) + C_i(k) - z_{ij}(k))^2$$

取极小值满足的必要条件
$$\frac{\partial f}{\partial A} = \frac{\partial f}{\partial B} = \frac{\partial f}{\partial C} = 0$$

解方程组可求得 $A_i(k), B_i(k), C_i(k)$,从而求得各层拟合平面方程.

(3)平面八边形中心坐标的计算公式
$$\left( \frac{\sum_{i=1}^{8} x_i}{8}, \frac{\sum_{i=1}^{8} y_i}{8}, \frac{\sum_{i=1}^{8} z_i}{8} \right)$$

(4)三次样条函数

已知函数 $y=f(x)$ 在若干点 $x_i$ 的函数值 $y_i(i=1,2,\cdots, n)$(必要时还知道函数在节点上的若干阶导数值),求一光滑且又简单的函数 $p(x)$ 作为函数 $y=f(x)$ 的近似表达式,并满足:
$$p(x_i) = y_i (i=1,2,\cdots, n) \tag{2-1}$$

则 $p(x)$ 为 $f(x)$ 的插值函数,而 $f(x)$ 为被插值函数或插值原函数,$x_0, x_1, \cdots, x_n$ 为插值节点,$(x_i, f(x_i))$,$i=1,2,\cdots, n$ 为插值点,式(2-1)为插值条件.

"样条"本来是绘图员用于数据放样的工具.就是给出外形曲线上的一组离散点(样点),如$(x_i, y_i)$,$i=0,1,2,\cdots,n$,将有弹性的细长木条或钢条(样条)在样点上固定,使其在其他地方自由弯曲,这样样条所表示的曲线,称为样条曲线(函数).在数学上,样条曲线表现为近似于分段多项式的光滑连接.若该曲线是分段三次多项式,就称三次样条函数.
$$S_i(x) = a_i x^3 + b_1 x^2 + c_i x + d_i, \quad x \in [x_i, x_{i+1}]$$
$$i = 0,1,2,\cdots, n-1$$
$$S(x) = \begin{cases} S_1(x), x \in [x_0, x_1] \\ S_2(x), x \in [x_1, x_2] \\ \vdots \\ S_n(x), \in [x_{n-1}, x_n] \end{cases}$$

(5)平面曲线的曲率公式

$$k = \frac{|y''|}{[1+(y')^2]^{\frac{3}{2}}}$$

## 2. 学习 MATLAB 数学软件

(1)EXCEL 数据传递到 MATLAB 中

首先把 EXCEL 数据文件,保存在 MATLAB 软件的 work 目录下,取名 data. xls. 然后调用数据.

调用格式:a＝xlsread('data. xls','sheet1')    ％调用 Excel 名为 data 文件中的 sheet1.

(2)拟合平面方程

**问题 15.** 1986 年观测数据,第 1 层拟合平面方程 $z＝Ax＋By＋C$.

【MATLAB 命令】

```
clc;clear;
a = xlsread('附件.xls','sheet1')
x = a(1:8,2)
y = a(1:8,3)
z = a(1:8,4)
R = [x,y,ones(8,1)];
p = (R\z)'                          % 平面方程的系数
```

【输出结果】

  － 0. 0008    0. 0034    0. 4720

第 1 层 8 个观测点的拟合平面方程:$z＝-0.0008x+0.0034y+0.4720$

1986 年观测数据,第 2～13 层,拟合平面方程循环做,学生完成.

(3)三次样条函数

**问题 16.** 已知数据如表 2-8 所示.

表 2-8　已知数据

| $x$ | 0.1 | 0.2 | 0.15 | 0 | － 0.2 | 0.3 |
|---|---|---|---|---|---|---|
| $y$ | 0.95 | 0.84 | 0.86 | 1.06 | 1.5 | 0.72 |

求 $x＝-0.2:0.01:0.3$ 时的函数值.(要求三次样条插值的结果)

【MATLAB 命令】

```
clear
x = [0.1,0.2,0.15,0,-0.2,0.3];
y = [0.95,0.84,0.86,1.06,1.50,0.72];
xi = -0.2:0.01:0.3;
yi = interp1(x,y,xi,'spline')
            % 三次样条插值结果
plot(x,y,'o',xi,yi,'k')
            % 原始数据和三次样条插值函数图
```

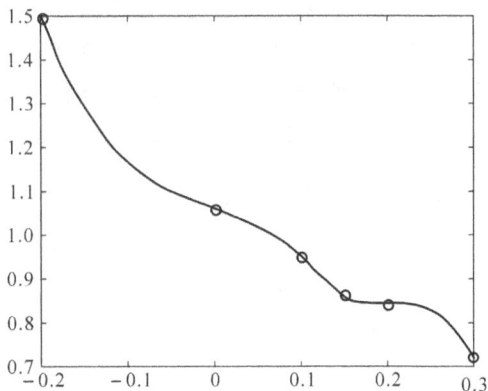

函数图如图 2-9 所示.

图 2-9　原始数据和三次样条插值函数图

【输出结果】

数据略

**问题 17.** 已知平方根 $(y=\sqrt{x})$ 如表 2-9 所示.

表 2-9　已知数据

| $x$ | 1 | 4 | 9 | 16 |
|---|---|---|---|---|
| $y$ | 1 | 2 | 3 | 4 |

(1)求三次样条插值函数 $S(x)$.

(2)和边界条件 $S'(1)=\dfrac{1}{2}$，$S'(16)=\dfrac{1}{8}$，求三次样条插值函数 $S(x)$.

(1)【MATLAB 命令】

```
x = [1 4 9 16];
y = [1,2,3,4];
pp = spline(x,y)
```

【输出结果】

```
pp =
    form：'pp'
    breaks：[1 4 9 16]
    coefs：[3×4 double]
    pieces：3
    order：4
    dim：1
```

再输入 pp. coefs 表示访问 pp 中的 coefs，运行得分段三次多项式系数：

```
ans =
    0.0008    − 0.0254    0.4024    1.0000
    0.0008    − 0.0183    0.2714    2.0000
    0.0008    − 0.0063    0.1484    3.0000
```

样条函数 $S(x)$ 的三个阶段的三次多项式为：

$$S(x)=\begin{cases}0.0008(x-1)^3-0.0254(x-1)^2+0.4024(x-1)+1, & 1\leqslant x\leqslant 4\\ 0.0008(x-4)^3-0.0183(x-4)^2+0.2714(x-4)+2, & 4\leqslant x\leqslant 9\\ 0.0008(x-9)^3-0.0063(x-9)^2+0.1484(x-9)+3, & 9\leqslant x\leqslant 16\end{cases}$$

再输入命令

```
x1 = 1:0.1:16;
y1 = interp1(x,y,x1,'spline')
plot(x,y,'k * ',x1,y1,'b')
grid    % 加网格
```

输出图形如图 2-10 所示.

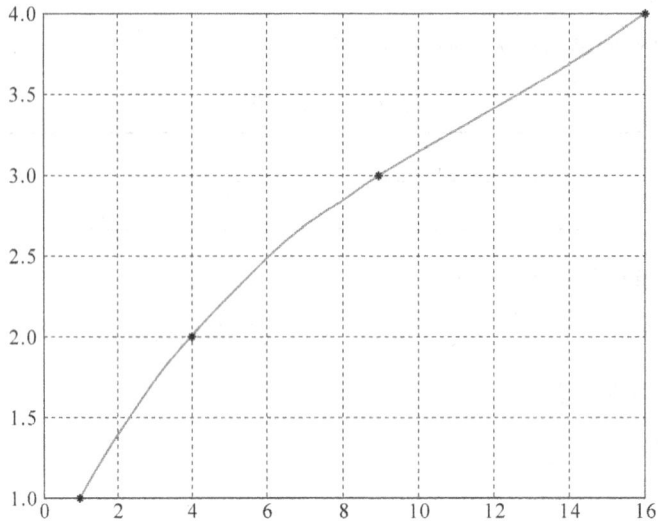

图 2-10　三次样条插值函数图

(2)【MATLAB 命令】

```
clear
x = [1 4 9 16]; y = [1,2,3,4];
pp = csape(x,y,'complete',[1/2,1/8])    % 一阶导数边界条件
```

【输出结果】

```
pp =      form: 'pp'
        breaks: [1 4 9 16]
         coefs: [3×4 double]
        pieces: 3
         order: 4
           dim: 1
```

再输入 pp.coefs,运行得分段三次多项式系数:

```
ans =
    0.0078    − 0.0790    0.5000    1.0000
    0.0002    − 0.0086    0.2370    2.0000
    0.0002    − 0.0049    0.1691    3.0000
```

样条函数 $S(x)$ 的三个分段的三次多项式为:

$$S(x)=\begin{cases}0.0078(x-1)^3-0.0790(x-1)^2+0.500(x-1)+1, & 1\leqslant x\leqslant 4\\ 0.0002(x-4)^3-0.0086(x-4)^2+0.2370(x-4)+2, & 4\leqslant x\leqslant 9\\ 0.0002(x-9)^3-0.0049(x-9)^2+0.1691(x-9)+3, & 9\leqslant x\leqslant 16\end{cases}$$

注:pp=csape($x,y$,'变界类型','边界值').边界类型可为' complete ',给定边界一阶导

数;'not-a-knot '非扭结条件;'periodic '周期性边界条件,不用给边界值;'second '给定边界二阶导数;'variational '自然样条(边界二阶导数为 0).

**问题 18.** (1)已知 $f(x)=\dfrac{x+1}{x^2+3x+5}$,求 $f'(x)$、$f^{(3)}(x)$ 和 $f'(4)$ 近似值.

(2)已知 $g(x)=x^3-3x+5$,求 $g'(x)$ 和 $g'(2)$.

(1)【MATLAB 命令】

```
syms  x
f = (x + 1)/(x^2 + 3 * x + 5);
df = diff(f,x);
simplify(df)
f1 = subs(df,[4])
df3 = diff(f,x,3);
[df3,how] = simple(df3)
```

【输出结果】

```
ans =
  - (x^2 + 2 * x - 2)/(x^2 + 3 * x + 5)^2
f1 =
  - 0.0202
df3 =
  - 6 * (x^4 + 4 * x^3 - 12 * x^2 - 44 * x - 23)/(x^2 + 3 * x + 5)^4
```

(2)【MATLAB 命令】

```
g = [1,0, - 3,5];           %表示多项式 x³ - 3x + 5
g1 - polyder(g)             %多项式导数
g1z = polyval(g1,2)         %变量取 2 的函数值
```

【输出结果】

```
g1 =
     3     0    - 3
g1z =
     9
```

### 3. 技能训练

(1)①求 $y(x)=\sqrt{\dfrac{(3x-2)(2x-3)}{x-3}}$ 的导数 $y'(x)$,并求 $y'(8)$.

②求 $y(x)=x^5-3x^2+x-1$ 的导数 $y'(x)$,并求 $y'(3.5)$.

(2)已知飞机机翼截面下轮廓线的数据如表 2-10 所示.

表 2-10　测量数据

| $x$ | 0 | 3 | 5 | 7 | 9 | 11 | 12 | 13 | 14 | 15 |
|---|---|---|---|---|---|---|---|---|---|---|
| $y$ | 0 | 1.2 | 1.7 | 2.0 | 2.1 | 2.0 | 1.8 | 1.2 | 1.0 | 1.6 |

求 $x$ 改变 0.1 时 $y$ 的值(用三次样条插值计算结果).

(3)已知数据如表 2-11 所示.

表 2-11　已知数据

| $x$ | 0.1 | 0.2 | 0.15 | 0 | $-0.2$ | 0.3 |
|---|---|---|---|---|---|---|
| $y$ | 0.95 | 0.84 | 0.86 | 1.06 | 1.5 | 0.72 |

①求三次样条插值函数 $S(x)$.

②和边界条件 $S''(-0.2)=1.0, S''(0.3)=-0.5$,求三次样条插值函数 $S(x)$.

### 三、完成任务

**1. 用 MATLAB 软件求解数学模型,并验证以下参考答案**

(1)各层拟合平面 $z=Ax+By+C$,拟合平面系数如表 2-12 所示.

表 2-12　拟合平面系数

| 层数 | $A$ | $B$ | $C$ |
|---|---|---|---|
| 1 | $-0.0008$ | 0.0034 | 0.4720 |
| 2 | $-0.0008$ | 0.0036 | 5.8872 |
| 3 | $-0.0009$ | 0.0037 | 11.3085 |
| 4 | $-0.0009$ | 0.0038 | 15.6026 |
| 5 | $-0.0009$ | 0.0039 | 20.1568 |
| 6 | $-0.0175$ | 0.0054 | 33.3104 |
| 7 | $-0.0187$ | 0.0057 | 37.5021 |
| 8 | $-0.0200$ | 0.0059 | 41.6201 |
| 9 | $-0.0215$ | 0.0061 | 45.8258 |
| 10 | $-0.0217$ | 0.0009 | 52.0039 |
| 11 | $-0.0222$ | 0.0019 | 56.0483 |
| 12 | $-0.0239$ | 0.0022 | 61.1217 |
| 13 | $-0.0219$ | $-0.0102$ | 70.5913 |

(2)各层中心坐标如表 2-13 所示.

表 2-13　各层中心坐标

| 层 | 坐　标 | | |
|---|---|---|---|
| | $x$(m) | $y$(m) | $z$(m) |
| 1 | 566.66475 | 522.7105 | 1.795875 |
| 2 | 566.719625 | 522.668375 | 7.315425 |
| 3 | 566.7735 | 522.62725 | 12.732125 |
| 4 | 566.816125 | 522.594375 | 17.078325 |
| 5 | 566.862125 | 522.559125 | 21.684625 |
| 6 | 566.908375 | 522.524375 | 26.21115 |
| 7 | 566.94675 | 522.508125 | 29.8785125 |
| 8 | 566.98425 | 522.492375 | 33.3631125 |
| 9 | 567.02175 | 522.476375 | 36.821925 |
| 10 | 567.056875 | 522.462375 | 40.168975 |
| 11 | 567.1045 | 522.423 | 44.451175 |
| 12 | 567.15175 | 522.383625 | 48.7160125 |
| 13 | 567.197375 | 522.34625 | 52.84175 |
| 塔尖 | 567.24725 | 522.24375 | 55.12325 |

（3）中心坐标进行 $xoz$ 平面投影和 $yoz$ 平面投影，分别求出三次样条插值分段多项式.

$xoz$ 平面投影，三次样条插值函数分段系数如表 2-14 所示，三次样条插值函数图形如图 2-11 所示.

表 2-14　三次样条插值函数分段系数（各系数应乘以 1.0E＋003）

| 区　间 | 三次项系数 | 二次项系数 | 一次项系数 | 常数项 |
|---|---|---|---|---|
| [566.6648,566.7196] | 0.1823 | −0.0302 | 0.1017 | 0.0018 |
| [566.7196,566.7735] | 0.1823 | −0.0002 | 0.1000 | 0.0073 |
| [566.7735,566.8161] | −0.4803 | 0.0293 | 0.1016 | 0.0127 |
| [566.8161,566.8621] | 0.0714 | −0.0322 | 0.1015 | 0.0171 |
| [566.8621,566.9084] | −0.0268 | −0.0223 | 0.0990 | 0.0217 |
| [566.9084,566.9467] | −0.1084 | −0.0260 | 0.0967 | 0.0262 |
| [566.9467,566.9842] | 0.0836 | −0.0385 | 0.0942 | 0.0299 |
| [566.9842,567.0218] | 1.1462 | −0.0291 | 0.0917 | 0.0334 |
| [567.0218,567.0569] | −2.0955 | 0.0999 | 0.0944 | 0.0368 |
| [567.0569,567.1045] | 0.9035 | −0.1210 | 0.0936 | 0.0402 |
| [567.1045,567.1517] | 0.7275 | 0.0081 | 0.0883 | 0.0445 |
| [567.1517,567.1974] | −4.1037 | 0.1113 | 0.0939 | 0.0487 |
| [567.1974,567.2473] | −4.1037 | −0.4504 | 0.0784 | 0.0528 |

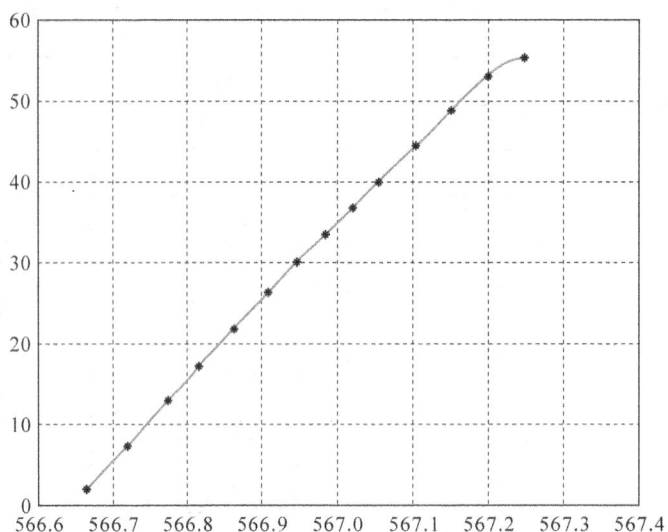

图 2-11　三次样条插值函数图形

(4)$xoz$ 平面投影的各层中心点曲率(见表 2-15).

表 2-15　在 $xoz$ 平面投影的曲率

| 层中心 | 曲率 |
|---|---|
| 1 | 0.5745246E−4 |
| 2 | 0.4085625E−6 |
| 3 | 0.5580595E−4 |
| 4 | 0.6157280E−4 |
| 5 | 0.4602575E−4 |
| 6 | 0.5750214E−4 |
| 7 | 0.9194919E−4 |
| 8 | 0.7540945E−4 |
| 9 | 0.2376014E−3 |
| 10 | 0.2947117E−3 |
| 11 | 0.2364637E−4 |
| 12 | 0.2687584E−3 |
| 13 | 0.1867722E−2 |
| 塔尖 | 0.0499 |

　　$yoz$ 平面投影的分析由学生完成.

**2. 完成数学建模实践小论文和任务继续研究**

(1) 小组合作完成古塔的变形分析数学建模实践小论文.

(2) 研究：分析 1986 年观测数据，回答该塔倾斜、扭曲等变形情况.

# 2.2　LINGO 数学建模实践

## 2.2.1　蔬菜运送优化模型

### 一、任务提出

某市东、南、西 3 个蔬菜基地要向市内东、南、西、北 4 个菜市场运送蔬菜以保证该市居民每天的蔬菜需求. 东、南、西 3 个蔬菜基地的蔬菜供应量分别为 2000t,2500t,3000t. 东、南、西、北 4 个菜市场蔬菜需求量分别为 2000t,2300t,1800t,1400t. 每吨蔬菜的运送费用如表 2-16 所示. 问应该如何制订运送方案才能使运费最省.

表 2-16　每吨蔬菜的运送费用

| 蔬菜基地 ＼ 市场 | 市场东 | 市场南 | 市场西 | 市场北 |
|---|---|---|---|---|
| 基地东 | 21 | 27 | 13 | 40 |
| 基地南 | 45 | 51 | 37 | 20 |
| 基地西 | 32 | 35 | 20 | 30 |

### 二、技能学习

**1. 学习数学模型**

任务分析：该问题要求确定各个蔬菜基地运往各个菜市场的蔬菜数量，使得在满足居民日常蔬菜需求的条件下运送蔬菜的费用最低. 通过分析，发现 3 个蔬菜基地的蔬菜供应总量恰好等于 4 个菜市场的需求总量.

(1) 目标：运送蔬菜的总费用最省. 其中总费用为

$$p = c_{11}x_{11} + c_{12}x_{12} + c_{13}x_{13} + c_{14}x_{14} + c_{21}x_{21} + c_{22}x_{22} + c_{23}x_{23} + c_{24}x_{24} + c_{31}x_{31} + c_{32}x_{32}$$
$$+ c_{33}x_{33} + c_{34}x_{34}$$
$$= \sum_{i=1}^{3} \sum_{j=1}^{4} c_{ij}x_{ij}$$

其中 $x_{ij}$ 表示东、南、西 3 个蔬菜基地分别运往东、南、西、北菜市场的蔬菜数量，$c_{ij}$ 表示每吨蔬菜的运费，$i = 1,2,3$ 表示东、南、西 3 个蔬菜基地，$j = 1,2,3,4$ 表示南、西、北菜市场.

约束条件：

① 受蔬菜基地蔬菜产量的限制，运往 4 个菜市场的总量等于该基地产量，如以基地东为例，有

$$x_{11} + x_{12} + x_{13} + x_{14} = 2000;$$

②受市场蔬菜需求量的限制,不同基地运往同一市场蔬菜的总量等于其需求量,如以市场东为例,有

$$x_{11} + x_{21} + x_{31} = 2000.$$

(2)建立优化模型

综上分析,该问题的数学模型为

$$\min p = \sum_{i=1}^{3} \sum_{j=1}^{4} c_{ij} x_{ij}$$

$$\text{s.t.} \begin{cases} x_{11} + x_{12} + x_{13} + x_{14} = 2000 \\ x_{21} + x_{22} + x_{23} + x_{24} = 2500 \\ x_{31} + x_{32} + x_{33} + x_{34} = 3000 \\ x_{11} + x_{21} + x_{31} = 2000 \\ x_{12} + x_{22} + x_{32} = 2300 \\ x_{13} + x_{23} + x_{33} = 1800 \\ x_{14} + x_{24} + x_{34} = 1400 \\ x_{ij} \geqslant 0, i = 1,2,3 \quad j = 1,2,3,4 \end{cases}$$

像上述目标函数,约束条件都是线性函数的优化模型,称为线性规划模型.

一般地,线性规划模型如下:

$$\min(\text{或} \max) S = c_1 x_1 + c_2 x_2 + \cdots + c_n x_n$$

$$\text{s.t.} \begin{cases} a_{11} x_1 + a_{12} x_2 + \cdots + a_{1n} x_n \geqslant (=, \leqslant) b_1 \\ a_{21} x_1 + a_{22} x_2 + \cdots + a_{2n} x_n \geqslant (=, \leqslant) b_2 \\ \vdots \\ a_{m1} x_1 + a_{m2} x_2 + \cdots + a_{mn} x_n \geqslant (=, \leqslant) b_m \\ x_j \geqslant 0 (j = 1,2,\cdots n) \end{cases}$$

## 2. 学习 LINGO 优化软件

(1)入门

LINGO 软件的启动和操作

双击 LINGO 快捷图标将启动该软件,如图 2-12 所示的是 LINGO 模型窗口.

在 LINGO 模型窗口中,可输入优化模型和进行模型求解.例如:

优化模型 $\max z = 3x_1 + 2x_2$

$$\text{s.t.} \begin{cases} 2x_1 - x_2 \geqslant -2 \\ x_1 + 2x_2 \leqslant 8 \\ x_1 + x_2 \leqslant 5 \\ x_1 \geqslant 0, x_2 \geqslant 0 \end{cases} \text{的求解.}$$

在 LINGO 模型窗口中输入优化模型,如图 2-12 所示.注意的是,非负约束 $x_1 \geqslant 0$,$x_2 \geqslant 0$ 可以省略,每行最后加";",乘号不能省略.

模型求解:点击工具栏中图标 ⊙ 即刻运行此程序,屏幕上将显示求解器状态窗口(LINGO Solver Status),如图 2-13 所示,当求解器状态运行完成,运行结果就会显示在报告窗口(Solution Report)中,如图 2-14 所示.

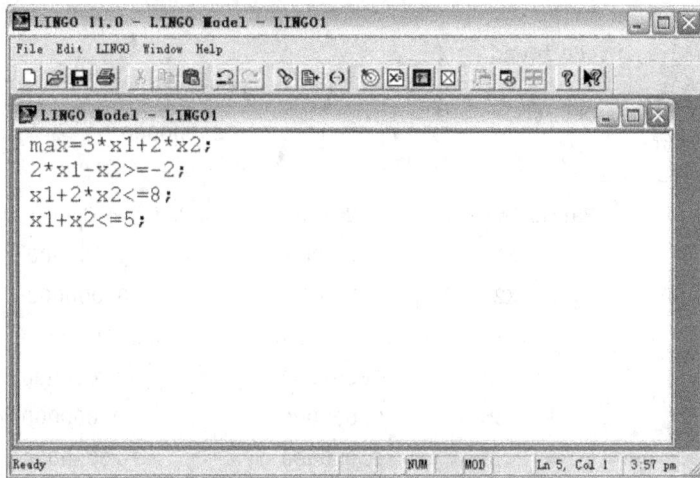

图 2-12 模型窗口输入优化模型

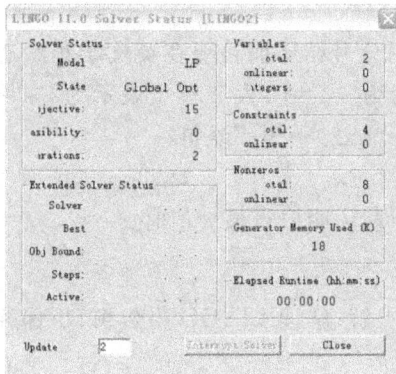

图 2-13 求解器状态窗口

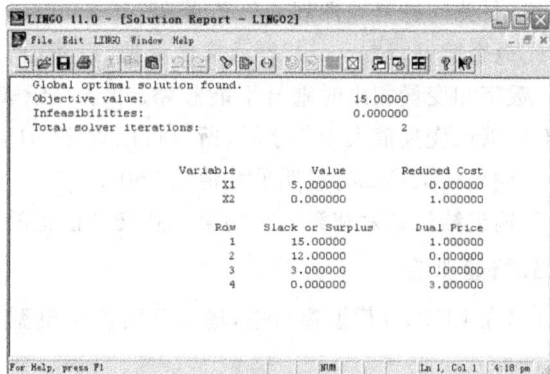

图 2-14 报告窗口显示结果

解读 LINGO 报告窗口：当 $x_1 = 5$，$x_2 = 0$ 时，目标函数最大值为 15.

(2)线性规划模型

**问题 1.** $\max z = 300x_1 + 500x_2$

$$\text{s.t.} \begin{cases} x_1 \leqslant 4 \\ 2x_2 \leqslant 12 \\ 3x_1 + 2x_2 \leqslant 18 \\ x_1 \geqslant 0, x_2 \geqslant 0 \end{cases}$$

【LINGO 命令】

max = 300 * x1 + 500 * x2;

x1 < = 4;

2 * x2 < = 12;

3 * x1 + 2 * x2 < = 18;

**【输出结果】**

```
Global optimal solution found.
Objective value:                                3600.000
Infeasibilities:                          0.000000
Total solver iterations:                      1
            Variable            Value        Reduced Cost
                  X1         2.000000            0.000000
                  X2         6.000000            0.000000
                 Row   Slack or Surplus          Dual Price
                   1         3600.000            1.000000
                   2         2.000000            0.000000
                   3         0.000000          150.0000
                   4         0.000000          100.0000
```

所以,当 $x_1 = 2$, $x_2 = 6$ 时,最大值为 3600.

说明:此问题是线性规划(LP)模型.

①命令第一行"max="表示求最大值,每条语句用分号结尾而且要在英文半角状态下输入.数字和变量相乘时乘号不能省略.小于等于表示为"<=",大于等于表示为">=".LINGO 默认变量值大于等于零,所以可以省略"x1>=0;x2>=0;"语句.

②输出结果第二行说明最大值为 3600.

③输出结果第六和第七行的第二列交叉位置的数据,说明取得最大值时 $x_1 = 2$, $x_2 = 6$.

### 3. 技能训练

(1)在 LINGO 模型窗口中,输入下面优化模型并求解;解读 LINGO 报告窗口;保存模型文件.

优化模型 $\max z = 72x_1 + 64x_2$

$$\text{s. t.} \begin{cases} x_1 + x_2 \leqslant 50 \\ 12x_1 + 8x_2 \leqslant 480 \\ 3x_1 \leqslant 100 \\ x_1 \geqslant 0, x_2 \geqslant 0 \end{cases}$$

(2)在 LINGO 模型窗口中输入的以下命令,你认为能正常运行吗? 若不行请修改命令,并运行它.

Min z = x1 + x2

4.5x1 + 10 * x2>100

51 * x1 + 51x2<1000

**三、完成任务**

**1. 用 LINGO 优化软件求解该任务的数学模型，并验证如表 2-17 所示的参考答案**

表 2-17　每吨蔬菜的运送费用

| 蔬菜基地 ＼ 市场 | 市场东 | 市场南 | 市场西 | 市场北 |
|---|---|---|---|---|
| 基地东 | 2000 | 0 | 0 | 0 |
| 基地南 | 0 | 1100 | 0 | 1400 |
| 基地西 | 0 | 1200 | 1800 | 0 |

**2. 完成数学建模实践小论文**

(1)小组合作完成蔬菜运送优化模型数学建模实践小论文.

(2)研究:某炼油厂根据计划每个季度需供应合同单位汽油 15 万吨,煤油 12 万吨,重油 12 万吨.该厂从 A、B 两处购进原油,已知两处的原油成分如表 2-18 所示,又已知从 A 处采购的价格为每吨 200 元,从 B 处采购的价格为每吨 310 元,问:该炼油厂采购原油的最优决策.

表 2-18　A、B 两处的原油成分

| 原油 | A | B |
|---|---|---|
| 汽油 | 15％ | 50％ |
| 煤油 | 20％ | 30％ |
| 重油 | 50％ | 15％ |
| 其他 | 15％ | 5％ |

## 2.2.2　制衣问题优化模型

**一、任务提出**

一服装厂的某车间有工人 300 名,按照过去的经验,每个工人每天能裁衣 100 件,或包缝 200 件,或缝纫 50 件,或锁眼、钉扣 300 件,问应如何安排生产,才能使车间在连续生产过程中出成衣最多?

**二、技能学习**

**1. 学习数学模型**

生产中的优化模型.

设需裁衣 $x_1$ 人,包缝 $x_2$ 人,缝纫 $x_3$ 人,锁眼、钉扣 $x_4$ 人.

成衣最多包含两层意思:成衣就是要裁衣、包缝、缝纫、锁眼和钉扣正好配套;成衣最多就是目标函数最大.

$$\max z = 100x_1$$

$$s.t. \begin{cases} 100x_1 = 200x_2 = 50x_3 = 300x_4 \\ x_1 + x_2 + x_3 + x_4 \leqslant 300 \\ x_i \text{ 正整数}, i = 1, 2, 3, 4 \end{cases}$$

这是一个整数规划问题.

### 2. 学习 LINGO 优化软件

整数规划模型

**问题 2.** 一汽车厂生产小、中、大三种类型的汽车,已知各类型每辆车对钢材、劳动时间的需求,利润以及每月工厂钢材、劳动时间的现有量如表 2-19 所示.试制订月生产计划,使工厂的利润最大.

表 2-19　汽车厂的生产数据

| 决策变量 | 小型 | 中型 | 大型 | 现有量 |
|---|---|---|---|---|
| 钢材(吨) | 1.5 | 3 | 5 | 600 |
| 劳动时间(小时) | 280 | 250 | 400 | 60000 |
| 利润(万元) | 2 | 3 | 4 | |

(1)模型建立

设每月生产小、中、大型汽车的数量分别为 $x_1$、$x_2$、$x_3$,工厂的月利润为 $z$,

$$\max z = 2x_1 + 3x_2 + 4x_3$$

$$s.t. \begin{cases} 1.5x_1 + 3x_2 + 5x_3 \leqslant 600 \\ 280x_1 + 250x_2 + 400x_3 \leqslant 60000 \\ x_i \text{ 正整数}, i = 1, 2, 3 \end{cases}$$

像上述优化模型中的决策变量 $x_1$、$x_2$、$x_3$ 都为整数,称为整数规划模型.

(2)模型求解

【LINGO 命令】

```
max = 2 * x1 + 3 * x2 + 4 * x3;
1.5 * x1 + 3 * x2 + 5 * x3 < = 600;
280 * x1 + 250 * x2 + 400 * x3 < = 60000;
@GIN(x1);@GIN(x2);@GIN(x3);
```

【输出结果】(只列出需要的结果)

```
Global optimal solution found.
Objective value:                        632.0000
Objective bound:                        632.0000
Infeasibilities:                        0.000000
Extended solver steps:                  0
Total solver iterations:                3
```

| Variable | Value | Reduced Cost |
|---|---|---|
| X1 | 64.00000 | − 2.000000 |
| X2 | 168.0000 | − 3.000000 |
| X3 | 0.000000 | − 4.000000 |

所以,月计划为生产小型车 64 辆、中型车 168 辆,不生产大型车,月利润最大值 632 万元.

说明:(1)@GIN(x1);表示 x1 取整数.

(2)取整函数也可在 Edit→Paste Function 菜单的 Variable Domain 扩展条中找到.

### 3. 技能训练

运输问题

某工厂生产三种产品,各种产品的重量和利润关系如表 2-20 所示:

表 2-20　各种产品的重量与利润关系

| 种类 | 重量(吨/件) | 利润(元/件) |
|---|---|---|
| 1 | 4 | 100 |
| 2 | 3 | 140 |
| 3 | 5 | 180 |

该厂运输最大能力为 10 吨,且总件数不能超过 12,问如何搭配各种产品才能使得运输的总利润最大?

### 三、完成任务

### 1. 用 LINGO 优化软件求解该任务的数学模型,并验证以下参考答案

需裁衣 78 人,包缝 39 人,缝纫 156 人,锁眼、钉扣 26 人,成衣最多 7800 件.

### 2. 完成数学建模实践小论文

(1)小组合作完成制衣优化模型数学建模实践小论文.

(2)研究:某蛋糕店生产草莓、蓝莓、柠檬三种口味的蛋糕,各种口味的蛋糕每个需要的面粉和鸡蛋数量以及相应售价如表 2-21 所示.若蛋糕店在圣诞节当天只配备了 6000g 面粉,2000g 鸡蛋.问蛋糕店应如何安排生产才能获得最大收益.

表 2-21　面粉和鸡蛋数量以及相应售价

| 变量＼口味 | 草莓 | 蓝莓 | 柠檬 |
|---|---|---|---|
| 面粉(g) | 20 | 30 | 40 |
| 鸡蛋(g) | 5 | 8 | 12 |
| 售价(元) | 2 | 3 | 4 |

### 2.2.3 选课策略

**一、任务提出**

某学校规定,运筹学专业的学生毕业时必须至少学习过 2 门数学课、3 门运筹学课和 2 门计算机课.这些课程的编号、名称、学分、所属类别和选修要求如表 2-22 所示.那么,毕业时学生最少可以学习这些课程中的哪些课程.

如果某个学生既希望选修课程的数量少,又希望所获得的学分多,他可以选修哪些课程?

表 2-22　课程情况

| 课程编号 | 课程名称 | 学分 | 所属类别 | 选修课要求 |
|---|---|---|---|---|
| 1 | 微积分 | 5 | 数学 | |
| 2 | 线性代数 | 4 | 数学 | |
| 3 | 最优化方法 | 4 | 数学;运筹学 | 微积分;线性代数 |
| 4 | 数据结构 | 3 | 数学;计算机 | 计算机编程 |
| 5 | 应用统计 | 4 | 数学;运筹学 | 微积分;线性代数 |
| 6 | 计算机模拟 | 3 | 计算机;运筹学 | 计算机编程 |
| 7 | 计算机编程 | 2 | 计算机 | |
| 8 | 预测理论 | 2 | 运筹学 | 应用统计 |
| 9 | 数学实验 | 3 | 运筹学;计算机 | 微积分;线性代数 |

**二、技能学习**

**1.学习数学模型**

分析:用 $x_i=1$ 表示选修表 2-22 中按编号顺序的 9 门课程($x_i=0$ 表示不选;$i=1$,$2,\cdots,9$).问题的目标为选修的课程总数最少,即

$$\min z = \sum_{i=1}^{9} x_i$$

约束条件包括两个方面:

(1)每人至少要学习 2 门数学课、3 门运筹学课和 2 门计算机课.根据表中对每门课程所属类别的划分,这一约束可以表示为

$$x_1 + x_2 + x_3 + x_4 + x_5 \geqslant 2$$
$$x_3 + x_5 + x_6 + x_8 + x_9 \geqslant 3$$
$$x_4 + x_6 + x_7 + x_9 \geqslant 2$$

(2)某些课程有先修课程的要求.例如"数据结构"的先修课是"计算机编程",这意味着如果 $x_4=1$,必须 $x_7=1$,这个条件可以表示为 $x_4 \leqslant x_7$(注意 $x_4=0$ 时对 $x_7$ 没有限制)."最优化方法"的先修课是"微积分"和"线性代数"的条件可表为 $x_3 \leqslant x_1$,$x_3 \leqslant x_2$,而这两个不等式

可以用一个约束表示为 $2x_3-x_1-x_2\leqslant0$. 这样,所有课程的先修要求可表示为如下的约束:

$$2x_3-x_1-x_2\leqslant0$$
$$x_4-x_7\leqslant0$$
$$2x_5-x_1-x_2\leqslant0$$
$$x_6-x_7\leqslant0$$
$$x_8-x_5\leqslant0$$
$$2x_9-x_1-x_2\leqslant0$$

综上所述,此问题的 $0-1$ 规划数学模型为:

$$\min z=\sum_{i=1}^{9}x_i$$

$$\text{s. t.}\begin{cases}x_1+x_2+x_3+x_4+x_5\geqslant2\\x_3+x_5+x_6+x_8+x_9\geqslant3\\x_4+x_6+x_7+x_9\geqslant2\\2x_3-x_1-x_2\leqslant0\\x_4-x_7\leqslant0\\2x_5-x_1-x_2\leqslant0\\x_6-x_7\leqslant0\\x_8-x_5\leqslant0\\2x_9-x_1-x_2\leqslant0\end{cases}$$

**2. 学习 LINGO 优化软件**

$0-1$ 规划模型

**问题 3.** 游泳选拔问题:某班准备从 5 名游泳队员中选择 4 人组成接力队,参加学校的 $4\times100\text{m}$ 混合泳接力比赛. 5 名队员 4 种泳姿的百米平均成绩如表 2-23 所示,问应如何选拔队员组成接力队?

表 2-23　5 名队员 4 种泳姿百米平均成绩

| 泳姿 | 甲 | 乙 | 丙 | 丁 | 戊 |
|---|---|---|---|---|---|
| 蝶泳 | 1′06″8 | 57″2 | 1′18″ | 1′10″ | 1′07″4 |
| 仰泳 | 1′15″6 | 1′06″ | 1′07″8 | 1′14″2 | 1′11″ |
| 蛙泳 | 1′27″ | 1′06″4 | 1′24″6 | 1′09″6 | 1′23″8 |
| 自由泳 | 58″6 | 53″ | 59″4 | 57″2 | 1′02″4 |

(1)模型建立

设甲,乙,丙,丁,戊分别记为 $i=1,2,3,4,5$;记蝶泳,仰泳,蛙泳,自由泳分别记为泳姿 $j=1,2,3,4$. 记队员 $i$ 的第 $j$ 种泳姿的百米最好成绩为 $c_{ij}$,如表 2-24 所示.

表 2-24　5 名队员 4 种泳姿百米平均成绩

| $c_{ij}$ | $i=1$ | $i=2$ | $i=3$ | $i=4$ | $i=5$ |
|---|---|---|---|---|---|
| $j=1$ | 66.8 | 57.2 | 78 | 70 | 67.4 |
| $j=2$ | 75.6 | 66 | 67.8 | 74.2 | 71 |
| $j=3$ | 87 | 66.4 | 84.6 | 69.6 | 83.8 |
| $j=4$ | 58.6 | 53 | 59.4 | 57.2 | 62.4 |

引入 $0-1$ 变量 $x_{ij}$，若选择队员 $i$ 参加泳姿 $j$ 的比赛，记 $x_{ij}=1$，否则记 $x_{ij}=0$.根据组成接力队的要求，$x_{ij}$ 应该满足两个约束条件：

每人最多只能选 4 种泳姿之一，即对于 $i=1,2,3,4,5$；应有 $\sum\limits_{j=1}^{4} x_{ij} \leqslant 1$；

每种泳姿必须有 1 人而且只能有 1 人入选，即对于 $j=1,2,3,4$.应有 $\sum\limits_{i=1}^{5} x_{ij}=1$；

当队员 $i$ 入选泳姿 $j$ 时，$c_{ij}x_{ij}$ 表示他（她）的成绩，否则 $c_{ij}x_{ij}=0$.于是接力队的成绩可表示为 $z=\sum\limits_{j=1}^{4}\sum\limits_{i=1}^{5} c_{ij} \times x_{ij}$.

综上所述，此问题的 $0-1$ 规划数学模型为：

$$\min z = \sum_{j=1}^{4}\sum_{i=1}^{5} c_{ij} \times x_{ij}$$

$$\text{s.t.} \sum_{j=1}^{4} x_{ij} \leqslant 1, i=1,2,3,4,5; \qquad \sum_{i=1}^{5} x_{ij}=1, j=1,2,3,4, \qquad x_{ij}=\{0,1\}$$

（2）模型求解

【LINGO 命令】

```
min = 66.8 * x11 + 75.6 * x12 + 87 * x13 + 58.6 * x14
+ 57.2 * x21 + 66 * x22 + 66.4 * x23 + 53 * x24
+ 78 * x31 + 67.8 * x32 + 84.6 * x33 + 59.4 * x34
+ 70 * x41 + 74.2 * x42 + 69.6 * x43 + 57.2 * x44
+ 67.4 * x51 + 71 * x52 + 83.8 * x53 + 62.4 * x54;
x11 + x12 + x13 + x14< = 1;
x21 + x22 + x23 + x24< = 1;
x31 + x32 + x33 + x34< = 1;
x41 + x42 + x43 + x44< = 1;
x11 + x21 + x31 + x41 + x51 = 1;
x12 + x22 + x32 + x42 + x52 = 1;
x13 + x23 + x33 + x43 + x53 = 1;
x14 + x24 + x34 + x44 + x54 = 1;
@BIN(x11);@BIN(x12);@BIN(x13);@BIN(x14);
@BIN(x21);@BIN(x22);@BIN(x23);@BIN(x24);
@BIN(x31);@BIN(x32);@BIN(x33);@BIN(x34);
```

@BIN(x41)；@BIN(x42)；@BIN(x43)；@BIN(x44)；

@BIN(x51)；@BIN(x52)；@BIN(x53)；@BIN(x54)；

【输出结果】(只列出需要的结果)

Global optimal solution found.

| | | |
|---|---|---|
| Objective value： | | 253.2000 |
| Objective bound： | | 253.2000 |
| Infeasibilities： | | 0.000000 |
| Extended solver steps： | | 0 |
| Total solver iterations： | | 0 |

| Variable | Value | Reduced Cost |
|---|---|---|
| X11 | 0.000000 | 66.80000 |
| X12 | 0.000000 | 75.60000 |
| X13 | 0.000000 | 87.00000 |
| X14 | 1.000000 | 58.60000 |
| X21 | 1.000000 | 57.20000 |
| X22 | 0.000000 | 66.00000 |
| X23 | 0.000000 | 66.40000 |
| X24 | 0.000000 | 53.00000 |
| X31 | 0.000000 | 78.00000 |
| X32 | 1.000000 | 67.80000 |
| X33 | 0.000000 | 84.60000 |
| X34 | 0.000000 | 59.40000 |
| X41 | 0.000000 | 70.00000 |
| X42 | 0.000000 | 74.20000 |
| X43 | 1.000000 | 69.60000 |
| X44 | 0.000000 | 57.20000 |
| X51 | 0.000000 | 67.40000 |
| X52 | 0.000000 | 71.00000 |
| X53 | 0.000000 | 83.80000 |
| X54 | 0.000000 | 62.40000 |

所以，选派甲参加自由泳、乙参加蝶泳、丙参加仰泳、丁参加蛙泳的比赛，获得成绩是 $253.2''=4'13''2$.

说明：(1)LINGO 命令"@BIN($x$)"表示 $x$ 只能取 0 或 1，是 0－1 规划必不可少的命令.

(2)取 0－1 函数也可在 Edit→Paste Function 菜单的 Variable Domain 扩展条中找到.

**3. 技能训练**

求解 0－1 规划模型

$$\min z = x_a + x_b + x_c + x_d + x_e + x_f$$

$$\text{s. t.} \begin{cases} x_a + x_b + x_c \geqslant 1 \\ x_b + x_d \geqslant 1 \\ x_c + x_e \geqslant 1 \\ x_d + x_f \geqslant 1 \\ x_a + x_b + x_c + x_d \geqslant 1 \\ x_e + x_f \geqslant 1 \\ x_a \geqslant 1 \end{cases}$$

### 三、完成任务

**1. 用 LINGO 优化软件求解该任务的数学模型,并验证以下参考答案**

$x_1 = x_2 = x_3 = x_6 = x_7 = x_9 = 1$,其他变量为 0. 对照课程编号,它们是微积分、线性代数、最优化方法、计算机模拟、计算机编程、数学实验,共 6 门课程,总学分为 21.

**2. 完成数学建模实践小论文**

小组合作完成选课策略数学建模实践小论文.

# 2.3　EXCEL 数学建模实践

## 2.3.1　煤矿是低瓦斯矿井还是高瓦斯矿井

### 一、任务提出

国家《煤矿安全规程》规定:当井下瓦斯的相对涌出量不超过 $10\text{m}^3/\text{t}$,且绝对涌出量不超过 $40\text{m}^3/\text{min}$ 时为低瓦斯矿. 当相对涌出量大于 $10\text{m}^3/\text{t}$,或绝对涌出量大于 $40\text{m}^3/\text{min}$ 时为高瓦斯矿. 更严重的称为瓦斯突出矿.

表 2-25 给出的是某煤矿各监测点的风速,瓦斯和煤尘的监测数据,试利用表中数据进行分析,判别该煤矿是低瓦斯矿井还是高瓦斯矿井. 该煤矿通风系统如图 2-15 所示.

表 2-25　各监测点的风速,瓦斯、煤尘监测数据

| 监测点<br>日期<br>与班次 | | 工作面 I | | | 工作面 II | | | 掘进工作面 | | | 回风巷 I | | | 回风巷 II | | | 总回风巷 | | | 日产量<br>(t/d) |
|---|---|---|---|---|---|---|---|---|---|---|---|---|---|---|---|---|---|---|---|---|
| | | 风速 | 瓦斯 | 煤尘 | 风速 | 瓦斯 | 煤尘 | 风速 | 瓦斯 | 煤尘 | 风速 | 瓦斯 | 煤尘 | 风速 | 瓦斯 | 煤尘 | 风速 | 瓦斯 | 煤尘 | |
| 1 | 早班 | 2.40 | 0.71 | 8.00 | 2.07 | 0.94 | 7.67 | 2.22 | 0.26 | 7.44 | 2.13 | 0.76 | 7.52 | 2.09 | 0.98 | 7.23 | 5.15 | 0.67 | 7.05 | |
| | 中班 | 2.56 | 0.62 | 8.40 | 2.08 | 0.85 | 7.51 | 2.29 | 0.26 | 7.45 | 2.27 | 0.66 | 7.93 | 2.10 | 0.89 | 7.27 | 5.36 | 0.60 | 7.28 | 597 |
| | 晚班 | 2.24 | 0.66 | 7.61 | 2.09 | 0.82 | 7.51 | 2.40 | 0.29 | 7.62 | 2.09 | 0.73 | 7.14 | 2.11 | 0.90 | 7.07 | 5.31 | 0.63 | 6.80 | |
| 2 | 早班 | 2.27 | 0.62 | 7.69 | 2.08 | 0.85 | 7.70 | 2.21 | 0.23 | 7.31 | 2.08 | 0.67 | 7.33 | 2.11 | 0.90 | 7.25 | 5.14 | 0.60 | 7.06 | |
| | 中班 | 2.41 | 0.63 | 7.99 | 2.13 | 0.92 | 7.74 | 2.29 | 0.26 | 7.47 | 2.23 | 0.68 | 7.73 | 2.16 | 0.98 | 7.35 | 5.39 | 0.64 | 7.22 | 602 |
| | 晚班 | 2.40 | 0.66 | 7.87 | 2.10 | 0.89 | 7.85 | 2.29 | 0.22 | 7.56 | 2.21 | 0.71 | 7.31 | 2.12 | 0.93 | 7.41 | 5.32 | 0.62 | 7.03 | |

续表

| 日期 | 监测点 班次 | 工作面Ⅰ 风速 | 瓦斯 | 煤尘 | 工作面Ⅱ 风速 | 瓦斯 | 煤尘 | 掘进工作面 风速 | 瓦斯 | 煤尘 | 回风巷Ⅰ 风速 | 瓦斯 | 煤尘 | 回风巷Ⅱ 风速 | 瓦斯 | 煤尘 | 总回风巷 风速 | 瓦斯 | 煤尘 | 日产量 (t/d) |
|---|---|---|---|---|---|---|---|---|---|---|---|---|---|---|---|---|---|---|---|---|
| 3 | 早班 | 2.27 | 0.78 | 7.75 | 2.10 | 0.89 | 7.67 | 2.29 | 0.27 | 7.42 | 2.04 | 0.83 | 7.36 | 2.11 | 0.95 | 7.32 | 5.19 | 0.68 | 7.03 | |
| | 中班 | 2.22 | 0.71 | 7.71 | 2.09 | 0.92 | 7.56 | 2.31 | 0.26 | 7.48 | 2.11 | 0.76 | 7.25 | 2.11 | 0.97 | 7.26 | 5.26 | 0.65 | 6.93 | 639 |
| | 晚班 | 2.29 | 0.66 | 7.68 | 2.09 | 0.94 | 7.51 | 2.15 | 0.16 | 7.18 | 2.02 | 0.71 | 7.17 | 2.12 | 1.01 | 7.15 | 5.05 | 0.63 | 6.94 | |
| 4 | 早班 | 2.31 | 0.67 | 7.67 | 2.09 | 0.96 | 7.55 | 2.21 | 0.31 | 7.28 | 2.11 | 0.71 | 7.30 | 2.12 | 1.00 | 7.20 | 5.17 | 0.68 | 6.95 | |
| | 中班 | 2.37 | 0.71 | 7.89 | 2.08 | 0.72 | 7.58 | 2.11 | 0.19 | 7.02 | 2.17 | 0.76 | 7.42 | 2.12 | 0.75 | 7.09 | 5.14 | 0.58 | 6.95 | 616 |
| | 晚班 | 2.40 | 0.62 | 7.99 | 2.10 | 0.87 | 7.61 | 2.44 | 0.18 | 7.71 | 2.11 | 0.68 | 7.39 | 2.12 | 0.90 | 7.25 | 5.36 | 0.58 | 6.99 | |
| 5 | 早班 | 2.34 | 0.61 | 7.83 | 2.11 | 0.84 | 7.77 | 2.27 | 0.28 | 7.46 | 2.08 | 0.66 | 7.4 | 2.14 | 0.89 | 7.31 | 5.21 | 0.61 | 7.00 | |
| | 中班 | 2.43 | 0.64 | 8.10 | 2.14 | 0.80 | 7.67 | 2.36 | 0.24 | 7.55 | 2.17 | 0.69 | 7.72 | 2.16 | 0.82 | 7.28 | 5.37 | 0.58 | 7.10 | 610 |
| | 晚班 | 2.27 | 0.69 | 7.64 | 2.08 | 0.99 | 7.65 | 2.21 | 0.21 | 7.34 | 1.96 | 0.75 | 7.23 | 2.11 | 1.03 | 7.10 | 5.03 | 0.65 | 6.96 | |
| 6 | 早班 | 2.29 | 0.72 | 7.81 | 2.10 | 0.97 | 7.75 | 2.27 | 0.20 | 7.48 | 1.93 | 0.77 | 7.44 | 2.12 | 1.02 | 7.28 | 5.08 | 0.66 | 7.02 | |
| | 中班 | 2.39 | 0.64 | 7.96 | 2.11 | 0.98 | 7.54 | 2.10 | 0.23 | 7.24 | 2.02 | 0.71 | 7.64 | 2.13 | 1.01 | 7.13 | 5.01 | 0.68 | 7.06 | 588 |
| | 晚班 | 2.31 | 0.69 | 7.73 | 2.12 | 1.00 | 7.46 | 2.18 | 0.22 | 7.17 | 2.00 | 0.75 | 7.31 | 2.13 | 1.07 | 7.10 | 5.07 | 0.68 | 6.94 | |
| 7 | 早班 | 2.36 | 0.70 | 7.81 | 2.13 | 0.77 | 7.66 | 2.21 | 0.23 | 7.35 | 2.09 | 0.74 | 7.47 | 2.16 | 0.82 | 7.41 | 5.19 | 0.60 | 7.07 | |
| | 中班 | 2.40 | 0.69 | 7.95 | 2.09 | 0.84 | 7.63 | 2.29 | 0.23 | 7.54 | 2.02 | 0.74 | 7.47 | 2.12 | 0.88 | 7.24 | 5.18 | 0.62 | 7.12 | 582 |
| | 晚班 | 2.52 | 0.65 | 8.23 | 2.07 | 0.94 | 7.80 | 2.24 | 0.21 | 7.55 | 2.27 | 0.71 | 7.95 | 2.07 | 0.99 | 7.39 | 5.29 | 0.64 | 7.43 | |
| 8 | 早班 | 2.49 | 0.64 | 8.19 | 2.14 | 0.78 | 7.78 | 2.27 | 0.28 | 7.45 | 2.21 | 0.68 | 7.90 | 2.16 | 0.82 | 7.39 | 5.34 | 0.59 | 7.38 | |
| | 中班 | 2.21 | 0.73 | 7.59 | 2.09 | 0.80 | 7.70 | 2.22 | 0.26 | 7.21 | 1.91 | 0.77 | 7.15 | 2.10 | 0.84 | 7.39 | 5.01 | 0.62 | 6.94 | 605 |
| | 晚班 | 2.27 | 0.66 | 7.67 | 2.07 | 0.94 | 7.68 | 2.22 | 0.19 | 7.37 | 2.08 | 0.71 | 7.21 | 2.09 | 1.00 | 7.45 | 5.13 | 0.63 | 7.01 | |
| 9 | 早班 | 2.39 | 0.59 | 7.82 | 2.06 | 1.01 | 7.66 | 2.24 | 0.16 | 7.20 | 2.13 | 0.64 | 7.48 | 2.08 | 1.05 | 7.32 | 5.17 | 0.61 | 7.19 | |
| | 中班 | 2.37 | 0.68 | 8.08 | 2.10 | 0.91 | 7.57 | 2.29 | 0.17 | 7.47 | 2.15 | 0.75 | 7.28 | 2.12 | 0.95 | 7.31 | 5.28 | 0.63 | 7.03 | 585 |
| | 晚班 | 2.27 | 0.73 | 7.65 | 2.08 | 0.69 | 7.51 | 2.29 | 0.19 | 7.34 | 2.06 | 0.77 | 7.34 | 2.12 | 0.75 | 7.24 | 5.19 | 0.58 | 6.94 | |
| 10 | 早班 | 2.36 | 0.65 | 7.95 | 2.12 | 0.87 | 7.54 | 2.27 | 0.32 | 7.46 | 2.04 | 0.73 | 7.48 | 2.13 | 0.90 | 7.15 | 5.18 | 0.65 | 6.99 | |
| | 中班 | 2.36 | 0.67 | 7.85 | 2.13 | 0.85 | 7.85 | 2.23 | 0.23 | 7.39 | 2.13 | 0.72 | 7.17 | 2.14 | 0.92 | 7.33 | 5.23 | 0.62 | 7.07 | 620 |
| | 晚班 | 2.36 | 0.67 | 7.86 | 2.11 | 0.84 | 7.57 | 2.24 | 0.16 | 7.51 | 2.10 | 0.72 | 7.48 | 2.14 | 0.90 | 7.22 | 5.21 | 0.60 | 7.16 | |
| 11 | 早班 | 2.29 | 0.70 | 7.88 | 2.07 | 0.84 | 7.51 | 2.14 | 0.22 | 7.26 | 2.11 | 0.74 | 7.44 | 2.09 | 0.89 | 7.12 | 5.10 | 0.62 | 6.90 | |
| | 中班 | 2.31 | 0.65 | 7.74 | 2.09 | 0.81 | 7.85 | 2.18 | 0.24 | 7.24 | 2.14 | 0.68 | 7.22 | 2.11 | 0.86 | 7.50 | 5.17 | 0.61 | 7.00 | 616 |
| | 晚班 | 2.37 | 0.69 | 8.10 | 2.09 | 0.83 | 7.61 | 2.09 | 0.27 | 6.99 | 2.11 | 0.75 | 7.72 | 2.11 | 0.88 | 7.06 | 5.08 | 0.64 | 7.11 | |
| 12 | 早班 | 2.37 | 0.64 | 7.86 | 2.09 | 0.88 | 7.65 | 2.22 | 0.19 | 7.21 | 1.97 | 0.70 | 7.36 | 2.11 | 0.92 | 7.07 | 5.06 | 0.60 | 6.96 | |
| | 中班 | 2.36 | 0.65 | 7.80 | 2.10 | 0.81 | 7.64 | 2.18 | 0.17 | 7.33 | 2.10 | 0.72 | 7.46 | 2.12 | 0.86 | 7.27 | 5.13 | 0.58 | 7.05 | 608 |
| | 晚班 | 2.36 | 0.66 | 7.81 | 2.10 | 0.67 | 7.68 | 2.18 | 0.26 | 7.20 | 2.27 | 0.70 | 7.59 | 2.12 | 0.71 | 7.18 | 5.28 | 0.57 | 7.18 | |

**续表**

| 日期与班次 | 监测点 | 工作面Ⅰ | | | 工作面Ⅱ | | | 掘进工作面 | | | 回风巷Ⅰ | | | 回风巷Ⅱ | | | 总回风巷 | | | 日产量(t/d) |
|---|---|---|---|---|---|---|---|---|---|---|---|---|---|---|---|---|---|---|---|---|
| | | 风速 | 瓦斯 | 煤尘 | 风速 | 瓦斯 | 煤尘 | 风速 | 瓦斯 | 煤尘 | 风速 | 瓦斯 | 煤尘 | 风速 | 瓦斯 | 煤尘 | 风速 | 瓦斯 | 煤尘 | |
| 13 | 早班 | 2.27 | 0.72 | 7.80 | 2.13 | 0.94 | 7.68 | 2.14 | 0.25 | 7.07 | 2.14 | 0.77 | 7.36 | 2.14 | 1.00 | 7.46 | 5.16 | 0.68 | 7.19 | |
| | 中班 | 2.37 | 0.71 | 7.77 | 2.09 | 0.89 | 7.69 | 2.44 | 0.19 | 7.74 | 2.14 | 0.75 | 7.28 | 2.11 | 0.95 | 7.25 | 5.36 | 0.62 | 7.05 | 612 |
| | 晚班 | 2.21 | 0.76 | 7.59 | 2.12 | 0.82 | 7.72 | 2.21 | 0.27 | 7.33 | 1.97 | 0.83 | 7.35 | 2.16 | 0.87 | 7.26 | 5.10 | 0.66 | 7.07 | |
| 14 | 早班 | 2.43 | 0.60 | 7.96 | 2.07 | 0.78 | 7.48 | 2.14 | 0.21 | 7.33 | 2.18 | 0.64 | 7.64 | 2.09 | 0.83 | 7.15 | 5.13 | 0.57 | 7.10 | |
| | 中班 | 2.36 | 0.69 | 8.00 | 2.08 | 1.11 | 7.66 | 2.31 | 0.20 | 7.73 | 2.09 | 0.74 | 7.61 | 2.09 | 1.18 | 7.26 | 5.22 | 0.69 | 7.15 | 606 |
| | 晚班 | 2.31 | 0.69 | 7.75 | 2.09 | 0.85 | 7.55 | 2.22 | 0.27 | 7.34 | 2.11 | 0.73 | 7.42 | 2.11 | 0.90 | 7.25 | 5.16 | 0.64 | 7.07 | |
| 15 | 早班 | 2.52 | 0.63 | 8.08 | 2.10 | 0.79 | 7.77 | 2.29 | 0.15 | 7.59 | 2.21 | 0.68 | 7.76 | 2.14 | 0.83 | 7.39 | 5.32 | 0.55 | 7.15 | |
| | 中班 | 2.27 | 0.70 | 7.75 | 2.09 | 0.85 | 7.71 | 2.22 | 0.24 | 7.26 | 2.02 | 0.75 | 7.34 | 2.12 | 0.90 | 7.38 | 5.11 | 0.62 | 7.06 | 592 |
| | 晚班 | 2.46 | 0.67 | 8.17 | 2.11 | 0.76 | 7.66 | 2.22 | 0.29 | 7.16 | 2.21 | 0.74 | 7.77 | 2.12 | 0.83 | 7.33 | 5.26 | 0.62 | 7.22 | |
| 16 | 早班 | 2.34 | 0.71 | 7.90 | 2.12 | 0.80 | 7.68 | 2.19 | 0.29 | 7.16 | 2.15 | 0.76 | 7.54 | 2.14 | 0.86 | 7.27 | 5.20 | 0.64 | 7.00 | |
| | 中班 | 2.21 | 0.71 | 7.56 | 2.09 | 0.89 | 7.60 | 2.15 | 0.23 | 7.28 | 2.00 | 0.75 | 7.30 | 2.12 | 0.95 | 7.36 | 5.06 | 0.65 | 6.99 | 609 |
| | 晚班 | 2.27 | 0.70 | 7.64 | 2.10 | 0.78 | 7.66 | 2.18 | 0.24 | 6.98 | 2.00 | 0.77 | 7.22 | 2.13 | 0.83 | 7.24 | 5.07 | 0.61 | 7.01 | |
| 17 | 早班 | 2.31 | 0.66 | 7.81 | 2.10 | 0.98 | 7.76 | 2.15 | 0.24 | 7.20 | 2.13 | 0.73 | 7.52 | 2.12 | 1.05 | 7.45 | 5.14 | 0.68 | 7.06 | |
| | 中班 | 2.37 | 0.68 | 8.00 | 2.07 | 1.03 | 7.50 | 2.11 | 0.27 | 7.08 | 2.04 | 0.73 | 7.78 | 2.07 | 1.07 | 7.06 | 5.00 | 0.70 | 7.17 | 605 |
| | 晚班 | 2.34 | 0.69 | 7.94 | 2.11 | 0.94 | 7.62 | 2.37 | 0.24 | 7.67 | 2.06 | 0.73 | 7.68 | 2.12 | 1.00 | 7.10 | 5.27 | 0.65 | 6.94 | |
| 18 | 早班 | 2.43 | 0.65 | 8.00 | 2.10 | 0.91 | 7.71 | 2.36 | 0.16 | 7.66 | 2.22 | 0.69 | 7.53 | 2.13 | 0.96 | 7.37 | 5.38 | 0.60 | 7.03 | |
| | 中班 | 2.41 | 0.66 | 8.05 | 2.11 | 0.84 | 7.59 | 2.14 | 0.25 | 7.12 | 2.21 | 0.70 | 7.76 | 2.13 | 0.90 | 7.33 | 5.20 | 0.63 | 7.28 | 581 |
| | 晚班 | 2.36 | 0.65 | 7.88 | 2.09 | 0.93 | 7.50 | 2.31 | 0.24 | 7.38 | 2.18 | 0.69 | 7.50 | 2.11 | 0.98 | 7.11 | 5.31 | 0.62 | 7.01 | |
| 19 | 早班 | 2.39 | 0.71 | 7.90 | 2.12 | 0.93 | 7.77 | 2.25 | 0.29 | 7.21 | 2.09 | 0.75 | 7.45 | 2.14 | 0.98 | 7.21 | 5.20 | 0.68 | 7.05 | |
| | 中班 | 2.31 | 0.66 | 7.83 | 2.07 | 0.74 | 7.65 | 2.29 | 0.21 | 7.49 | 2.08 | 0.72 | 7.57 | 2.09 | 0.80 | 7.51 | 5.20 | 0.57 | 7.21 | 616 |
| | 晚班 | 2.36 | 0.69 | 7.95 | 2.11 | 0.78 | 7.46 | 2.27 | 0.20 | 7.50 | 2.08 | 0.73 | 7.78 | 2.12 | 0.81 | 7.25 | 5.20 | 0.58 | 7.34 | |
| 20 | 早班 | 2.40 | 0.64 | 7.88 | 2.12 | 0.94 | 7.52 | 2.23 | 0.27 | 7.21 | 2.22 | 0.69 | 7.47 | 2.14 | 0.99 | 7.16 | 5.28 | 0.66 | 7.02 | |
| | 中班 | 2.34 | 0.66 | 7.85 | 2.07 | 0.74 | 7.45 | 2.34 | 0.30 | 7.37 | 2.11 | 0.72 | 7.44 | 2.08 | 0.76 | 7.13 | 5.24 | 0.59 | 6.90 | 612 |
| | 晚班 | 2.27 | 0.66 | 7.62 | 2.08 | 0.86 | 7.69 | 2.21 | 0.24 | 7.16 | 2.04 | 0.71 | 7.51 | 2.08 | 0.92 | 7.21 | 5.08 | 0.62 | 7.02 | |
| 21 | 早班 | 2.36 | 0.69 | 7.59 | 2.09 | 0.84 | 7.68 | 2.21 | 0.26 | 7.35 | 2.09 | 0.73 | 7.33 | 2.12 | 0.87 | 7.19 | 5.16 | 0.62 | 6.96 | |
| | 中班 | 2.34 | 0.70 | 7.85 | 2.11 | 0.96 | 7.65 | 2.14 | 0.23 | 7.03 | 2.08 | 0.75 | 7.47 | 2.11 | 1.00 | 7.16 | 5.08 | 0.66 | 7.08 | 601 |
| | 晚班 | 2.31 | 0.66 | 7.67 | 2.10 | 0.91 | 7.57 | 2.31 | 0.20 | 7.53 | 2.08 | 0.70 | 7.37 | 2.12 | 0.96 | 7.05 | 5.21 | 0.62 | 6.96 | |
| 22 | 早班 | 2.24 | 0.68 | 7.52 | 2.11 | 0.92 | 7.72 | 2.37 | 0.25 | 7.63 | 2.09 | 0.74 | 7.32 | 2.14 | 0.97 | 7.38 | 5.23 | 0.64 | 6.99 | |
| | 中班 | 2.29 | 0.70 | 7.84 | 2.10 | 0.83 | 7.60 | 2.36 | 0.24 | 7.70 | 2.09 | 0.76 | 7.55 | 2.12 | 0.86 | 7.22 | 5.28 | 0.61 | 6.97 | 616 |
| | 晚班 | 2.37 | 0.65 | 7.98 | 2.10 | 0.94 | 7.61 | 2.24 | 0.13 | 7.48 | 2.11 | 0.70 | 7.75 | 2.13 | 0.99 | 7.08 | 5.20 | 0.61 | 7.16 | |

续表

| 日期与班次 | | 工作面Ⅰ | | | 工作面Ⅱ | | | 掘进工作面 | | | 回风巷Ⅰ | | | 回风巷Ⅱ | | | 总回风巷 | | | 日产量(t/d) |
|---|---|---|---|---|---|---|---|---|---|---|---|---|---|---|---|---|---|---|---|---|
| | | 风速 | 瓦斯 | 煤尘 | 风速 | 瓦斯 | 煤尘 | 风速 | 瓦斯 | 煤尘 | 风速 | 瓦斯 | 煤尘 | 风速 | 瓦斯 | 煤尘 | 风速 | 瓦斯 | 煤尘 | |
| 23 | 早班 | 2.56 | 0.60 | 8.26 | 2.11 | 0.93 | 7.55 | 2.36 | 0.17 | 7.55 | 2.21 | 0.64 | 8.01 | 2.11 | 0.97 | 7.19 | 5.35 | 0.59 | 7.25 | 588 |
| | 中班 | 2.27 | 0.75 | 7.70 | 2.13 | 0.97 | 7.71 | 2.31 | 0.23 | 7.58 | 2.04 | 0.80 | 7.42 | 2.16 | 1.02 | 7.28 | 5.23 | 0.68 | 7.07 | |
| | 晚班 | 2.31 | 0.70 | 7.90 | 2.10 | 0.96 | 7.60 | 2.29 | 0.27 | 7.45 | 2.25 | 0.75 | 7.35 | 2.13 | 1.04 | 7.26 | 5.38 | 0.68 | 6.92 | |
| 24 | 早班 | 2.36 | 0.66 | 7.87 | 2.09 | 0.92 | 7.66 | 2.15 | 0.33 | 7.09 | 2.11 | 0.70 | 7.50 | 2.10 | 0.96 | 7.27 | 5.12 | 0.67 | 7.17 | 625 |
| | 中班 | 2.36 | 0.62 | 7.96 | 2.09 | 0.93 | 7.48 | 2.10 | 0.20 | 7.14 | 2.09 | 0.68 | 7.70 | 2.10 | 0.97 | 7.07 | 5.05 | 0.62 | 7.05 | |
| | 晚班 | 2.45 | 0.64 | 8.14 | 2.08 | 0.83 | 7.56 | 2.22 | 0.19 | 7.29 | 2.19 | 0.69 | 7.54 | 2.09 | 0.88 | 6.97 | 5.24 | 0.58 | 6.96 | |
| 25 | 早班 | 2.39 | 0.63 | 7.70 | 2.11 | 0.84 | 7.59 | 2.27 | 0.20 | 7.20 | 2.11 | 0.68 | 7.35 | 2.14 | 0.88 | 7.23 | 5.24 | 0.57 | 6.93 | 598 |
| | 中班 | 2.27 | 0.70 | 7.77 | 2.10 | 0.94 | 7.64 | 2.31 | 0.22 | 7.44 | 2.00 | 0.72 | 7.37 | 2.12 | 0.97 | 7.22 | 5.16 | 0.62 | 6.91 | |
| | 晚班 | 2.52 | 0.64 | 8.12 | 2.11 | 0.99 | 7.68 | 2.23 | 0.19 | 7.30 | 2.27 | 0.69 | 7.76 | 2.15 | 1.03 | 7.18 | 5.35 | 0.65 | 7.27 | |
| 26 | 早班 | 2.34 | 0.66 | 8.00 | 2.12 | 0.81 | 7.59 | 2.35 | 0.23 | 7.34 | 2.00 | 0.70 | 7.43 | 2.16 | 0.86 | 7.16 | 5.23 | 0.60 | 7.10 | 618 |
| | 中班 | 2.36 | 0.68 | 7.71 | 2.10 | 0.87 | 7.60 | 2.35 | 0.18 | 7.68 | 2.25 | 0.71 | 7.11 | 2.10 | 0.94 | 7.29 | 5.40 | 0.61 | 6.91 | |
| | 晚班 | 2.34 | 0.66 | 7.73 | 2.10 | 0.80 | 7.54 | 2.34 | 0.23 | 7.48 | 2.09 | 0.72 | 7.25 | 2.12 | 0.85 | 6.95 | 5.27 | 0.60 | 6.88 | |
| 27 | 早班 | 2.31 | 0.70 | 7.99 | 2.10 | 0.80 | 7.78 | 2.22 | 0.24 | 7.15 | 2.04 | 0.75 | 7.45 | 2.12 | 0.85 | 7.31 | 5.12 | 0.61 | 7.06 | 617 |
| | 中班 | 2.36 | 0.68 | 7.90 | 2.12 | 0.98 | 7.56 | 2.25 | 0.18 | 7.24 | 2.15 | 0.74 | 7.47 | 2.15 | 1.03 | 7.21 | 5.26 | 0.64 | 7.04 | |
| | 晚班 | 2.31 | 0.72 | 7.90 | 2.10 | 0.85 | 7.59 | 2.14 | 0.28 | 7.22 | 2.04 | 0.77 | 7.51 | 2.11 | 0.90 | 7.35 | 5.06 | 0.66 | 7.12 | |
| 28 | 早班 | 2.41 | 0.70 | 7.98 | 2.12 | 0.89 | 7.75 | 2.09 | 0.20 | 7.13 | 2.14 | 0.73 | 7.51 | 2.14 | 0.94 | 7.46 | 5.11 | 0.63 | 7.18 | 605 |
| | 中班 | 2.25 | 0.70 | 7.82 | 2.09 | 0.91 | 7.72 | 2.34 | 0.14 | 7.61 | 2.00 | 0.76 | 7.57 | 2.12 | 0.95 | 7.26 | 5.19 | 0.60 | 7.00 | |
| | 晚班 | 2.22 | 0.68 | 7.58 | 2.11 | 0.82 | 7.69 | 2.22 | 0.19 | 7.13 | 2.00 | 0.75 | 7.19 | 2.14 | 0.87 | 7.37 | 5.11 | 0.61 | 6.95 | |
| 29 | 早班 | 2.40 | 0.68 | 8.17 | 2.07 | 1.00 | 7.57 | 2.14 | 0.29 | 7.14 | 2.13 | 0.73 | 7.50 | 2.10 | 1.06 | 7.23 | 5.10 | 0.71 | 6.94 | 586 |
| | 中班 | 2.60 | 0.61 | 8.42 | 2.12 | 0.68 | 7.74 | 2.17 | 0.21 | 7.08 | 2.35 | 0.65 | 8.14 | 2.15 | 0.74 | 7.25 | 5.14 | 0.63 | 7.34 | |
| | 晚班 | 2.34 | 0.73 | 7.88 | 2.11 | 0.76 | 7.59 | 2.27 | 0.30 | 7.26 | 2.00 | 0.78 | 7.24 | 2.13 | 0.82 | 7.06 | 5.14 | 0.63 | 6.92 | |
| 30 | 早班 | 2.31 | 0.62 | 7.91 | 2.10 | 0.98 | 7.64 | 2.23 | 0.20 | 7.21 | 2.17 | 0.68 | 7.49 | 2.13 | 1.03 | 7.23 | 5.23 | 0.65 | 6.97 | 620 |
| | 中班 | 2.37 | 0.63 | 8.05 | 2.11 | 0.82 | 7.54 | 2.24 | 0.24 | 7.33 | 2.13 | 0.68 | 7.54 | 2.13 | 0.86 | 7.00 | 5.23 | 0.60 | 6.98 | |
| | 晚班 | 2.40 | 0.72 | 7.90 | 2.11 | 0.85 | 7.54 | 2.11 | 0.26 | 7.26 | 2.15 | 0.78 | 7.65 | 2.13 | 0.88 | 7.18 | 5.11 | 0.66 | 7.29 | |

注:瓦斯的浓度单位为:%,即体积百分比;煤尘的单位为:g/m³;风速的单位为:m/s;日产量的单位为:t/d.

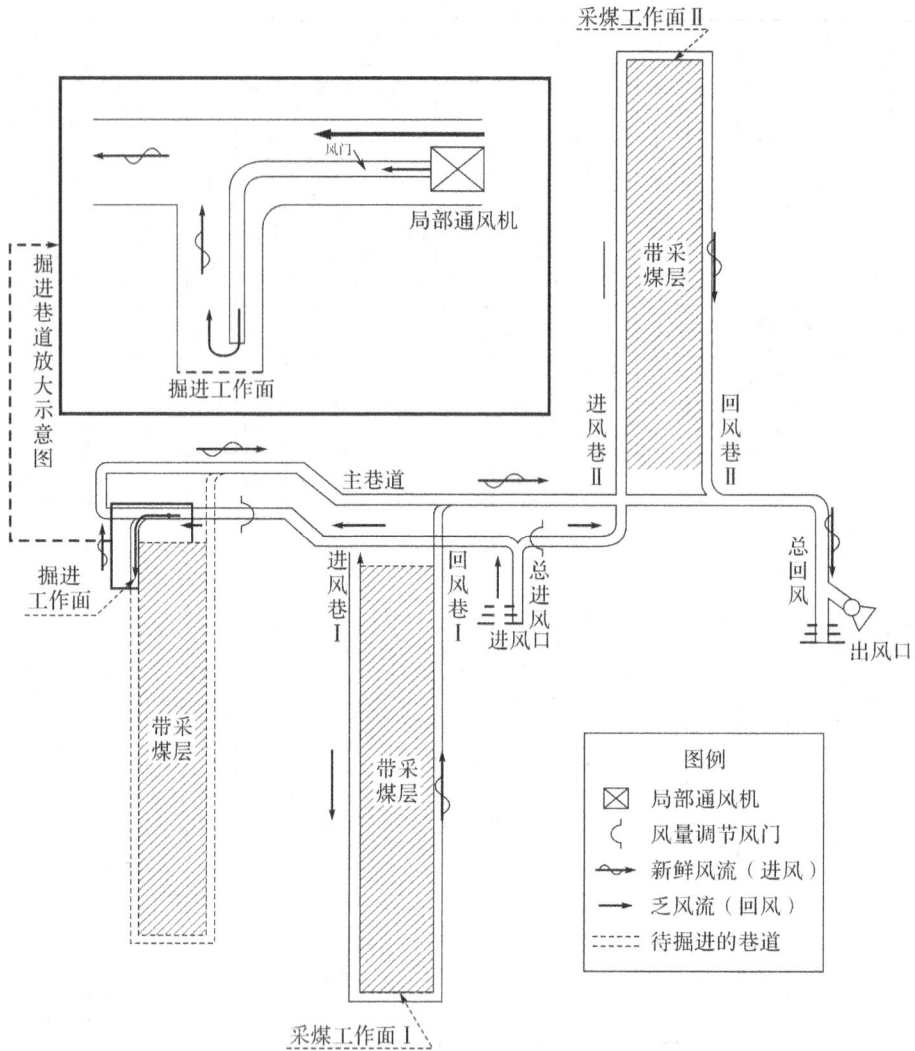

图 2-15　某煤矿的通风系统

图注：主巷道断面大约为 5m²，其他各采煤区的进风巷、回风巷和掘进巷的断面大约为 4m²，掘
进巷道中的风筒直径为 400mm。

## 二、技能学习

### 1. 学习数学模型

所谓的瓦斯绝对涌出量是单位时间涌出的瓦斯体积，在此用 $G$ 表示，单位为 m³/d 或
m³/min. 瓦斯相对涌出量是平均日产 1 吨煤所涌出的瓦斯量，在此用 $g$ 表示，单位为 m³/t.

已知巷道风速为 $v$(m/s)，而巷道的平均断面积为 $s$(m²)，则通风量计算公式为

$$Q = 60 \cdot s \cdot v \quad (\text{m}^3/\text{min})$$

如果风流中的平均瓦斯浓度为 $C_g\%$，则瓦斯绝对涌出量为

$$G = \frac{1}{100} \cdot Q \cdot C_g \quad (\text{m}^3/\text{min})$$

若煤矿的日产量为 $A_d$(t/d),则该煤矿瓦斯的相对涌出量为

$$g = \frac{G}{A_d} \quad (\text{m}^3/\text{t})$$

**2. 学习 EXCEL 软件**

**问题 1.** 已知 $x_1 = \pi$, $x_2 = 2$, $y = \dfrac{x_1 x_2}{3x_1 + x_2^3} - 1$, 求 $y$ 和 $|y|$ 的值.

【操作过程】

(1) 设置 A 列;

(2) 在单元格 B1,C1 中分别输入自变量 = PI( ),2;

(3) 在单元格 B2 中输入 = B1 * C1/(3 * B1+C1^3)−1 回车就得函数值 −0.6394;

(4) 在单元格 B3 中输入 = ABS(B2) 回车就得函数值 0.6394.

以上设置结果,如表 2-26 所示.

**表 2-26 问题 1 的结果**

|   | A | B | C |
|---|---|---|---|
| 1 | $x$ | 3.141593 | 2 |
| 2 | $y$ | −0.63941 | |
| 3 | $y$ 绝对值 | 0.6394109 | |

**3. 技能训练**

(1) 输出 $\pi$ 和 e 的值,要求其有效数字分别为 6 和 8 位.

(2) 当 $x = 3, 2, 1, 0, -1, -2, -3$ 时,计算函数 $y = e^x \cos x$ 的值.

**三、完成任务**

**1. 用 EXCEL 软件求解数学模型,并验证以下参考答案**

由题目所给的实际数据,计算可以得到各工作面的瓦斯绝对涌出量和总回风巷的瓦斯绝对涌出量与相对涌出量的具体结果,则瓦斯的绝对涌出量平均值为 9.75358m³/min 和相对涌出量的月平均值为 23.1832m³/t,由此可以判断煤矿为高瓦斯矿.

**2. 完成数学建模实践小论文**

小组合作完成煤矿是低瓦斯矿井还是高瓦斯矿井数学建模实践小论文.

## 2.3.2 银行利率预测

**一、任务提出**

某一时期银行的定期利率如表 2-27 所示:

**表 2-27 银行定期利率**

| $x$(年) | 1 | 2 | 3 | 5 |
|---|---|---|---|---|
| $y$(利率) | 3.25% | 3.75% | 4.25% | 4.75% |

如果银行将出台 4 年定期的利率,请你用线性函数 $y=ax+b$、一元二次函数 $y=ax^2+bx+c$ 和指数函数 $y=ae^{bx}$ 分别预计 4 年的定期利率.

## 二、技能学习

### 1. 学习数学模型

一元线性回归模型

$$\begin{cases} y = \beta_0 + \beta_1 x + \varepsilon \\ E\varepsilon = 0, \ D\varepsilon = \sigma^2 \end{cases}$$

其中 $\beta_0$、$\beta_1$ 是固定的未知参数,也称为回归系数,$x$ 称回归变量,$\varepsilon$ 为随机误差,$\varepsilon$ 的均值为 0,方差为 $\sigma^2$ 的随机变量.

记 $Y=E(y)$,则 $Y=\beta_0+\beta_1 x$,称为 $Y$ 对 $x$ 的回归直线方程.

注:回归系数可根据观测数据,用一元线性回归模型、由最小二乘法来确定.

### 2. 学习 EXCEL 软件

**问题 2.** 设观测数据为 $(x_i, y_i), i=1,2,\cdots,n$. 线性回归方程的形式为 $y=a+bx+\varepsilon$.

对某地区生产同一产品的 8 个不同规模的乡镇企业进行生产费用调查,得产量 $x$(万件)和生产费用 $Y$(万元)的数据,如表 2-28 所示.

表 2-28　产量 $x$(万件)和生产费用 $Y$(万元)的数据

| $x$ | 1.5 | 2 | 3 | 4.5 | 7.5 | 9.1 | 10.5 | 12 |
|---|---|---|---|---|---|---|---|---|
| $Y$ | 5.6 | 6.6 | 7.2 | 7.8 | 10.1 | 10.8 | 13.5 | 16.5 |

试据此建立 $Y$ 关于 $x$ 的回归方程.

**【操作过程】**

在 A1:A9 单元格中依次输入产量 $x$ 及原始数据,在 B1:B9 单元格中依次输入生产费用 $Y$ 及原始数据,选中数据区 A1:B9,点击图表向导 按钮,选择 $XY$ 散点图,点击完成. 经过适当修饰,得到如图 2-17 所示;鼠标单击散点使之变黄色,接着鼠标右键黄色点,出现选项如图 2-18 所示,单击添加趋势线(R)…,弹出"添加趋势线"对话框,如图 2-19 所示. 在类型中单击线性图框,在选项中显示公式和显示 $R$ 平方值前面打上√,点击确定得到如图 2-20 所示结果. $y$ 与 $x$ 的回归关系为 $y=0.895x+4.1575$,$R^2=0.9376$(越接近 1 趋势效果越好).

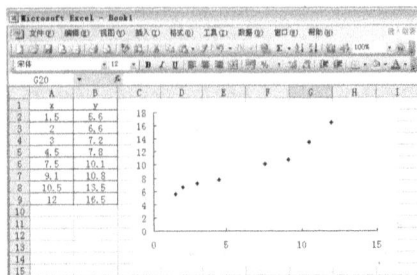

图 2-17　修饰后的散点图

图 2-18　鼠标右键出现选项

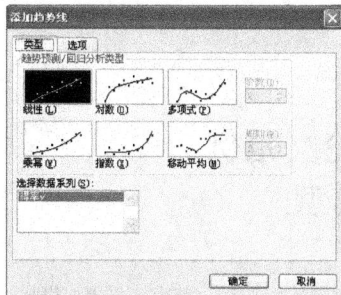

图 2-19　"添加趋势线"对话框

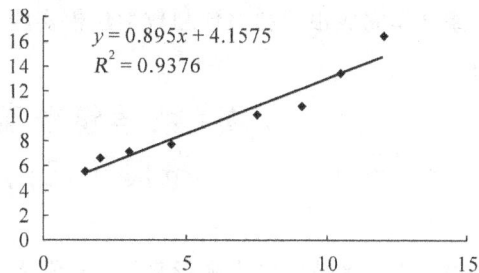

图 2-20　回归公式及回归效果

值得注意的是,当 $x$ 比较大的时候,用回归函数预测时,回归函数中的系数应多保留一些有效数字,方法是双击图 2-23 中公式边框,出现对话框"数据标志格式",在数字——数值处设置适当的小数位数.比如上式回归函数写成(保留小数点后面 6 位):$y = 0.895010x + 4.157499$.

### 3. 技能训练

血压与年龄问题:为了了解血压随着年龄的增长而升高的关系,调查了 30 个成年人的血压(收缩压)如表 2-29 所示.我们希望用这组数据确定血压与年龄的大致线性关系,试确定此关系式.

表 2-29　血压与年龄的关系数据

| 序号 | 血压 | 年龄 | 序号 | 血压 | 年龄 | 序号 | 血压 | 年龄 |
| --- | --- | --- | --- | --- | --- | --- | --- | --- |
| 1 | 144 | 39 | 11 | 162 | 64 | 21 | 136 | 36 |
| 2 | 215 | 47 | 12 | 150 | 56 | 22 | 142 | 50 |
| 3 | 138 | 45 | 13 | 140 | 59 | 23 | 120 | 39 |
| 4 | 145 | 47 | 14 | 110 | 34 | 24 | 120 | 21 |
| 5 | 162 | 65 | 15 | 128 | 42 | 25 | 160 | 44 |
| 6 | 142 | 46 | 16 | 130 | 48 | 26 | 158 | 53 |
| 7 | 170 | 67 | 17 | 135 | 45 | 27 | 144 | 63 |
| 8 | 124 | 42 | 18 | 114 | 18 | 28 | 130 | 29 |
| 9 | 158 | 67 | 19 | 116 | 20 | 29 | 125 | 25 |
| 10 | 154 | 56 | 20 | 124 | 19 | 30 | 175 | 69 |

### 三、完成任务

### 1. 用 EXCEL 软件求解数学模型,并验证如表 2-30 所示的参考答案

表 2-30　银行 4 年期利率预测

| 用一元线性回归预测 4 年期利率 | 一元二次多项式回归预测 4 年期利率 | 指数函数回归预测 4 年期利率 |
| --- | --- | --- |
| 4.46% | 4.49% | 4.45% |

**2. 完成数学建模实践小论文**

小组合作完成银行利率预测数学建模实践小论文.

# 2.4 数学建模实践小论文范例
# 抢渡长江的分段模型

假设在竞渡区域两岸为平行直线,它们之间的垂直距离为 1160m,从武昌汉阳门的正对岸到汉阳南岸咀的距离为 1000m,如图 2-21 所示.

要求通过数学建模来回答以下问题:

1. 若流速沿离岸边距离的分布为(设从武昌汉阳门垂直向上为 $y$ 轴正向):

$$v(y)=\begin{cases} 1.47\text{m/s}, & 0\text{m}\leqslant y\leqslant 200\text{m} \\ 2.11\text{m/s}, & 200\text{m}< y<960\text{m} \\ 1.47\text{m/s}, & 960\text{m}\leqslant y\leqslant 1160\text{m} \end{cases}$$

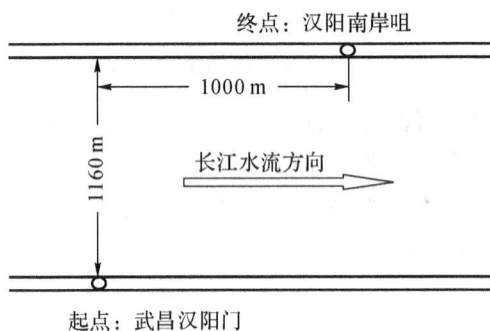

图 2-21 抢渡长江的假设条件示意

游泳者的速度大小 1.5m/s 全程保持不变,试为他选择游泳方向和路线,估计他的成绩.

2. 若流速沿离岸边距离为连续分布,例如

$$v(y)=\begin{cases} \dfrac{2.28}{200}y\text{m/s}, & 0\text{m}\leqslant y\leqslant 200\text{m} \\ 2.28\text{m/s}, & 200\text{m}< y<960\text{m} \\ \dfrac{2.28}{200}(1160-y)\text{m/s}, & 960\text{m}\leqslant y\leqslant 1160\text{m} \end{cases}$$

如何处理这个问题.

假设不考虑其他因素对游泳者的影响.

**一、问题 1 建模**

因前 200m 与后 200m 江水流速同为常速 1.47m/s,江中 960 米一段流速为 2.11m/s,故设游泳者在前 200m 与后 200m 处的运动偏角(即游泳方向与岸垂直方向的夹角)均为 $a$;设游泳者在中间一段的游泳运动偏角为 $b$,如图 2-22 所示.由于前 200m 与后 200m 两段情况相同,游泳者游完这两个 200m 时所用的时间相同.

从纵向位移考虑,游泳者的三段纵向位移分别为 200m,1160m,200m,所用时间 $T$ 为

$$T=\frac{760}{1.5\cos b}+2\times\frac{200}{1.5\cos a}$$

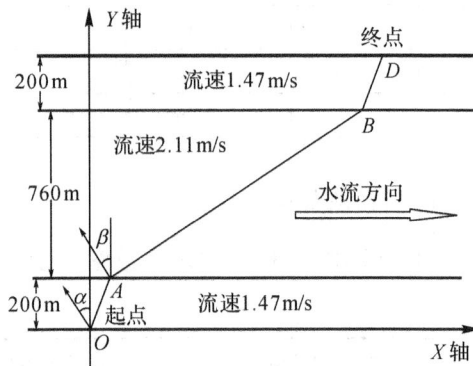

图 2-22 问题 1 游泳者最佳路线设计

另从横向考虑,游泳者在以上三段时间的横向位移之和应为 1000m,故可建立优化模型:

$$\min T = \frac{760}{1.5\cos b} + 2 \times \frac{200}{1.5\cos a}$$

$$\text{s. t.} \quad (2.11 - 1.5\sin b) \times \frac{760}{1.5\cos b} + (1.47 - 1.5\sin a) \times 2 \times \frac{200}{1.5\cos a} = 1000$$

其中 $a, b$ 在 $\left[0, \frac{\pi}{2}\right]$ 之间.

用 LINGO 8.0 软件求解,得最优解:$a = 0.629297$,$b = 0.489787$,$T = 904.0228$.

所以游泳者应在纵向前 200m 与后 200m 两段水域保持运动偏角 $a = 0.629297$(弧度)前进,并在中间 760m 一段水域保持运动偏角 $b = 0.489787$(弧度)前进,这样游达终点所用的时间最短,为 904.0228s.

**二、问题 2 建模**

如图 2-23 所示,设中间 760m 水流速度是常速 2.28m/s 时,游泳者运动偏角为 $b$. 垂直方向前 200m 水流速度是变速 $\frac{2.28}{200}y$m/s 时,可考虑将这 200m 等分为 $n$ 段,每段长(即步长)$r = \frac{200}{n}$m. 游泳者在各段的运动偏角依次设为 $a_i (i = 1, 2, \cdots, n)$. 因前 200m 与后 200m 水流速度变化对称,我们让游泳运动偏角的变化也使之对称. 所以只需考虑游泳前 200m 所用时间,后 200m 所用时间和前 200m 相同.

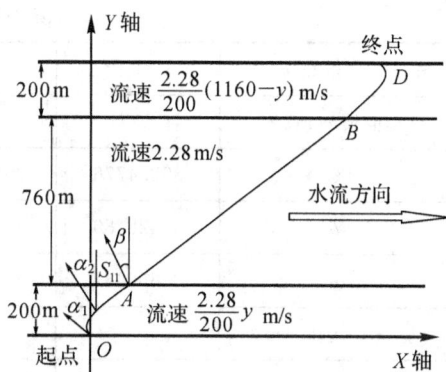

设游泳者的纵向位移为前 200m 时,相应的水平位移(也就是从点 $O$ 到点 $A$ 的水平距离)为 $s_{11}$;在纵向前 200m 各等分段,游泳者相应的水平位移分别为 $s_i$,可建立优化模型如下:

$$\min T = \frac{760}{1.5\cos b} + 2\sum_{i=1}^{n} \frac{r}{1.5\cos a_i} \qquad (2\text{-}2)$$

$$\text{s. t.} \quad (2.28 - 1.5\sin b) \times \frac{760}{1.5\cos b} + 2s_{11} = 1000 \qquad (2\text{-}3)$$

其中 $T$ 仍为游达目的地所需的时间,$a_i, b$ 在 $\left[0, \frac{\pi}{2}\right]$ 之间,且

$$s_{11} = \sum_{i=1}^{n} s_i \qquad (2\text{-}4)$$

以上各分段水平位移 $s_i$ 要用定积分分别计算求得.

我们已知游泳者在不同分段时的水平和垂直方向的分速度分别为

$$\begin{cases} v_{xi} = 1.5\sin a_i \\ v_{yi} = 1.5\cos a_i \end{cases}$$

从纵向位移考虑,游泳者游过从 $O$ 点到 $A$ 点的各等分段的时间 $t_i$ 应为

$$t_i = \frac{r}{1.5\cos a_i}$$

故有　　　$s_i = \int_0^{t_i}(\frac{2.28}{200}y - 1.5\sin a_i)\mathrm{d}t$　　　　　　　　　(2-5)

对于各分段的 $y$ 值,有

$$y = \frac{i-1}{n} \times 200 + 1.5\cos a_i \times t$$

代入(2-4)得

$$s_i = \int_0^{t_i}[\frac{2.28}{200}(\frac{i-1}{n} \times 200 + 1.5\cos a_i \times t) - 1.5\sin a_i]\mathrm{d}t \qquad (2\text{-}6)$$

以上 $s_{11}$ 值的计算,均先用式(2-5)分别求出各个 $s_i$ 值,然后依据式(2-2)与(2-3)求得.

分别取分段数 $n$ 为 $1,2,4,5,10$,利用 MATLAB 7.0 和 LINGO 8.0 可求得该模型的最优解 $b$ 与 $a_i$,$T$ 值结果如表 2-31 所示:

表 2-31　该模型的最优解

| 等分段数 $n$ | 1 | 2 | 4 | 5 | 10 |
|---|---|---|---|---|---|
| 步长 $r$(m) | 200 | 100 | 50 | 40 | 20 |
| $T$(s) | 892.4776 | 884.6981 | 882.5341 | 882.2511 | 881.8563 |
| $b$ | 0.428280 | 0.398092 | 0.388490 | 0.387118 | 0.385095 |
| $a_1$ | 0.652087 | 0.767927 | 0.868514 | 0.895826 | 0.963113 |
| $a_2$ | | 0.471959 | 0.633194 | 0.682804 | 0.818168 |
| $a_3$ | | | 0.504188 | 0.557917 | 0.716845 |
| $a_4$ | | | 0.420445 | 0.473525 | 0.640189 |
| $a_5$ | | | | 0.412066 | 0.579522 |
| $a_6$ | | | | | 0.530012 |
| $a_7$ | | | | | 0.488690 |
| $a_8$ | | | | | 0.453598 |
| $a_9$ | | | | | 0.423371 |
| $a_{10}$ | | | | | 0.397039 |

计算结果表明:当纵向位移前 200m 分段数 $n$ 分别为 $1,2,4,5,10$ 时,游达目的地的最短时间 $T$ 值分别为 $892.4776,884.6981,882.5341,882.2511,881.8563$s.

表 2-31 数据也表明:分段越细,$T$ 值越小.但分段越细,游泳者调整游泳方向角越频繁,操作上越困难.实际中具体选择表中的那组数据,因人而异.

把表中步长 $r$ 和相对应的 $T$ 值用二次曲线拟合,得到拟合关系式:

$$T = 0.000235614\ r^2 + 0.00728992r + 881.597$$

从而可预测,无论改变多少次方向,时间最小值约收敛于 $881.597$s.

# ▶ 第二篇 | 数学实验

# 第 3 章　MATLAB 数学实验

## 3.1　数学软件 MATLAB 简介

MATLAB 是适用于科学和工程计算的数学软件系统.MATLAB 全名是 Matrix Laboratory,是矩阵实验室的意思.20 世纪 80 年代初,美国 Mathwork 软件开发公司将 MATLAB 正式推向市场.该软件的主要功能有:

1.数值计算功能.有超过 500 种数学、统计、科学及工程方面的函数可供使用,函数表示自然.

2.符号计算功能.引用了加拿大滑铁卢大学开发的 Maple 数学软件的符号运算内核,即字符型函数理论公式.

3.数据分析和可视化功能.可执行各种统计数据分析和处理,还可形成各类统计图和绘制工程特性的特殊图形及进行动画制作.

4.文字处理功能.MATLAB Notebook 为文字处理、科学计算、工程设计营造了一个和谐、统一的工作环境.用其编写的软件文稿、其文稿中的程序命令都可被激活,可直接运行并结果呈现在文稿中.

5.可扩展功能.用户可自己编写 M 文件,组成自己的工具箱,以构成解决专业计算的模块.用户可自出地开发自己的应用程序.

MATLAB 的这些特点使其获得了对应用学科的极强适应力.它已成为研究和解决各种工程问题的一种标准软件,在经济领域中也显示出其优越性.

本教材采用 MATLAB 7.6(2008a)版本.

### 3.1.1　MATLAB 入门

#### 1.MATLAB 界面介绍

启动 MATLAB 方法是:点击"开始→程序→MATLAB 7.6"或双击 MATLAB 快捷方式图标,就进入 MATLAB 窗口或称 MATLAB 工作空间(Workspace).

MATLAB 窗口有以下几部分组成,如图 3-1 所示.

(1)菜单栏:一系列操作命令.

(2)常用工具栏:一系列操作命令快捷图标.

(3)命令窗口:输入和运行 MATLAB 各种命令及函数.

(4)命令历史窗口:记录和保存曾在命令窗口操作的历史命令.

(5)工作区:显示函数、命令及数据的名称、大小及所属类.

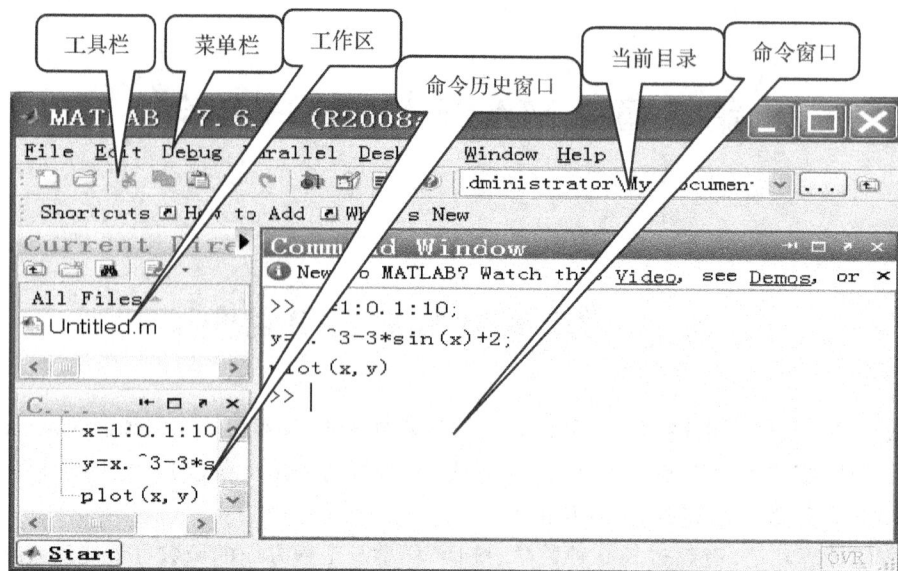

图 3-1　MATLAB 窗口

MATLAB 提供给用户的窗口常见的有三个:(1)命令窗口(Command Window):作用是可直接输入程序和输出结果.(2)M 文件窗口也称为程序编辑/调试窗口(Editor):打开方式是在 MATLAB 窗口中,菜单栏上的"File"菜单里选项"New"处,单击"M-file"选项,将打开 MATLAB 程序编辑窗口,并自动新建一个空白的 M 文件命名为 Untitled,可以同时打开多个 M 文件(见图 3-2).作用是输入、调试、修改程序.(3)图形显示窗口(Figure):在命令窗口中,运行作图程序,就会弹出 MATLAB 图形显示窗口和所作的图形(见图 3-3).

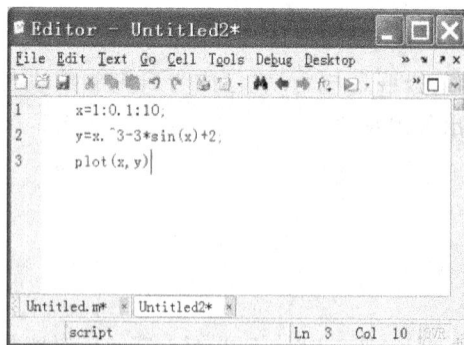

图 3-2　M 文件窗口

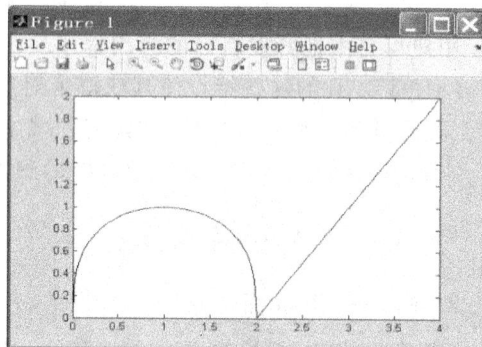

图 3-3　图形显示窗口

**2. MATLAB 操作须知**

启动 MATLAB,在 MATLAB 命令窗口中,有一段提示信息后,会出现系统提示符">>",此时就可以开始工作了.

(1)命令窗口中的基本操作

命令窗口中只要输入一个符合 MATLAB 语言的数学表达式,然后运行(按 Enter 键),结果就显示在命令窗口中(见图 3-1).若输入命令 clc 并运行,可清除命令窗口的所有内容,此时光标回到屏幕的左上角.若出现较长的运算时间,要停止运行可按 Ctrl＋C 或 Ctrl＋Pause/Break.但在命令窗口中,由于不便于程序的调试和修改,所以 MATLAB 提供了程序编辑窗口来解决问题.

（2）程序编辑窗口中的基本操作

在程序编辑中,程序输入时要在小写英文状态下.默认状态,输入的关键字为蓝色,注释语句为绿色(注释符为％),输完的字符串为紫色,其他的文本为黑色.运行 MATLAB 程序的方法是:选中要运行的程序,在 Text 菜单里单击 Evalnate Selection 或按键盘中 F9 键(或者选择 Debug 菜单中的 Save and Run 选项或 F5 键),在命令窗口中就会输出所运行程序和结果.若有图形,会自动弹出图形显示窗口显示图形.

（3）程序编辑窗口中程序的保存、修改和查看

若要保存输入程序,单击保存图标,弹出默认 work 文件夹,在文件名处给文件取名后单击保存即可.若要进入保存文件修改程序,只要单击文件夹打开图标,弹出默认 work 文件夹,选中所要修改的文件,单击打开按钮即可进入文件修改程序,程序一旦修改,要单击保存图标才有效.查看文件结果时,在 MATLAB 命令窗口中,输入保存文件名运行,就能显示结果.值得注意的是,文件要保存在 MATLAB 的 work 文件夹中.

（4）MATLAB 常用设置

在 MATLAB 命令窗口中,主菜单下的 File 二级菜单下选择 Preferences 进入设置,点击 Command Window,在 Numeric display 处选择 compact,此设置表示在命令窗口中输出行间距为紧密型;点击 Fonts,在 Plain 处右边选择适当的数字,此设置表示窗口中的字号大小变化,最后点击 OK 按钮即可.程序编辑窗口相关设置与命令窗口相同.

（5）MATLAB 图形保存及图形的复制与粘贴

图形保存与程序编辑窗口中文件保存类似.若要把图形复制到 Word 文档中,可在图形显示窗口中,菜单栏 Edit 里选择 Copy Figure,然后到 Word 文档中粘贴即可.

（6）MATLAB 中的几个常数

pi 表示圆周率 $\pi$,约为 3.1416;exp(1) 表示自然对数的底 e,约为 2.7183;eps 表示 MATLAB 中的最小数,为 2.2204E－016,即 $2.2204\times10^{-16}$;Inf 表示正无穷大,$i,j$ 都表示虚数单位.

（7）所有的运算定义在复数域上.

**例 3-1**　绘制函数 $y=\sin x\cos x$ 的图像,并计算当 $x=0.5$ 时的函数值.

要求:（1）程序编辑窗口中输入程序并运行;

（2）将程序保存在默认 work 文件夹中,取名为 sc.

（3）查看 sc 文件结果.

（4）将程序、输出图形和结果,复制到 Word 文档中,并把图形大小变为原来图形的 50%.

**解**　（1）在程序编辑窗口中输入程序如下:

```
x = 1:0.02:10;          % 表示定义域
y = sin(x). * cos(x);   % 数组运算的函数表达式
plot(x,y)               % 函数作图
y = sin(0.5). * cos(0.5)   % x = 0.5 的函数值
```

选中输入程序,在 Text 菜单里单击 Evalnate Selection 或按键盘中 F9 键,计算机运行

之后,在命令窗口中输出结果并自动弹出图形显示窗口显示图形,如图 3-4 所示.

```
y =
    0.4207
```

注:%表示注释.

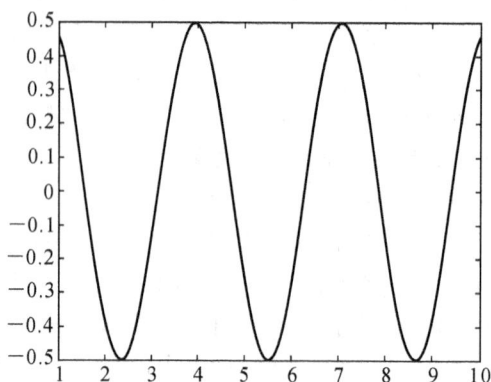

图 3-4　显示函数图像

(2)点击保存图标,弹出 work 文件夹对话框,在文件名处取名 sc,点击保存按钮.

(3)在 MATLAB 命令窗口中,输入 sc 运行.

(4)在图形显示窗口中,菜单栏 Edit 里选择 Copy Figure,然后到 Word 文档中粘贴;再选中图形,用鼠标右键单击它,将出现操作选项,选择设置图片格式,单击将出现图片格式设置,选中大小,在缩放中,高度和宽度均选 50% 后确定.

### 3.1.2　Notebook 安装与基本操作

Notebook 是 Mathwork 软件公司开发的将 Microsoft Word 与 MATLAB 集成一体,为用户开发一个融文件处理和科学计算及工程设计为一体的工作环境.它不但有 Word 的功能,而且具备 MATLAB 的数学运算能力和计算结果及图形可视化.

**1.安装与启动 Notebook**

安装步骤:

(1)启动 MATLAB 7.6.

(2)在命令窗口中输入 notebook-setup 回车.

输出下面内容:

Welcome to the utility for setting up the MATLAB Notebook

for interfacing MATLAB to Microsoft Word

Setup complete

表示 Notebook 安装结束.

启动 Notebook 方法:

从 Word 中启动.在 Word 默认窗口下,点击菜单文件中的新建,选中本机上的模板里的 m-book-dot,单击确定按钮即可打开 M-book 文件.它的界面比普通 Word 界面多一个 Notebook 菜单.

#### 2. M-book 文件中数学运算的基本操作

(1)输入的命令必须是 MATLAB 命令,所包含的标点符号一定要在英文状态下输入.

(2)选中命令后,选择"Notebook"里"Evaluate Cell"命令,此时 MATLAB 命令窗口自动启动,可以运行该命令,直接在其下面给出计算结果和图形,如图 3-5 所示,同时将结果保存在 MATLAB 命令的工作内存中.

**例 3-2**　t = 0:0.1:10;

y = 1 - cos(t). * exp( - t);

plot(t,y,'k','linewidth',2)　　　　　　% linewidth 设置线宽

ymax = max(y)

%其结果如下:

ymax = 1.0669

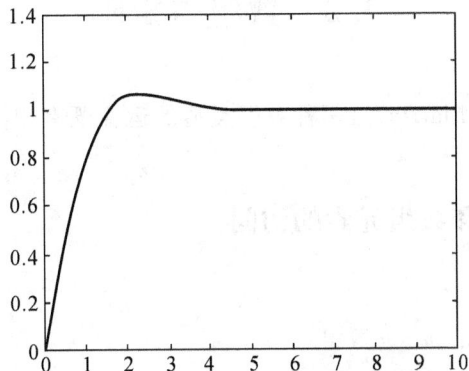

图 3-5　Notebook 中的图形显示

# 技能训练

1. MATLAB 软件基本操作及常用常数输入:

(1)写出 MATLAB 命令窗口中设置字体大小的路径.

(2)写出 MATLAB 命令窗口中设置输出行间距大小的路径.

(3)在程序编辑窗口中,分别输入常数 π,e(自然对数底数),并求 π+e. 保存该文件,取名 pe. 若要查看 pe 文件中的内容,写出查看过程;写出 MATLAB 中的数 2.2204e−016,相应的数学表示形式(要求用数学公式编辑器表示它).

(4)清除命令窗口中所有内容,所用命令是什么?

2. 当 $x=3$ 时,求 $y=x^2+3x$ 的值. 要求:

(1)在程序编辑窗口中输入以下程序:

x = exp(1)

y = x^2 + 3 * x

然后运行;

(2)将输入内容保存在默认的 work 文件夹中,文件取名为 qzh;

(3)在 MATLAB 命令窗口中查看 qzh 文件结果.

3.在程序编辑窗口中输入以下程序:

```
Sale = [100,150,400,250]
pie(Sale,[0,0,0,1])
```

要求:(1)运行该程序;(2)把输出图形复制到 Word 实践报告中,并要求把图形大小改为原图形的 70%.

4.安装并启动 Notebook,在 Notebook 中,完成任务:

(1)当 $x=3$ 时,求 $y=x^2+3x$ 的值.

(2)作 $y=x^2+3x$ 在 $[-8,8]$ 上的图像.

# 3.2    数组与矩阵

数组(Array)与矩阵(Matrix)这两种数据类型的运算既有相同之处,又有区别,它们在实际中被广泛应用.

## 3.2.1    数组构造和数组元素的访问

### 1.数组构造

(1)直接构造一维数组、$m \times n$ 数组.

  调用格式为:$A=[a_1,\ a_2,\ \cdots,\ a_n]$

  调用格式为:$B=[a_{11},\ a_{12},\cdots,a_{1n};a_{21},\ a_{22},\ \cdots,\ a_{2n};\cdots;a_{m1},\ a_{m2},\ \cdots,\ a_{mn}]$

(2)冒号法构造一维数组.

  调用格式为:A=初值:增量:终值

(3)函数法构造一维数组.

  调用格式为:A=linspace(初值,终值,元素个数)

### 2.数组元素的访问

(1)访问一维数组 $A$ 中第 $i$ 个元素.

  调用格式为:A(i)

(2)访问数组 $A$ 中第 $i$ 行.

  调用格式为:A (i,:)

(3)访问数组 $A$ 中第 $j$ 列.

  调用格式为:A (:,j)

(4)访问数组 $A$ 中第 $i$ 行第 $j$ 列的元素.

  调用格式为:A(i,j)

(5)数组按列拉长.

  调用格式为:A(:)

(6)数组(向量)的长度.

调用格式为:length(A)

(7)数组 $A$ 所有元素之和

调用格式为:sum(A)

**问题 1**　构造一个 1 到 10 由 10 个自然数组成的数组 $A$(要求直接构造、冒号法构造、函数法构造),并求数组 $A$ 所有元素之和.

【MATLAB 命令 1】

```
A = [1,2,3,4,5,6,7,8,9,10]
sum(A)
```

【输出结果】

```
A =
    1    2    3    4    5    6    7    8    9    10
ans =
    55
```

【MATLAB 命令 2】

```
A = 1 : 1 : 10, sum(A)
```

【MATLAB 命令 3】

```
A = linspace(1,10,10), sum(A)
```

输出结果同上

**问题 2**　已知二维数组 $A = \begin{bmatrix} 1 & 2 & 3 \\ 4 & 5 & 6 \\ 7 & 8 & 9 \end{bmatrix}$,

(1)访问第 2 行第 1 列的元素.

(2)访问第 2 行.

(3)用命令算出数组的长度.

【MATLAB 命令】

```
A = [1,2,3;4,5,6;7,8,9]
A2_1 = A(2,1)
A2 = A(2,:)
A_length = length(A(:))
```

【输出结果】

```
A =
    1    2    3
    4    5    6
    7    8    9
A2_1 =
    4
```

```
A2 =
     4      5      6
A_length =
     9
```

说明:ans(answerd 的缩写)是默认输出变量.变量是由字母、数字和下划线组成,最多31 个字符.

### 3.2.2 数组的运算

设 $A=(a_1,a_2,\cdots,a_n)$, $B=(b_1,b_2,\cdots,b_n)$.

**1. 数组的加减**

(1)数组加法:$A+B=(a_1+b_1,a_2+b_2,\cdots,a_n+b_n)$.

调用格式为:A+B

(2)数组减法:$A-B=(a_1-b_1,a_2-b_2,\cdots,a_n-b_n)$.

调用格式为:A-B

**2. 数组的乘除、乘方和转置**

(1)数组乘法 $A.*B=(a_1b_1,a_2b_2,\cdots,a_nb_n)$.

调用格式为:A.*B

(2)数组除法"$.\backslash$"左除:$A.\backslash B=(b_1/a_1,b_2/a_2,\cdots,b_n/a_n)$,

"$./$"右除:$A./B=(a_1/b_1,a_2/b_2,\cdots,a_n/b_n)$.

调用格式为:A.\B    A./B

(3)数组乘方:$A.\hat{\ }B=(a_1^{b_1},a_2^{b_2},\cdots,a_n^{b_n})$.

调用格式为:A.^B

(4)数组转置:行列互换.

调用格式为:A$'$

说明:以上运算中要求 $A$、$B$ 两个数组必须同阶.

**问题 3** 已知二维数组 $A=\begin{bmatrix}1 & 2 & 3 & 4 \\ 5 & 6 & 7 & 8\end{bmatrix}$, $B=\begin{bmatrix}2 & 2 & 2 & 2 \\ 3 & 3 & 3 & 3\end{bmatrix}$,求:

(1)$A+B$  (2)$5*A$  (3)$A.*B$  (4)$A.\backslash B$  (5)$A./B$

(6)$A.\hat{\ }B$  (7)$A'$

【MATLAB 命令】

```
A = [1,2,3,4;5,6,7,8];
B = [2,2,2,2;3,3,3,3];
a1 = A + B
a2 = 5 * A
a3 = A. * B
a4 = A.\B
a5 = A./B
a6 = A.^B
a7 = A'
```

【输出结果】

a1 =

|   |   |    |    |
|---|---|----|----|
| 3 | 4 | 5  | 6  |
| 8 | 9 | 10 | 11 |

a2 =

|    |    |    |    |
|----|----|----|----|
| 5  | 10 | 15 | 20 |
| 25 | 30 | 35 | 40 |

a3 =

|    |    |    |    |
|----|----|----|----|
| 2  | 4  | 6  | 8  |
| 15 | 18 | 21 | 24 |

a4 =

|        |        |        |        |
|--------|--------|--------|--------|
| 2.0000 | 1.0000 | 0.6667 | 0.5000 |
| 0.6000 | 0.5000 | 0.4286 | 0.3750 |

a5 =

|        |        |        |        |
|--------|--------|--------|--------|
| 0.5000 | 1.0000 | 1.5000 | 2.0000 |
| 1.6667 | 2.0000 | 2.3333 | 2.6667 |

a6 =

|     |     |     |     |
|-----|-----|-----|-----|
| 1   | 4   | 9   | 16  |
| 125 | 216 | 343 | 512 |

a7 =

|   |   |
|---|---|
| 1 | 5 |
| 2 | 6 |
| 3 | 7 |
| 4 | 8 |

说明：命令“A＝[1,2,3,4;5,6,7,8];”中,尾部的分号表示不显示结果.

**问题 4**　已知 $x=-0.5,6,8$,求 $y=x^2+3x$ 的值.

【MATLAB 命令】

```
x = [-0.5,6,8];
y = x.^2 + 3 * x
```

【输出结果】

y =

　　－1.2500　54.0000　88.0000

## 3.2.3　矩阵构造和矩阵元素的操作

### 1. 矩阵构造

(1)直接构造

　与数组构造一样.

(2)构造特殊矩阵

　产生一个 $m$ 行 $n$ 列的零矩阵.

调用格式为:b＝zeros(m,n)

产生一个 $m$ 行 $n$ 列的元素全为 1 的矩阵.

调用格式为:c＝ones(m,n)

产生一个 $m$ 行 $n$ 列的单位矩阵.

调用格式为:d＝eye(m,n)

产生一个 $0-1$ 均匀分布的 $m$ 行 $n$ 列的随机阵.

调用格式为:d＝rand(m,n)

**2. 矩阵元素的操作**

(1)矩阵 $A$ 中第 $i$ 行第 $j$ 列上的元素用 0 替换.

调用格式为:A(i,j)＝0

(2)矩阵 $A$ 中第 $i$ 行用 0 替换.

调用格式为:A(i,:)＝0

(3)矩阵 $A$ 中第 $i\sim j$ 行用 0 替换.

调用格式为:A(i:j,:)＝0

(4)删除 $A$ 的第 $i$ 行,构成新矩阵.

调用格式为:A(i,:)＝[]

(5)删除 $A$ 的第 $i\sim j$ 行,构成新矩阵.

调用格式为:A(i:j,:)＝[]

(6)将矩阵 $A$ 和 $B$ 水平或垂直拼接成新矩阵.

调用格式为:[A,B]　[A;B]

(7)矩阵列元素之和.

调用格式为:sum（A）

(8)矩阵的行数与列数.

调用格式为:size（A）

(9)矩阵的元素访问与数组元素访问一样.

调用格式为:见数组元素访问格式

**问题 5**　产生一个 $0\sim1$ 均匀分布的 5 行 5 列的随机阵,并求每一列元素之和.

【MATLAB 命令】

d = rand(5, 5)

sum(d)

【输出结果】

d =

| 0.9501 | 0.7621 | 0.6154 | 0.4057 | 0.0579 |
| 0.2311 | 0.4565 | 0.7919 | 0.9355 | 0.3529 |
| 0.6068 | 0.0185 | 0.9218 | 0.9169 | 0.8132 |
| 0.4860 | 0.8214 | 0.7382 | 0.4103 | 0.0099 |
| 0.8913 | 0.4447 | 0.1763 | 0.8936 | 0.1389 |

ans =

|  |  |  |  |  |
|---|---|---|---|---|
| 3.1654 | 2.5032 | 3.2437 | 3.5620 | 1.3727 |

说明:每次运行随机阵结果都是不同的,矩阵元素求和与数组元素求和命令一致.

**问题 6** 已知矩阵 $A = \begin{bmatrix} 1 & 2 & 3 \\ 4 & 5 & 6 \\ 5 & 8 & 3 \end{bmatrix}$,分别写出

(1)$A1$ 为取矩阵 $A$ 的第 1～2 行、第 2～3 列构成新矩阵;

(2)$A2$ 为删除 $A$ 的第 2 行,构成新矩阵;

(3)$A3$ 矩阵 $A$ 的第 3 行第 3 列元素替换为 100 后的矩阵;

(4)$A4$ 矩阵 $A$ 的第 1 行分别用 50,60,70 替换后的矩阵;

(5)$A5$ 为 $A$ 的第 1～2 行上的所有元素用 0 替换,构成新矩阵;

(6)$A6$ 为将矩阵 $A$ 和 $A2$ 垂直拼接成新矩阵;

(7)将 $A6$ 增加 3 行.

【MATLAB 命令】

```
A = [1,2,3;4,5,6;5,8,3]
A1 = A(1:2,2:3)
A2 = A;A2(2,:) = []
A3 = A;A3(3,3) = 100
A4 = A;A4(1,:) = [50,60,70]
A5 = A;A5(1:2,:) = 0
A6 = [A;A2]
A7 = size(A6);
A6(A7(1) + 3,:) = 0;      % 增加三行元素都未加定义,系统自动置为 0.
A7 = A6
```

【输出结果】

```
A =
    1    2    3
    4    5    6
    5    8    3
A1 =
    2    3
    5    6
A2 =
    1    2    3
    5    8    3
A3 =
    1    2    3
    4    5    6
    5    8   100
A4 =
   50   60   70
    4    5    6
```

```
            5        8        3
A5 =
            0        0        0
            0        0        0
            5        8        3
A6 =
            1        2        3
            4        5        6
            5        8        3
            1        2        3
            5        8        3
A7 =
            1        2        3
            4        5        6
            5        8        3
            1        2        3
            5        8        3
            0        0        0
            0        0        0
            0        0        0
```

说明:构造一个 $m$ 行 $n$ 列的矩阵,一般可用命令 zeros(m,n).

### 3.2.4 矩阵的运算

**1.矩阵的加减、转置与数组的加减、转置一致**

**2.矩阵的乘除**

(1)矩阵乘法:当左乘矩阵的列数等于右乘矩阵的行数时,两个矩阵可以进行乘法,其结果的第 $i$ 行第 $j$ 列上的元素是左乘矩阵第 $i$ 行与右乘矩阵第 $j$ 列对应元素乘积之和.

调用格式为:A * B

(2)矩阵除法:有"\"左除与"/"右除.若 $A$ 为非奇异方阵,则 $A\backslash B, A/B$ 数学意义分别表示 $A^{-1}B, BA^{-1}$.

调用格式为:inv(A) * B 或 A\B    B * inv(A)或 A/B

**问题 7** 已知矩阵 $A = \begin{bmatrix} -1 \\ 0 \\ 2 \end{bmatrix}, B = \begin{bmatrix} -2 \\ -1 \\ 1 \end{bmatrix}$,求

(1)矩阵 $A$ 的转置与 $B$ 乘积;(2)矩阵 $A$ 与 $B$ 转置的乘积.

【MATLAB 命令】

```
A = [-1;0;2];
B = [-2;-1;1];
A' * B
A * B'
```

【输出结果】

```
ans =
      4
ans =
      2        1       - 1
      0        0         0
     - 4      - 2        2
```

**问题 8**　解线性方程组 $\begin{cases} x_1+2x_2+3x_3=366, \\ 4x_1+5x_2+6x_3=804, \\ 7x_1+8x_2=351. \end{cases}$

**解法 1**　以上方程组改写成矩阵形式

$$\begin{bmatrix} 1 & 2 & 3 \\ 4 & 5 & 6 \\ 7 & 8 & 0 \end{bmatrix}\begin{bmatrix} x_1 \\ x_2 \\ x_3 \end{bmatrix}=\begin{bmatrix} 366 \\ 804 \\ 351 \end{bmatrix} \quad 记\ \boldsymbol{A}=\begin{bmatrix} 1 & 2 & 3 \\ 4 & 5 & 6 \\ 7 & 8 & 0 \end{bmatrix}, \boldsymbol{B}=\begin{bmatrix} 366 \\ 804 \\ 351 \end{bmatrix}, \boldsymbol{X}=\begin{bmatrix} x_1 \\ x_2 \\ x_3 \end{bmatrix}$$

原方程组可简写成矩阵形式 $\boldsymbol{AX}=\boldsymbol{B}$，于是 $\boldsymbol{X}=\boldsymbol{A}\backslash\boldsymbol{B}$，或 $\boldsymbol{X}=\boldsymbol{A}^{-1}\boldsymbol{B}$．

【MATLAB 命令 1】

```
A = [1,2,3;4,5,6;7,8,0]
B = [366;804;351]
X = A\B;           % 线性方程组矩阵求解
X'
```

【输出结果 1】

```
ans =
      25.0000      22.0000      99.0000
```

方程组的解为 $x_1=25$，$x_2=22$，$x_3=99$．

说明：若方程是矩阵形式 $\boldsymbol{XA}=\boldsymbol{B}$，则 $\boldsymbol{X}=\boldsymbol{A}/\boldsymbol{B}$．

**解法 2**　以上方程组改写成增广矩阵形式 $\widetilde{\boldsymbol{A}}=\begin{bmatrix} 1 & 2 & 3 & 366 \\ 4 & 5 & 6 & 804 \\ 7 & 8 & 0 & 351 \end{bmatrix}$，用矩阵初等变换求解．

【MATLAB 命令 2】

```
A = [1,2,3,366;4,5,6,804;7,8,0,351];
A1 = rref(A)
```

【输出结果 2】

```
A1 =
      1      0      0      25
      0      1      0      22
      0      0      1      99
```

于是方程组的解为 $x_1=25$，$x_2=22$，$x_3=99$．

说明：命令 rref，适用于任何线性方程组求解．

# 技能训练

1. 你能用几种方法,构造 1 至 100 之间所有奇数组成的数组,请写出相应的命令,再求出该数组的长度和所有元素之和.若把 $A$ 记作 1 至 100 之间所有奇数依次从小到大组成的数组,$B$ 记作 1 至 100 之间所有偶数依次从小到大组成的数组,试求:

(1) 数组运算 $A+B$,$A.*B$,$A.\backslash B$,$A./B$,$A$ 转置运算.

(2) 访问 $A.*B$ 中第 11 个元素.

2. 假设:从北京至底特律的航线飞经以下 10 处:

A1 (北纬 31°,东经 122°);A2 (北纬 36°,东经 140°);

A3 (北纬 53°,西经 165°);A4 (北纬 62°,西经 150°);

A5 (北纬 59°,西经 140°);A6 (北纬 55°,西经 135°);

A7 (北纬 50°,西经 130°);A8 (北纬 47°,西经 125°);

A9 (北纬 47°,西经 122°);A10 (北纬 42°,西经 87°).

设某点的地理坐标(纬度,经度)为 $(f,l)$,请用以下公式将把上述 10 处站点的地理坐标中的东经度数与西经度数统一换算成东经度数,并把经度和纬度坐标换算成弧度单位.

已知单位转化数学模型为:

$$北纬\ \varphi^0 = f, \quad 东经\ \theta^0 = \begin{cases} l, & l\ 为东经 \\ 360 - l, & l\ 为西经 \end{cases} \quad (度)$$

$$\varphi = \varphi^0 \times \pi \div 180, \quad \theta = \theta^0 \times \pi \div 180 \quad (弧度)$$

3. 设 $x$ 为 1 到 10 的整数,求多项式 $x^2 - 3x + 1$ 的值.

4. 先构造一个 $6\times6$ 的零矩阵 $A$,再使它的第一行元素分别为 $-5,68,1,0,31,0.8$;第二行第一列元素为 7;第三行第三列元素为 8;然后删除第二行,再增加四行全为零;显示此时矩阵 $A$,并访问当前矩阵 $A$ 中第二行第三列的元素.

5. 记三阶魔方矩阵 $X=\text{magic}(3)$,3 行 3 列元素全为 1 的矩阵 $Y=\text{ones}(3,3)$,$Z=2Y$,求矩阵 $X$ 与 $Z$ 的乘法.

6. 解线性方程组:

$$\begin{cases} x_1 - 2x_3 - 2x_4 = -1, \\ 2x_1 + 3x_2 - 3x_3 + 4x_4 = 8, \\ x_1 + 2x_2 - 8x_3 + 4x_4 = 7, \\ x_1 - 2x_2 + 4x_3 - 6x_4 = -5. \end{cases}$$

# 3.3　函数、函数值与函数作图

## 3.3.1　函数、函数值与创建函数

**1. 求 $y$ 的近似值($n$ 位有效数字)**

调用格式为：vpa(y, n)

**2. 常用基本初等函数**

(1)指数函数 $e^x$，对数函数 $\ln x$.

　调用格式为：exp(x)　log(x)

(2)正弦函数 $\sin x$，余弦函数 $\cos x$，正切函数 $\tan x$，余切函数 $\cot x$.

　调用格式为：sin(x)　cos(x)　tan(x)　cot(x)

(3)反正弦函数 $\arcsin x$，反正切函数 $\arctan x$.

　调用格式为：asin(x)　atan(x)

(4)绝对值 $|x|$，算术平方根 $\sqrt{x}$.

　调用格式为：abs(x)　sqrt(x)

**3. 创建自定义函数 M 文件**

调用格式为：function [输出变量 1,…,输出变量 m]=函数名(输入变量 1,…,输出变量 n)
　　　　　　函数表达式

其中函数文件名与函数名必须一致.

**4. 创建内联函数**

调用格式为：inline ('y','x')

其中 $y$ 必须是不带赋值号的字符串，$x$ 是函数的输入变量.

**问题 9**　已知 $x_1=\pi$，$x_2=2$，$y=\dfrac{x_1 x_2}{3x_1+x_2^3}-1$，求 $y$ 和 $|y|$ 的值.

【MATLAB 命令】

```
x1 = pi;x2 = 2;
y = x1 * x2/(3 * x1 + x2^3) - 1, y1 = abs(y)
```

【输出结果】

```
y =
    - 0.6394
y1 =
    0.6394
```

说明：x1＝pi 表示变量 x1 取值为 $\pi$，abs 表示绝对值.

**问题 10**　设 $x=2.2$，求 $y_i(i=1,2,…,8)$ 的值(保留 7 位有效数字)：

$y_1=x^3$，

$y_2 = 3^x,$

$y_3 = e^x,$

$y_4 = \log_2 x,$

$y_5 = \ln x,$

$y_6 = \lg x,$

$y_7 = \sin x,$

$y_8 = \arcsin \dfrac{x}{5}.$

【MATLAB 命令】

```
x = 2.2;
y1 = x^3;y1 = vpa(y1,7)
y2 = 3^x;y2 = vpa(y2,7)
y3 = exp(x);y3 = vpa(y3,7)
y4 = log2(x);y4 = vpa(y4,7)
y5 = log(x);y5 = vpa(y5,7)
y6 = log10(x);y6 = vpa(y6,7)
y7 = sin(x);y7 = vpa(y7,7)
y8 = asin(x/5);y8 = vpa(y8,7)
```

【输出结果】

```
y1 =
     10.64800
y2 =
     11.21158
y3 =
     9.025013
y4 =
     1.137504
y5 =
     0.7884574
y6 =
     0.3424227
y7 =
     0.8084964
y8 =
     0.4555987
```

说明:符号 x^3 表示 $x^3$,log2(x) 表示 $\log_2 x$,log10(x) 表示 $\lg x$,对于其他为底数的对数问题要用换底公式处理,换底公式是 $\log_a b = \dfrac{\log_x b}{\log_x a}$,这里的 $x$ 可取 2、e、10 其中之一.

**问题 11**　(1)设 $p(x)=x^3+18x-30$,求 $p(2),p(4),p(6)$ 的值.

(2)已知 $x=1,2,3,\cdots,100$,求 $x$ 的平均值.(其中平均值数学模型是 $\dfrac{\sum\limits_{i=1}^{n}x_i}{n}$)

【MATLAB命令】

```
function y = p1(x)                  % 自定义函数 M 文件 p1
      y = x.^3 + 18. * x - 30；
```

在新建的 M 文件窗口中输入以下命令并运行：

```
x = [2,4,6];
y = p1(x)
```

【输出结果】

```
y =
    14    106    294
```

【MATLAB命令】

```
function y = pjz(x)                  % 自定义函数 M 文件 pjz
      y = sum(x)/length(x);
```

在新建的 M 文件窗口中输入以下命令并运行：

```
x = 1 : 100;
y = pjz(x)
```

【输出结果】

```
y =
    50.5000
```

说明:(1)函数 M 文件的保存,单击保存图标,弹出默认 work 文件夹对话框,在文件名处的名称必须与函数名称相同,单击保存.(2)若要对函数 M 文件内容进行修改,只要单击文件夹打开图标,弹出默认 work 文件夹,选中所要修改的文件,单击打开按钮即可进行修改.函数 M 文件一旦修改,要重新点击保存图标.值得注意的是:函数 M 文件必须保存在 work 文件夹中.

**问题 12**　问题 11 用创建内联函数解答.

【MATLAB命令】

```
g1 = inline ('x.^3 + 18. * x - 30','x')
g1([2,4,8])
```

【输出结果】

```
g1 =
    Inline function：
    g1(x) = x.^3 + 18. * x - 30
ans =
    14    106    626
```

【MATLAB 命令 2】

```
F1 = inline('sum(x)/length(x)','x')
f1 = F1([1：100])
```

【输出结果 2】

```
F1 =
    Inline function：
    F1(x) = sum(x)/length(x)
f1 =
    50.5000
```

## 3.3.2　函数作图

**1.平面图形**

(1)竖直条形图.

　　调用格式为：bar(x,y)

(2)用描点法绘制函数 $y=f(x)$ 随 $x$ 从 $a$ 到 $b$ 间的图形.

　　调用格式为：x＝a：h：b；

　　　　　　　　y＝f(x)；

　　　　　　　　plot(x,y)

(3)在同一坐标系下绘制多个函数图形.

　　调用格式为：x＝a：h：b；

　　　　　　　　plot(x,y1,x,y2,…)

(4)绘制函数 $y=f(x)$ 随 $x$ 从 $a$ 到 $b$ 间的图形.

　　调用格式为：ezplot('f(x)',[a, b])

(5)$x$ 从 $x_a$ 到 $x_b$ 间和 $y$ 从 $y_a$ 到 $y_b$ 间的隐函数 $f(x,y)=0$ 的图形.

　　调用格式为：ezplot('f(x,y)',[ $x_a$, $x_b$, $y_a$, $y_b$])

(6)绘制 $t$ 从 $t_a$ 到 $t_b$ 间参数方程 $x=x(t)$,$y=y(t)$ 的函数图形.

　　调用格式为：ezplot('x', 'y',[ $t_a$, $t_b$])

(7)在一坐标系下可以绘制一个或多个显函数图形,对变化剧烈的函数,用此命令来进行较精确的绘画.

　　调用格式为：fplot('fun(x)',[ a, b])

　　　　　　　　fplot('[f1(x),f2(x),…]',[a, b])

　　其中 fun(x)可以是自定义函数,[f1(x),f2(x),… ]是函数组.

(8)绘制散点图.

　　调用格式为：scatter(x,y)

**2.空间图形**

(1)空间曲线.

　　调用格式为：plot3(x,y,z)

(2)产生一个以向量 $x$ 为行、向量 $y$ 为列的矩阵.

　　调用格式为:meshgrid(x,y)

(3)空间曲面.

　　调用格式为:surf(x,y,z)

(4)网格曲面.

　　调用格式为:mesh(x,y,z)

**问题 13**　一次考试成绩 $0{\sim}10$ 分有 $0$ 人,$10{\sim}20$ 分有 $0$ 人,$20{\sim}30$ 分 $1$ 人,$30{\sim}40$ 分有 $1$ 人,$50{\sim}60$ 分有 $2$ 人,$60{\sim}70$ 分有 $18$ 人,$70{\sim}80$ 分有 $20$ 人,$80{\sim}90$ 分有 $9$ 人,$90{\sim}100$ 分有 $6$ 人.绘出成绩分析竖直条形图.

**【MATLAB命令】**

```
x = 0:10:90;
y = [0,0,1,1,0,2,18,20,9,6];
y = y';
bar(x,y)
```

**【输出结果】**(见图 3-6)

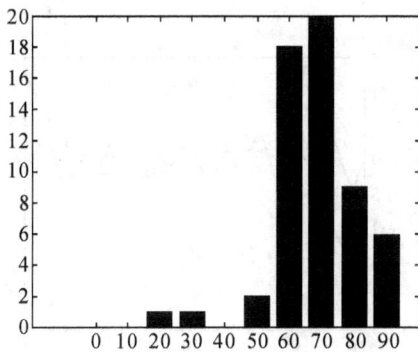

图 3-6　问题 13 输出图像

**问题 14**　绘制显函数图形.

(1)设 $y_1 = x^3 - 35x^2 + 100x + 1500, y_2 = 2000\left(\cos\dfrac{x}{2} - \sin x\right)$

请分别作出这两个函数在区间 $x \in [-20,40]$ 的图像,然后将它们的图像作在一个平面直角坐标系中,并判断方程 $x^3 - 35x^2 + 100x + 1500 = 2000\left(\cos\dfrac{x}{2} - \sin x\right)$ 有几个实数解.

(2)在 $x \in [0,4]$ 上画出分段函数 $f(x) = \begin{cases} \sqrt[3]{2x - x^2}, & 0 \leqslant x \leqslant 2 \\ x - 2, & x > 2 \end{cases}$ 的图像.

**方法一：**

**【MATLAB命令 1】**

```
x = -20:0.1:40;
y1 = x.^3 - 35 * x.^2 + 100 * x + 1500;      % 数组点运算
y2 = 2000 * (cos(x/2) - sin(x));
figure(1)                                     % 第一个图
```

```
plot(x,y1,'b-');
figure(2)                              % 第二个图
plot(x,y2,'k');
figure(3)                              % 第三个图
plot(x,y1,'b-',x,y2,'k');              %   -表示点标记
```

**【输出结果 1】**（见图 3-7、3-8、3-9）

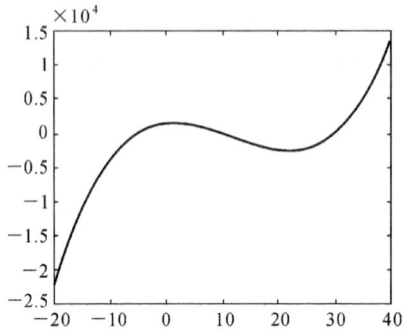

图 3-7　问题 14(1)函数 $y_1$ 输出图像

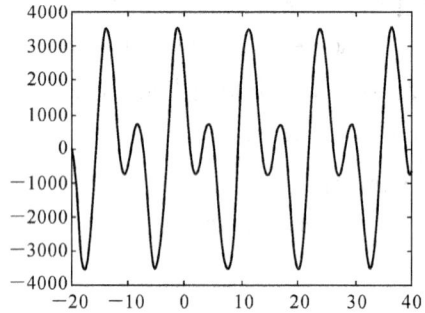

图 3-8　问题 14(1)函数 $y_2$ 输出图像

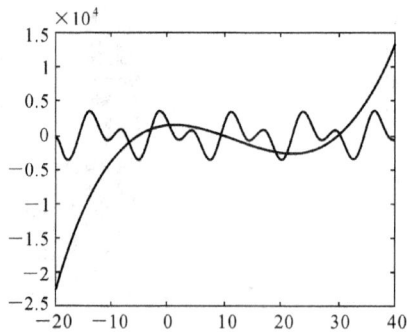

图 3-9　问题 14(1)函数 $y_1$ 和 $y_2$ 输出图像

从图中知：有 7 个交点，也就是有 7 个实数根.

说明：绘制图形着色时，g 表示绿色，r 表示红色，b 表示蓝色，k 表示黑色.

**方法二：**

**【MATLAB 命令 2】**

```
function y1 = fx1(x)                   % 自定义函数 M 文件 fx1
y1 = x.^3 - 35 * x.^2 + 100 * x + 1500;
function y2 = fx2(x)                   % 自定义函数 M 文件 fx2
y2 = 2000 * (cos(x/2) - sin(x));
```

在新建的 M 文件窗口中输入以下命令并运行：

```
figure(1)
fplot('fx1(x)',[-20,40]);
figure(2)
fplot('fx2(x)',[-20,40]);
```

```
figure(3)
fplot('[fx1(x),fx2(x)]',[-20,40]);
```

【输出结果 2】

结果同上.

【MATLAB 命令 3】

```
x = 0:0.01:2;
y = (2 * x - x.^2).^(1/3);
plot(x,y,'k','linewidth',2)
hold on                          % 保持原有图形
x = 2:0.01:4;
y = x - 2;
plot(x,y,'k','linewidth',2)
```

【输出结果 3】(见图 3-10)

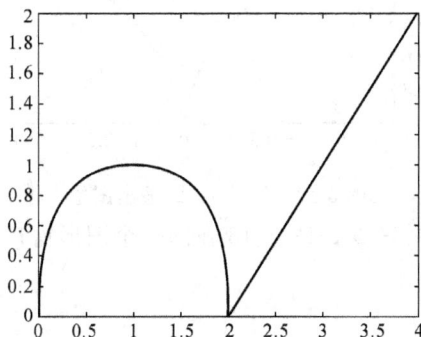

图 3-10　问题 14(2)函数 $f(x)$ 的输出图像

**问题 15**　绘制隐函数和参数方程所确定函数的图形

(1)在 $x \in [-3,3]$ 上画隐函数 $x^2 + y^2 = 9$ 的图像.

(2)在 $t \in [0,2\pi]$ 上画参数方程 $x = \cos^3 t, y = \sin^3 t$ 的图像.

【MATLAB 命令 1】

```
ezplot('x^2 + y^2 - 9',[-3,3])
axis equal                       % 横、纵坐标采用等长刻度
```

【输出结果 1】(见图 3-11)

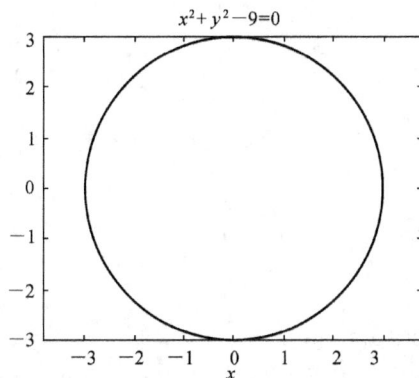

图 3-11　问题 15(1)输出图像

说明:axis on 显示坐标轴,axis off 取消坐标轴,grid on 表示加网格线,grid off 表示不加网格线,clf 清除图形窗口中的图形.也可以通过编辑图像的方法改变或增加设置,比如在图形窗口中,菜单栏 Tools 中鼠标选中 Edit-Plot,可改变图像的颜色等.

【MATLAB 命令 2】

```
ezplot('cos(t)^3','sin(t)^3',[0,2 * pi])
```

【输出结果 2】(见图 3-12)

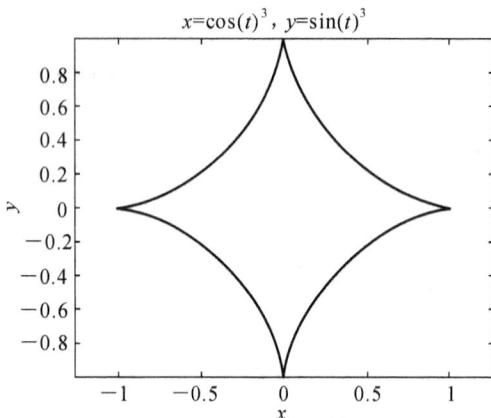

图 3-12　问题 15(2)输出图像

**问题 16**　将图 3-9、3-10、3-11、3-12、3-13 在同一个图形窗口表现出来.

【MATLAB 命令】

```
clf
subplot(2,2,1)                          % 绘制子图命令
x = - 20:0.1:40;
y1 = x.^3 - 35 * x.^2 + 100 * x + 1500;
y2 = 2000 * (cos(x/2) - sin(x));
plot(x,y1,'b - ',x,y2,'k');
subplot(2,2,2)
x = 0:0.01:2;
y = (2 * x - x.^2).^(1/3);
plot(x,y)
hold on
x = 2:0.01:4;
y = x - 2;
plot(x,y)
subplot(2,2,3)
ezplot('x^2 + y^2 - 9',[ - 3,3])
axis equal
subplot(2,2,4)
ezplot('cos(t)^3','sin(t)^3',[0,2 * pi])
```

【输出结果】(见图 3-13)

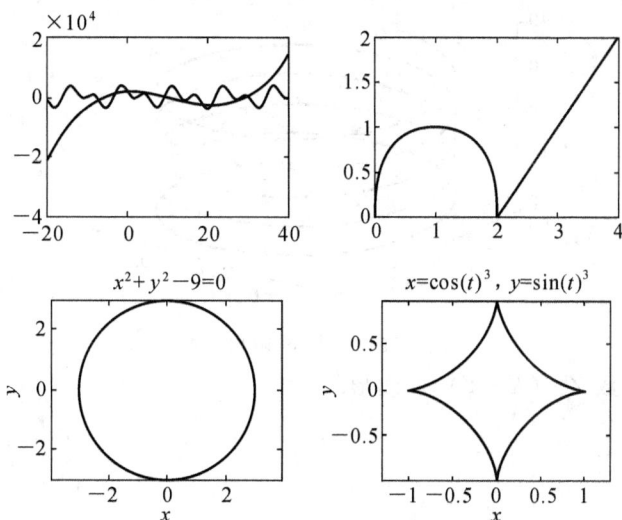

图 3-13　问题 16 输出图像

**问题 17**　已知平面内 8 个散点的坐标如下:$(1,15.3),(2,20.5),(3,27.4),(4,36.6),$ $(5,49.1),(6,65.6),(7,87.8),(8,117.6)$,在直角坐标系中绘制点图.

【MATLAB命令】

```
clf
x = 1:8;
y = [15.3,20.5,27.4,36.6,49.1,65.6,87.8,117.6];
scatter(x,y,'ko')
```

【输出结果】(见图 3-14)

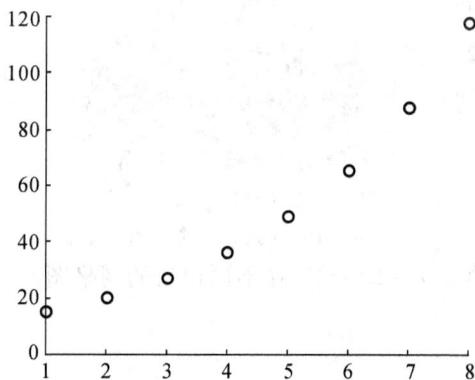

图 3-14　问题 17 输出图像

**问题 18**　在区间$[0,10\pi]$上画出参数曲线 $x=\sin t,y=\cos t,z=t.$

【MATLAB命令】

```
clf
t = 0:pi/50:10 * pi;
plot3(sin(t),cos(t),t)
```

【输出结果】(见图 3-15)

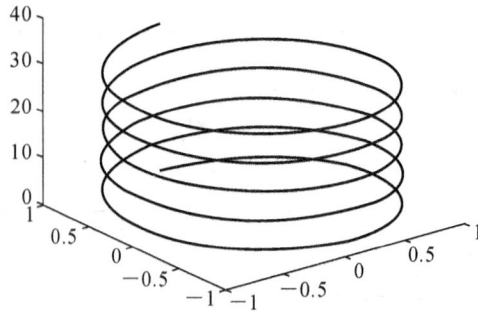

图 3-15　问题 18 输出图像

**问题 19**　画函数 $Z=(X+Y)^2$ 的图形.

【MATLAB 命令】

```
clf
x = -3:0.1:3;
y = 1:0.1:5;
[X,Y] = meshgrid(x,y);          %产生一个以向量 x 为行、向量 y 为列的数组
Z = (X+Y).^2;
surf(X,Y,Z)
shading flat                     %将当前图形变得平滑
```

【输出结果】(见图 3-16)

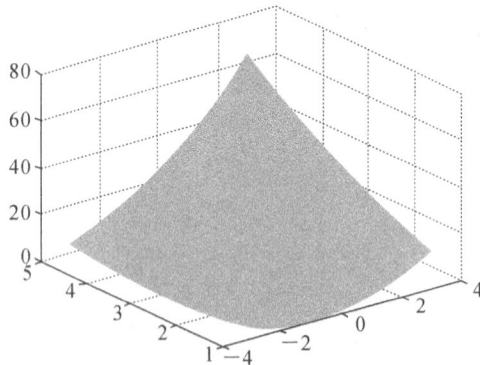

图 3-16　问题 19 输出图像

**问题 20**　画出马鞍曲面 $Z=X^2-Y^2$ 在不同视角的网格图.

【MATLAB 命令】

```
clf
x = -3:0.1:3;
y = 1:0.1:5;
[X,Y] = meshgrid(x,y);
Z = X.^2 - Y.^2;
mesh(X,Y,Z)
```

【输出结果】(见图 3-17)

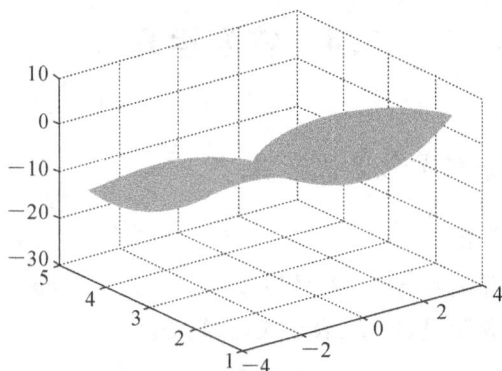

图 3-17 问题 20 输出图像

# 技能训练

1.输出 π 和 e 的值,要求其有效数字分别为 30 和 20 位.

2.计算 $(\log_2 10)(\log_4 5)/(\log_{10} 20)$ 近似值.

3.计算 $6!/e^6$ 的近似值. 注:阶乘命令[factorial(n)]

4.已知函数 $f(x) = x^3 + 2\sqrt{x} - 30$,求:(1)创建自定义函数 M 文件,文件名 fun;(2)$x = 1,3,5,7,9$ 时 $f(x)$ 的函数值.

5.已知 $x = 1,2,3,\cdots,100$,求 $x$ 中各数平方的平均值.

6.某城市一年 12 个月的日平均气温(单位:℃)分别为:$-10, -6, 5, 10, 20, 25, 30, 24, 22, 19, 10, 6$,试画出条形图.

7.作出函数 $f(x) = \cos(e^x) - \sin(e^x/2)$ 在区间 $x \in [-4, 4]$ 的图形.

8.作隐函数 $\sin(xy) = 0$ 在 $[-6, 6]$ 内的图形.

9.已知分段函数 $y = \begin{cases} \cos x - \dfrac{\pi}{2}, & x \leqslant -\dfrac{\pi}{2}, \\ x, & -\dfrac{\pi}{2} \leqslant x \leqslant 1, \\ \sin(x-1) + 1, & x > 1. \end{cases}$ 作出 $-15 \leqslant x \leqslant 15$ 的函数图形.

10.在同一直角坐标系中,作出函数 $y = 5$ 的图形和函数 $x = 3$ 的图形.

11.已知 $f(x) = (x-2)^2 [3 + \cos(x+2) - \sin 2x] - 18$,作图考察方程 $f(x) = 0$ 有多少个实数解.

12.绘制空间图形:$\dfrac{\sin(\sqrt{x^2 + y^2})}{\sqrt{x^2 + y^2}}$(墨西哥帽子).

# 3.4 符号运算

## 3.4.1 创建符号和符号表达式运算

### 1. 符号变量和符号常量

调用格式为：符号变量名＝sym('符号')

其中：这里符号可以是变量、常量、表达式、数组等.

### 2. 定义多个符号变量

调用格式为：syms　变量1,变量2,…,变量n

### 3. 符号多项式的因式分解

调用格式为：factor(符号多项式)

### 4. 符号表达式的化简

调用格式为：simplify（符号表达式）

　　　　　　[y,how]＝simple(符号表达式)

### 5. 级数符号求和函数

调用格式为：symsum（a(n),n,n0,n1),a(n)为通项.

**问题 21**　设 $y=\sin(\arctan x)$，求 $x=\sqrt{3}$ 时 $y$ 的值，要求：(1)精确值；(2)具有 20 位有效数字.

【MATLAB 命令】

```
x = sym('sqrt(3)');                    %定义符号常量
y = sin(atan(x))                       %符号计算
vpa(y,20)                              %表示20个有效数字
```

【输出结果】

```
y =
1/2 * 3^(1/2)                          %精确值
ans =
0.86602540378443864675                 %近似值
```

说明：sqrt(x)和 x^(1/2)都表示 $\sqrt{x}$，结果中 $y=1/2*3^{(1/2)}$ 表示 $y=\dfrac{1}{2}\sqrt{3}$.

**问题 22**　(1)将 $y=x^3-2x^2+3x-2$ 因式分解；

(2)化简函数 $y=\dfrac{3+2x}{2(5+3x+x^2)}-\dfrac{2}{11+(3+2x)^2}$.

【MATLAB 命令 1】

```
f = sym('x^3 - 2 * x^2 + 3 * x - 2');    %定义符号表达式
f = factor(f)
```

【输出结果 1】

f =

(x − 1) * (x^2 − x + 2)

【MATLAB 命令 2】

```
syms x                              % 定义符号变量
y = (3 + 2 * x)/2/(5 + 3 * x + x^2) − 2/(11 + (3 + 2 * x)^2);
y = simplify(y)
```

【输出结果 2】

y =

　　(x + 1)/(5 + 3 * x + x^2)

【MATLAB 命令 3】

```
syms x
y = (3 + 2 * x)/2/(5 + 3 * x + x^2) − 2/(11 + (3 + 2 * x)^2);
[y,how] = simple(y)
```

【输出结果 3】

y =

　　(x + 1)/(5 + 3 * x + x^2)

how =

　　simplify

说明：y＝(1＋x)/(5＋3 * x + x^2) 就是 $y = \dfrac{1+x}{5+3x+x^2}$，[y,how] 中 y 表示返回化简结果，how 表示返回化简此问题所用方法；定义符号变量，在化简、微积分运算、解方程等广泛应用.

**问题 23**　求：(1) $\displaystyle\sum_{n=1}^{\infty} \frac{1}{n^2}$；(2) $\displaystyle\sum_{n=0}^{\infty} x^n$.

【MATLAB 命令】

```
syms n x
s1 = symsum(1/n^2,n,1,inf)
s2 = symsum(x^n,n,0,inf)
```

【输出结果】

s1 =

　　1/6 * pi^2

s2 =

　　− 1/(x − 1)

### 3.4.2　符号微积分

**1.** 函数 $y=f(x)$ 在 $a$ 的极限 $\lim\limits_{x\to a}f(x)$，左极限 $\lim\limits_{x\to a-0}f(x)$，右极限 $\lim\limits_{x\to a+0}f(x)$

调用格式为：limit (f, x, a)　limit(f, x, a, 'left')　limit(f, x, a, 'right')

**2.** 求函数 $f(x)$ 关于 $x$ 的 $n$ 阶导数 $f^{(n)}(x)$

调用格式为：diff (f,x,n)

**3.** 求函数 $f(x)$ 在 $x_0$ 的导数 $f'(x_0)$

调用格式为：subs (diff (f,x),x_0)

**4.** 求函数 $f(x)$ 关于 $x$ 的不定积分 $\int f(x)\mathrm{d}x$

调用格式为：int (f, x)

**5.** 求函数 $f(x)$ 在 $[a,b]$ 上的积分

调用格式为：int (f, x, a, b)

**问题 24**　求极限 $(1)\lim\limits_{x\to 0}\dfrac{1-\cos^2 x}{x^2}$；$(2)\lim\limits_{x\to 0^+}\dfrac{|x|}{x}$；$(3)\lim\limits_{x\to 0}\dfrac{|x|}{x}$.

【MATLAB 命令 1】

```
syms x
f = (1 - cos(x))/x^2;
f1 = limit(f,x,0)
```

【输出结果 1】

```
f1 =
    1/2
```

【MATLAB 命令 2】

```
syms x
f = abs(x)/x;
limit(f,x,0,'right')
f_0 = limit(f,x,0)                    % f_0 为字母、数字与下划线组合的变量名
```

【输出结果 2】

```
ans =
    1
f_0 =
    NaN                               % 不是一个数
```

说明：二元函数极限 $\lim\limits_{\substack{x\to x_0\\y\to y_0}}f(x,y)$ 命令是 limit(limit(f,x,x0),y,y0).

**问题 25**　求导数

$(1)$ 已知 $f(x)=\dfrac{x+1}{x^2+3x+5}$，求 $f'(x)$，$f^{(3)}(x)$ 和 $f'(4)$ 的近似值.

(2)求隐函数 $x^2 + y^2 = 9$ 的导数 $\dfrac{\mathrm{d}y}{\mathrm{d}x}$.

【MATLAB 命令 1】

```
syms  x
f = (x + 1)/(x^2 + 3 * x + 5);
df = diff(f,x);
simplify(df)
f1 = subs(df,[4])
df3 = diff(f,x,3);
[df3,how] = simple(df3)
```

【输出结果 1】

```
ans =
     - ( - 2 + 2 * x + x^2)/(5 + 3 * x + x^2)^2
f1 =
     - 0.0202
df3 =
     - 6 * ( - 23 - 44 * x - 12 * x^2 + 4 * x^3 + x^4)/(5 + 3 * x + x^2)^4
how =
     simplify
```

【MATLAB 命令 2】

```
syms x y
f = x^2 + y^2 - 9;
dy = - diff(f,x)/diff(f,y)
```

【输出结果 2】

```
dy = - x/y
```

说明:二元函数 $f(x,y)$ 的偏导数 $\dfrac{\partial^2 f}{\partial x \partial y}$ 命令是 diff(diff(f,x),y);隐函数的导数用全微分的算法求得 $y'_x = -\dfrac{\mathrm{d}f_x}{\mathrm{d}f_y}$.

**问题 26**　求积分:

(1) $\displaystyle\int \sin x \cos x \, \mathrm{d}x$;　(2) $\displaystyle\int_0^1 \sqrt{1 - x^2} \, \mathrm{d}x$;　(3) $\displaystyle\int_{-\infty}^1 \dfrac{1}{\sqrt{2\pi}} \, \mathrm{e}^{-x^2/2} \mathrm{d}x$ 的近似值.

【MATLAB 命令 1】

```
syms x
f = sin(x) * cos(x);
int(f,x)
```

【输出结果 1】

```
ans =
```

$$1/2 * \sin(x)\textasciicircum2$$

【MATLAB命令2】

```
syms x
g = sqrt(1 − x^2);
int(g,x,0,1)
```

【输出结果2】

```
ans =
    1/4 * pi
```

【MATLAB命令3】

```
syms x
y = exp( − x^2/2)/sqrt(2 * pi);
f = int(y,x, − inf,1) ;              % − inf 表示负无穷大
double(f)                           %默认近似值
```

【输出结果3】

```
ans =
    0.8413
```

说明:因为不定积分含有任意常数,所以结果 $1/2 * \sin(x)\textasciicircum2$ 应该是 $\frac{1}{2}\sin^2 x + c$;$1/4 * pi$ 表示精确值 $\frac{1}{4}\pi$;二元函数 $f(x,y)$ 的二重积分 $\int_a^b dx\int_c^d f(x,y)dy$ 命令是 int(int(f,x,a,b),y,c,d).

**问题27** (教堂顶部曲面面积的计算方法)某个阿拉伯国家有一座著名的伊斯兰教堂,它以中央大厅的金色巨大拱形圆顶闻名遐迩.因年久失修,国王下令将教堂顶部重新贴金箔装饰.据档案记载,大厅的顶部形状为半球面,其半径为30m.考虑到可能的损耗和其他技术原因,实际用量将会比教堂顶部面积多 $1.5\%$.据此,国王的财政大臣拨出了可制造 $5750\text{m}^2$ 有规定厚度金箔的黄金.建筑商人哈桑略通数学,他计算一下,觉得黄金会有盈余.于是,他以较低的承包价得到了这项装饰工程.但在施工前的测量中,工程师发现教堂顶部实际上并非是一个精确的半球面而是半椭球面,其半立轴恰好30m,而半长轴和半短轴分别是30.6m和29.6m.这一来哈桑犯了愁,他担心黄金是否会有盈余,甚至可能短缺.最后的结果究竟如何呢?

**解** 1.取椭球面中心为坐标建立直角坐标系,则教堂顶部半椭球面方程为:

$$\frac{x^2}{a^2}+\frac{y^2}{b^2}+\frac{z^2}{c^2}=1$$

即    $$z=c\sqrt{1-\frac{x^2}{a^2}-\frac{y^2}{b^2}}$$

**绘制曲面图形**

【MATLAB命令】

```
clear
x= −15:1:15;
```

```
y=x;
[X,Y]=meshgrid(x,y);
R=sqrt(1−X.^2/30.6^2−Y.^2/29.6^2);
Z=30*R;
surfc(X,Y,Z)
title('椭球面')
```

【输出结果】(见图 3-18)

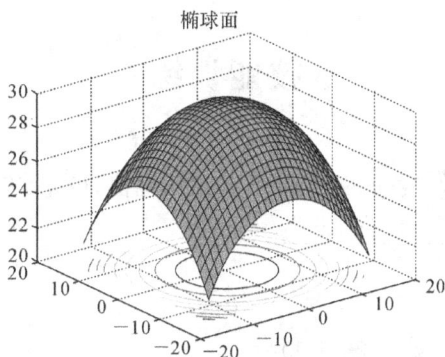

图 3-18　问题 27 输出图像

**2.** 其表面积为：$s = \iint\limits_{\Sigma} \mathrm{d}s = \iint\limits_{D_{xy}} \sqrt{1 + z_x^2 + z_y^2}\,\mathrm{d}x\mathrm{d}y$

其中　　$D_{xy}: \dfrac{x^2}{a^2} + \dfrac{y^2}{b^2} \leqslant 1$

**3.** 作变量代换：$x = a \cdot r \cdot \cos t,\ y = a \cdot r \cdot \sin t$

则　　$s = \displaystyle\int_0^{2\pi} \mathrm{d}t \int_0^1 \sqrt{1 + z_x^2 + z_y^2}\,abr\mathrm{d}r$

$$= \int_0^{2\pi} \mathrm{d}t \int_0^1 \sqrt{1 + \frac{c^2 r^2 \left( \dfrac{\cos^2 t}{a^2} + \dfrac{\sin^2 t}{b^2} \right)}{1 - r^2}}\,abr\mathrm{d}r$$

此积分相当复杂，无法以初等函数来表示，因此采用数值计算.

**4.** 数值计算：

【MATLAB 命令】

```
function g = fun22(x,y)                        % 自定义函数 M 文件 fun22
a = 30.6;b = 29.6;c = 30;
g = a * b * x. * sqrt(1 + c^2 * x.^2. * (cos(y).^2/a^2 + sin(y).^2/b^2)./(1 − x.^2 + eps));
```

在新建的 M 文件窗口中输入以下命令并运行：

```
z = dblquad('fun22',0,1,0,2 * pi)
s = vpa((1 + 0.015) * z,7)                     % 表示教堂顶部实际使用金箔总面积
```

【输出结果】

```
z =
    5.6798e + 003                              % 表示 5.6798×10³
```

s =

    5765.011

说明:dblquad 是矩形区域的二重积分,因为 g 的值出现分母为零,为使它有意义,加上一项 eps,它是 MATLAB 中的最小数.

考虑到损耗,教堂顶部实际使用金箔总面积 $5765.011\text{m}^2$,大于国王的财政大臣拨出了可制造 $5750\text{m}^2$ 有规定厚度金箔的黄金.

显然,建筑商人哈桑将遭受损失.

# 技能训练

1. 设 $y=\sin x$,求 $x=\sqrt[3]{2}$ 时 $y$ 的值,要求:(1)精确值;(2)具有 10 位有效数字.

2. 化简:$\dfrac{27x^3-8}{3x^2-2x}+\dfrac{9x^3-8x^2+3x-4}{x^2-x}$.

3. 因式分解:$x^3-6x^2+11x-6$.

4. 求和:$(1)\ \displaystyle\sum_{n=1}^{\infty}\frac{1}{3^n};(2)\ \sum_{n=1}^{\infty}\frac{(2x+1)^n}{n}$.

5. 求:$(1)\ \displaystyle\lim_{x\to0}\frac{x-\sin x}{x^3};(2)\ \lim_{x\to0^+}x^{\sin x}$.

6. $(1)$ 求 $y(x)=\sqrt{\dfrac{(3x-2)(2x-3)}{x-3}}$ 的导数 $y'(x)$,并求 $y'(8)$.

$(2)$ 求由方程 $e^y+xy-3=0$ 所确定隐函数 $y$ 的导数 $y'_x$.

7. $(1)$ 求不定积分 $\displaystyle\int\frac{\mathrm{d}x}{x^2\sqrt{1+x^2}}$;$(2)$ 求定积分 $\displaystyle\int_5^{10}\frac{1}{\sqrt{x-1}-1}\mathrm{d}x$.

# 3.5　根与极值

## 3.5.1　方程与方程组

**1. 代数方程 $f(x)=0$ 的精确解集和近似解集**

调用格式为:x＝solve(y)和 x＝vpa(solve(y),n)

**2. 代数方程组 $f_1(x,y)=0,f_2(x,y)=0$ 的精确解**

调用格式为:[x,y]＝solve(f1,f2)

**3. 以 $x_0$ 为零点的大致位置,搜索超越方程 $f(x)=0$ 的解**

调用格式为:x＝fzero('f(x)',$x_0$)

**4. 以 $X_0$ 为零点的大致位置,搜索超越方程组解**

调用格式为:x＝fsolve('fun',$X_0$)

其中 fun 是自定义函数名,$X_0$ 是向量.

**问题 28**　解方程:$x^2+x-5=0$.

【MATLAB 命令】

```
syms x
s = x^2 + x - 5;
x = solve(s)
eval(x)
```

【输出结果】

```
x =
    -1/2 + 1/2 * 21^(1/2)
    -1/2 - 1/2 * 21^(1/2)
ans =
    1.7913
   -2.7913
```

**问题 29**　解方程组:$\begin{cases} x-2y=0 \\ x^2-y=1 \end{cases}$,要求准确值和近似值(保留 7 位有效数字).

【MATLAB 命令】

```
syms  x  y
[x,y] = solve(x - 2 * y,x^2 - y - 1)
x = vpa(x,7)
y = vpa(y,7)
```

【输出结果】

```
x =
    1/4 + 1/4 * 17^(1/2)
    1/4 - 1/4 * 17^(1/2)
y =
    1/8 + 1/8 * 17^(1/2)
    1/8 - 1/8 * 17^(1/2)
x =
    1.280776
   -0.7807760
y =
    0.6403882
   -0.3903882
```

**问题 30**　对某工厂上下班工人的工作效率研究表明,一个中等水平的工人早上 8:00 开始工作,在 $t$ h 之后,生产出的晶体管收音机的台数 $Q$,它的模型是 $Q(t)=c_1 t^3 + c_2 t^2 + c_3 t$.测得三个数据:工作 1h,生产 20 台收音机;工作 2h,生产 52 台收音机;工作 3h,生产 90 台收音机.求出产量 $Q$ 与时间 $t$ 的数学模型.

**解**　由题意建立方程组模型：

$$\begin{cases} 20 = c_1 + c_2 + c_3 \\ 52 = c_1 2^3 + c_2 2^2 + c_3 2 \\ 90 = c_1 3^3 + c_2 3^2 + c_3 3 \end{cases}$$

【MATLAB 命令】

```
syms c1 c2 c3
f1 = c1 + c2 + c3 - 20;
f2 = c1 * 2^3 + c2 * 2^2 + c3 * 2 - 52;
f3 = c1 * 3^3 + c2 * 3^2 + c3 * 3 - 90;
[c1,c2,c3] = solve(f1,f2,f3)
```

【输出结果】

```
c1 =
    -1
c2 =
    9
c3 =
    12
```

于是产量 $Q$ 与时间 $t$ 的数学模型为：$Q(t) = -t^3 + 9t^2 + 12t$.

**问题 31**　已知 $x \in [-10,10]$，搜索超越方程 $x^3 + 18\sin x - 30 = 0$ 的解.

【MATLAB 命令1】

```
subplot(1,2,1)                              % 绘制子图
ezplot('x^3 + 18 * sin(x) - 30',[-10,10])   % 绘制自变量为[-10,10]图形
grid on;                                    % 网格图
subplot(1,2,2)
ezplot('x^3 + 18 * sin(x) - 30',[0,5])
grid on;
x = fzero('x^3 + 18 * sin(x) - 30',3.1)     % 图中可见零点的大致位置 x₀ 可取 3.1
```

【输出结果1】(见图 3-19)

```
x =
    3.0481
```

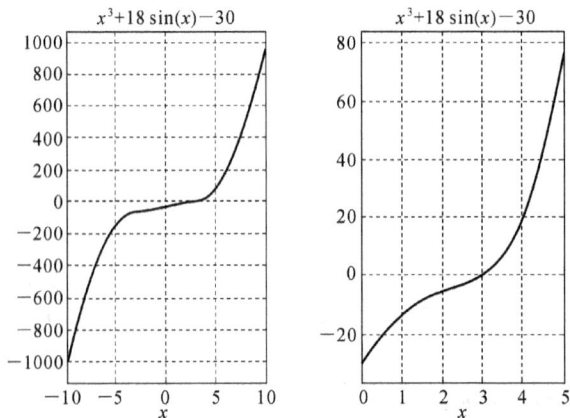

图 3-19　问题 31 输出图像

说明：超越方程是指除了多项式方程之外的函数方程．

**问题 32**　以 $x_0=(1，1)$ 为零点的大致位置，搜索超越方程组
$$\begin{cases} x_1^2 x_2 - 2x_2^2 + 10\cos x_1 = 0 \\ x_2^3 - x_1 x_2 - 2 = 0 \end{cases}$$ 的解．

【MATLAB 命令】

```
function y = g(x)                              %自定义函数 M 文件 g
y(1) = x(2) * x(1)^2 - 2 * x(2)^2 + 10 * cos(x(1));
y(2) = x(2)^3 - x(1) * x(2) - 2；
```

在新建的 M 文件窗口中输入以下命令并运行：

```
x0 = [1,1]；
x = fsolve('g',x0)
```

【输出结果】

```
Optimization terminated：first - order optimality is less than options.TolFun.
x =
    1.3409    1.6077
```

说明：x(1),x(2)是 x 的两个分量，y(1),y(2)是 y 的两个分量．

## 3.5.2　极　值

**1. 求一元函数 $y=f(x)$ 在$[a，b]$内的极小值点和极小值**

调用格式为：$[x，ymin]=$fminbnd $('f(x)'，a，b)$

**2. 无约束多元函数极小值点（单纯形法和拟牛顿法）**

调用格式为：fminsearch('fun',x0) fminunc('fun',x0)

**问题 33**　作出函数 $y=\sin(x-2)+\dfrac{x}{5}$ 在区间 $x\in[-5,5]$ 上的图形，并求该函数极值．

【MATLAB 命令】

```
subplot(1,2,1)
y1 = 'sin(x - 2) + x/5'
ezplot(y1,[ - 5,5])
grid on；
subplot(1,2,2)
y2 = ' - sin(x - 2) - x/5'
ezplot(y2,[ - 5,5])
grid on；
[x,ymin] = fminbnd(y1,0,5)              % 0,5 表示极小值所在区间[0,5]
[x,ymin_] = fminbnd(y2,0,5)
ymax = - ymin_
[x,ymin_] = fminbnd(y2, - 5,0)
max = - ymin_
```

【输出结果】(见图 3-20)

```
x =
    0.2278
ymin =
    -0.9342
x =
    3.7722
ymax =
    1.7342
x =
    -2.5110
max =
    0.4776
```

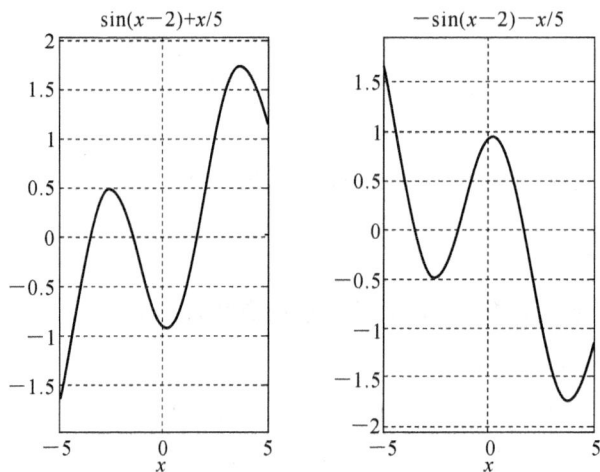

图 3-20　问题 33 输出图像

说明:极值问题,若在不知初始值的情况下,求极值问题应先画图形,找极值点的大约范围;fminbnd 是求极小值命令,若求 y 极大值,可先求出-y 的极小值,则 y 就是极大值.

**问题 34**　一幢楼房的后面是一个很大的花园.在花园中紧靠着楼房有一个温室,温室伸入花园宽 2m、高 3m,温室正上方是楼房的窗台.清洁工打扫窗台周围,他得用梯子越过温室,一头放在花园中,一头靠在楼房的墙上(见图 3-21).因为温室是不能承受梯子压力的,所以梯子太短是不行的.现清洁工只有一架 7m 长的梯子,你认为它能达到要求吗?

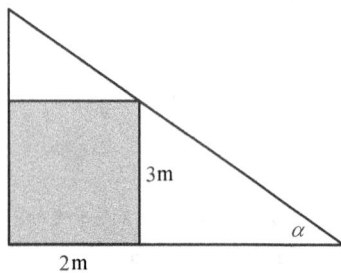

图 3-21　问题 34 示意

**解**　建立数学模型

设梯子为 $L$,梯子与地面夹角为 $\alpha$,则

$$L = \frac{3}{\sin\alpha} + \frac{2}{\cos\alpha}$$

求 $L$ 最小值.

【MATLAB 命令】

L = '3/sin(x) + 2/cos(x)';

ezplot(L,[0,pi/2])

[x,Lmin] = fminbnd(L,0.5,1.5)

【输出结果】(见图 3-22)

x =

    0.8528

Lmin =

    7.0235

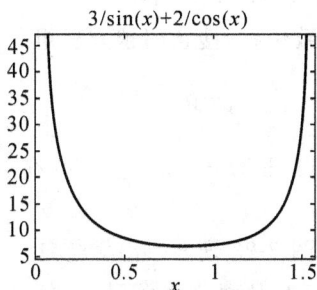

图 3-22　问题 34 输出图像

当梯子与地面夹角约为 48.86°时,梯子最短 7.0235m. 不能达到要求.

**问题 35** 用多元函数极小值的方法求解.

以 $x_0 = (1,1)$ 为起始点,搜索方程组 $\begin{cases} x_1^2 x_2 - 2x_2^2 + 10\cos x_1 = 0 \\ x_2^3 - x_1 x_2 - 2 = 0 \end{cases}$ 的解.

【MATLAB 命令】

```
function y = f3(x)                         % 自定义函数 M 文件 f3
y = (x(2) * x(1)^2 - 2 * x(2)^2 + 10 * cos(x(1)))^2 + (x(2)^3 - x(1) * x(2) - 2)^2;
```

在新建的 M 文件窗口中输入以下命令并运行:

```
x0 = [1,1];
x = fminsearch('f3',x0)
```

【输出结果】

x =

    1.3409    1.6077

说明:$x(1),x(2)$ 是 x 的两个分量,当命令太长一行显示不下时,可用 … 表示续行,输入正确为蓝色. 值得注意的是,当续行符的前面是数字时,要用四个点来表示续行;利用 fminsearch 多元函数极小值可解方程组,它采用的算法是:在 $f = x^2 + y^2 \geq 0$ 中,当 $x = 0, y = 0$ 时,$f$ 取极小值 0.

# 技能训练

1. 解代数方程与代数方程组：

(1) $ax^2+bx+c=0(a\neq0)$；(2) $\begin{cases} x^2+y^2=3 \\ x+3y^3=0 \end{cases}$ 的实数解(要求保留 7 位有效数字).

2. 已知 $f(x)=(x-2)^2[3+\cos(x+2)-\sin2x]-18$

(1) 求作 $f(x)$ 在区间 $x\in[-50,50]$ 的图形；

(2) 求作 $f(x)$ 在区间 $x\in[-5,10]$ 的图形；

(3) 用 fzero 命令搜索超越方程 $f(x)=0$ 的解.

3. 以 $x_0=(1,0)$ 为零点的大致位置,搜索超越方程组

$$\begin{cases} 4x_1^2+x_2^2-4=0 \\ x_1+x_2-\sin(x_1-x_2)=0 \end{cases}$$ 的解.

4. 求 $f(x)=(x-2)^2[\cos(x+2)-\sin2x]-30$ 在点 $x=7$ 附近的极小值.

5. 越野赛问题

越野赛在湖边举行,场地如图 3-23 所示.出发点在陆地上 $A$ 处,终点在湖心岛 $B$ 处.$A,B$ 南北相距 5km,东西相距 7km.湖岸是一条东西走向的长堤,位于 $A$ 的南侧 2km.在比赛中运动员可以自由选择路线,但必须先从 $A$ 点出发跑步到长堤,再由长堤下水游泳达到终点 $B$ 处.已知某运动员的跑步速度 $v_1=18$km/h,游泳速度 $v_2=6$km/h,问他应该在长堤的何处下水能最快达到终点？

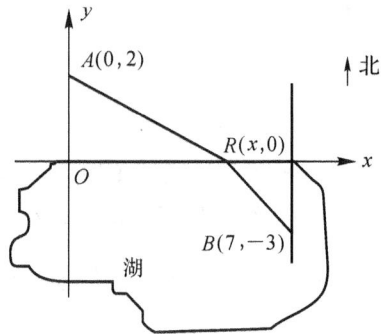

图 3-23 越野赛场地

# 3.6 编程语言结构

## 3.6.1 条件语句结构

**1. 单分支 if 语句**

调用格式为:if 条件表达式

　　　　执行语句体

　　end

**2. 双分支 if 语句**

调用格式为:if 条件表达式

　　　　执行语句体 1

　　else

　　　　执行语句体 2

　　end

**3. 多分支 if 语句**

调用格式为：if 条件表达式 1

　　　　　　执行语句体 1

　　　　　elseif 条件表达式 2

　　　　　　执行语句体 2

　　　　　　…

　　　　　elseif 条件表达式 $n-1$

　　　　　　执行语句体 $n-1$

　　　　　else

　　　　　　执行语句体 $n$

　　　　　end

当有多个条件时，如果条件 1 为真，运行语句体 1，然后跳出 if…else…end 结构；如果条件 1 为假，再判断条件 2，如果条件 2 为真，运行语句体 2，然后跳出 if…else…end 结构；以此类推. 注意 if…else…end 结构也可以没有 elseif 和 else 的简单结构.

**4. switch 语句**

调用格式为：switch 开关表达式

　　　　　case　　表达式 1

　　　　　　执行语句体 1

　　　　　case　　表达式 2

　　　　　　执行语句体 2

　　　　　　…

　　　　　case　　条件表达式 $n-1$

　　　　　　执行语句体 $n-1$

　　　　　otherwise

　　　　　　执行语句体 $n$

　　　　　end

如果开关表达式满足表达式 1，则执行语句体 1，然后跳出 switch…case 结构；如果开关表达式不满足表达式 1，但满足表达式 2，则如果开关表达式满足表达式 2，然后跳出 switch…case 结构；以此类推.

**问题 36**　已知分段函数 $y = \begin{cases} \dfrac{\sin x}{x}, & x \neq 0 \\ 1, & x = 0 \end{cases}$，求 $x = 2.1$ 的值.

【MATLAB 命令 1】

```
x = input('请输入 x = ');            % 可用键盘输入数据来完成运算结果
if x == 0
    y = 1;
else
    y = sin(x)/x;
end
y
```

【输出结果 1】

请输入 x = 2.1                                      % 在命令窗口中输入 2.1 运行

y =

    0.4111

【MATLAB 命令 2】

```
function y = fu(x)
if x == 0
    y = 1;
else
    y = sin(x)/x;
end
```

在新建的 M 文件窗口中输入以下命令并运行：

```
fu(2.1)
```

【输出结果 1】

请输入 x = 2.1                                      % 在命令窗口中输入 2.1 运行

y =

    0.4111

**问题 37**  学生成绩的转换，规则如表 3-1 所示.

表 3-1  成绩转换

| 百分制的成绩 | 五级制 |
|---|---|
| 大于或等于 90 分 | 优 |
| 大于或等于 80 分，且小于 90 分 | 良 |
| 大于或等于 70 分，且小于 80 分 | 中 |
| 大于或等于 60 分，且小于 70 分 | 及格 |
| 小于 60 分 | 不及格 |

若某学生成绩 67 分，请编程将其转换成五级制成绩.

【MATLAB 命令 3】

```
x = input('请输入 x =');
  switch fix(x/10);                  % fix 为向零方向取整函数
    case {9,10}                      % 大于或等于 90 分
        f = '优';
    case {8}                         % 大于或等于 80 分，且小于 90 分
        f = '良';
    case {7}                         % 大于或等于 70 分，且小于 80 分
        f = '中';
    case {6}                         % 大于或等于 60 分，且小于 70 分
        f = '及格';
    otherwise                        % 小于 60 分
        f = '不及格';
```

```
end
f
```

【输出结果 3】

```
请输入 x = 67
f =
    及格
```

## 3.6.2　循环语句结构

**1. for 语句**

调用格式为：for 循环变量＝初值：步长：终值

　　　　　　　循环语句体

　　　　end

**2. while 语句**

调用格式为：while 条件表达式真

　　　　　　　循环语句体

　　　　end

只有表达式的逻辑值为真时，才执行循环语句体. 表达式可以是数组，如果表达式可以是数组当所有元素为真时才执行循环语句体.

**问题 38**　（1）求 $\sum\limits_{i=1}^{100} i$ 的值；（2）生成矩阵 $\begin{bmatrix} 2 & 3 & 4 \\ 3 & 4 & 5 \\ 4 & 5 & 6 \end{bmatrix}$.

【MATLAB 命令 1】

```
a = 0;
for i = 1:100;
    a = a + i;
end
a
```

【输出结果 1】

```
a =
    5050
```

【MATLAB 命令 2】

```
a = zeros(3,3);
for i = 1:3
    for j = 1:3
        a(i,j) = i + j;
    end
end
a
```

【输出结果 2】

```
a =
     2      3      4
     3      4      5
     4      5      6
```

**问题 39**　(1) 计算 $\sum\limits_{i=0}^{50}(2i+1)$；　(2) 计算 $s = 2^2 + 5^2 + 8^2 + 11^2 + \cdots + 95^2$.

【MATLAB 命令 1】

```
n = input('请输入 n = ');
sum = 0;
i = 0;
while i <= n
   sum = sum + (2 * i + 1);
   i = i + 1;
end
sum
```

【输出结果 1】

```
请输入 n = 50
sum =
    2601
```

【MATLAB 命令 2】

```
s = 0;
i = 2;
while i <= 95
   s = s + i^2;
   i = i + 3;
end
s
```

【输出结果 2】

```
s =
    99824
```

### 3.6.3　MATLAB 编程实例

**问题 40**　(1)找出 $\sin 1, \tan 1, \cos 1, \ln 3, e^{0.2}$ 中的最大者.

(2)若一方程的求解结果为：

$x_1 = 8;$

$x_2 = 3;$

$x_3 = 2;$

$x_4 = 6$；

$x_5 = 9$；

$x_6 = 0$.

请用计算机将这六个解按递增顺序重新排列.

(3) 已知数组 $A = (5, 6.5, 2+3i, 3.5, 1+2i)$，请把实数和虚数分开.

【MATLAB 命令 1】

```
a = [sin(1),tan(1),cos(1),log(3),exp(0.2)];
Max = a(1);
for i = 2:5
if  Max<a(i)
    Max = a(i);
end
end
Max
```

【输出结果 1】

```
Max =
    1.5574
```

说明：最大值是 $\tan(1)$.

【MATLAB 命令 2】

```
A = input('请输入 A = ');
for j = 1:5
for i = 1:(6 - j)
    if A(i)>A(i + 1)
        t = A(i);
        A(i) = A(i + 1);
        A(i + 1) = t;
    end
end
end
A
```

【输出结果 2】

```
请输入 A = [8,3,2,6,9,0];
A =
    0    2    3    6    8    9
```

【MATLAB 命令 3】

```
clear
A = [5,6.5,2 * 3 * i,3.5,1 + 2 * i];
real_array = [];                    % 实数数组
complex_array = [];                 % 虚数数组
```

```
for i = 1:length(A)
    if isreal(A(i)) = = 1,                    % 判别矩阵元素是否实数
        real_array = [real_array A(i)];
    else
        complex_array = [complex_array A(i)];
    end;
end;
real_array
complex_array
```

【输出结果 3】

```
real_array =
    5.0000        6.5000        3.5000
complex_array =
    2.0000 + 3.0000i        1.0000 + 2.0000i
```

**问题 41** 已知分段函数 $y=\begin{cases}\cos x-\dfrac{\pi}{2}, & x<-\dfrac{\pi}{2} \\ x, & -\dfrac{\pi}{2}\leqslant x\leqslant 1 \\ \sin(x-1)+1, & x>1\end{cases}$，求 $x=-12,0.6,9$ 时的值.

【MATLAB 命令】

```
function y = fun(x)                          % 自定义函数 M 文件 fun
if x< - pi/2
    y = cos(x) - pi/2;
elseif x> = - pi/2&x< = 1
    y = x;
else
    y = sin(x - 1) + 1;
end
```

在新建的 M 文件窗口中输入以下命令并运行:

```
clc,clear
x = [ - 12,0.6,9];
for i = 1:3
    y(i) = fun (x(i));
end
y
```

【输出结果】

```
y =
    - 0.7269        0.6000        1.9894
```

**问题 42**　设银行年利率为 11.25％,将 10000 元钱存入银行,问多长时间会连本带利翻一番?

**解**　设 $x$ 年连本带利翻一番,则数学模型为 $10000(1+11.25％)^x \geqslant 20000$

【MATLAB 命令】

```
money = 10000;
years = 0;
while money<20000
years = years + 1;
money = money * (1 + 0.1125);
end
years
money
```

【输出结果】

```
years =
    7
money =
    2.1091e + 004                           ％ 表示 7 年连本带利的钱是 21091 元
```

需要 7 年会连本带利翻一番.

**问题 43**　鸡兔合笼,头 36,脚 100,求鸡、兔各几只?

**解**　设鸡 $x$ 只,兔 $y$ 只.

由题意得 $\begin{cases} x+y=36 \\ 2x+4y=100 \end{cases}$

变形得 $\begin{cases} x+\dfrac{100-2x}{4}=36 \\ y=\dfrac{100-2x}{4} \end{cases}$

【MATLAB 命令】

```
i = 1;
while i>0
    if rem(100 - i * 2,4) == 0&(i + (100 - i * 2)/4) == 36   ％符号"&"是逻辑与运算,表示同时成立.
        break;
    end
    i = i + 1;
    n1 = i;
    n2 = (100 - 2 * i)/4;
end
fprintf(' 鸡是 ％ d.\n',n1)                           ％ 数据输出 d 表示整数
fprintf(' 兔是 ％ d.\n',n2)
```

【输出结果】

鸡是 22.

兔是 14.

说明:rem(m,n)表示 m 被 n 除得余数;break 命令可以使包含 break 的最内层的 for 或 while 语句强制终止,立即跳出该结构,执行 end 后面的命令. break 命令一般和 if 结构结合使用,\n 表示换行.

# 技能训练

1.已知分段函数 $y = \begin{cases} 2^x, & x \leqslant 0 \\ \sin x \cos x + 1, & x > 0 \end{cases}$,求出 $y(-2.5), y(e+5)$ 的值(保留 7 位有效数字).

2.我国新税法规定,个体工商户的生产、经营所得和对企事业单位得承包经营、承租经营所得应缴纳个人所得税如表 3-2 所示.

表 3-2　个人所得税应纳税所得税税率

| 全年收入中应纳税所得税部分 | 税率(%) |
| --- | --- |
| 不超过 5000 元的部分 | 5 |
| 超过 5000 元至 10000 元的部分 | 10 |
| 超过 10000 元至 30000 元的部分 | 20 |
| 超过 30000 元至 50000 元的部分 | 30 |
| 超过 50000 元的部分 | 35 |

请将纳税方案写成数学模型并进行编程.

3.计算:一球从 100m 高度自由落下,每次落地后反跳回原高度的一半,再落下.求它在第 10 次落地时,共经过多少米?

4.计算:$2 + 2^2 + 2^3 + \cdots + 2^{30}$.

5.编程求一个 10 阶魔方阵 $A$[10 阶魔方阵命令是 $A = \text{magic}(10)$]的第一行上数字之和,每列数字之和.

6.编程找出数 $x = \ln 20, y = e^2, z = \sqrt{76}$ 中的最小者.

# 3.7　数值计算

## 3.7.1　非线性方程求根

### 1.二分法

如果函数 $f(x)$ 在区间 $[a,b]$ 上单调连续,若 $f(a)f(b)<0$,则方程 $f(x)=0$ 在 $(a,b)$ 内有唯一的实根 $x^*$.

"二分法"将有根区间 $[a,b]$ 取中点 $x_0=\dfrac{1}{2}(a+b)$,即将它分成两半,计算函数值 $f\left(\dfrac{a+b}{2}\right)$. 若 $f\left(\dfrac{a+b}{2}\right)=0$,就得到方程的实根 $x^*=\dfrac{a+b}{2}$,否则检查 $f(x_0)$ 与 $f(a)$ 是否同号. 如同号,说明所求的根 $x^*$ 在 $x_0$ 的右侧,这时令 $a_1=x_0,b_1=b$;否则 $x^*$ 在 $x_0$ 的左侧,这时令 $a_1=a,b_1=x_0$,这样新的有根区间 $[a_1,b_1]$ 的长度为 $[a,b]$ 之半. 对压缩了的有根区间 $[a_1,b_1]$ 又可施以同样的手续.

如此反复二分下去,即可得出一系列有根区间
$$[a,b] \supset [a_1,b_1] \supset [a_2,b_2] \supset \cdots \supset [a_k,b_k] \supset \cdots$$
其中每个区间都是前一个区间的一半,因此二分 $k$ 次后的有根区间 $[a_k,b_k]$ 的长度为
$$b_k-a_k=\frac{1}{2^k}(b-a)$$

可见,如果二分过程无限地继续下去,这些有根区间最终必收缩于一点 $x^*$,该点显然就是所求的根.

实际计算时,不可能完成这种无穷过程,其实也没有这种必要,因为数值分析的结果允许带有一定的误差,由于 $|x^*-x_k| \leqslant \dfrac{1}{2}(b_k-a_k)=\dfrac{1}{2^{k+1}}(b-a)$,只要二分足够多次(即 $k$ 足够大),便有 $|x^*-x_k|<\varepsilon$,这里 $\varepsilon$ 为预定精度.

**问题 44**　用二分法求方程 $x^3+1.1x^2+0.9x-1.4=0$ 实根的近似值,使误差不超过 $10^{-3}$.

**解**　(1)求根的初始隔离区间.

【MATLAB命令】

```
ezplot('x^3 + 1.1 * x^2 + 0.9 * x - 1.4')
grid on;
```

【输出结果】

通过观察,根应在 $-2$ 和 $2$ 之间进一步画出该部分的图形,如图 3-24 所示.

【MATLAB命令】

```
ezplot('x^3 + 1.1 * x^2 + 0.9 * x - 1.4', [ - 2,2])
grid on;
```

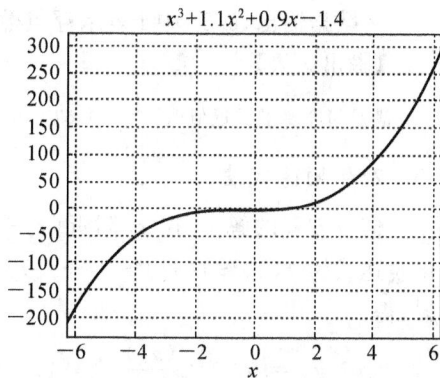

图 3-24　问题 44 第一步输出图像

【输出结果】

由图 3-26 更清晰地看到根在 0 和 1 之间.

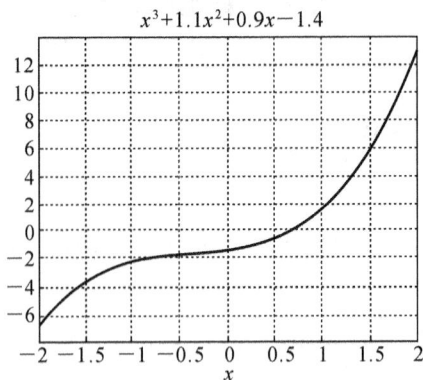

图 3-26　问题 44 第二步输出图像

(2)编写程序如下：

【MATLAB 命令】

```
function y = fu(x)                              % 自定义函数 M 文件 fu2
    y = x^3 + 1.1 * x^2 + 0.9 * x - 1.4;
```

在新建的 M 文件窗口中输入以下命令并运行：

```
a = 0;b = 1;ya = fu(a);
while b - a > = 0.001
    x0 = (a + b)/2;
    yx0 = fu(x0);
    if yx0 * ya>0
        a = x0;
    else
        b = x0;
    end
end
fprintf('满足精度要求的近似值 x * = % 6.5f\n',x0)
```

％数据输出,6.5f 中 f 表示浮点数,6 表示位数,5 表示小数点后面位数.

【输出结果】

满足精度要求的近似值 x * = 0.67090.

## 2. 牛顿迭代法

假设方程的解 $x^*$ 在 $x_0$ 附近($x_0$ 是方程解 $x^*$ 的近似值),函数 $f(x)$ 在点 $x_0$ 处的局部线化表达式为 $f(x) \approx f(x_0) + (x - x_0)f'(x_0)$ 由此得一次方程 $f(x_0) + (x - x_0)f'(x_0) = 0$ 求解,得

$$x_1 = x_0 - \frac{f(x_0)}{f'(x_0)}$$

如图 3-27 所示,$x_1$ 比 $x_0$ 更接近于 $x^*$.该方法的几何意义是:用曲线上某点 $(x_0, y_0)$ 的

切线代替曲线,以该切线与 $x$ 轴的交点$(x_1,0)$作为曲线与 $x$ 轴的交点$(x^*,0)$的近似(所以牛顿迭代法又称为切线法).设 $x_n$ 是方程解 $x^*$ 的近似,迭代格式 $x_{n+1} = x_n - \dfrac{f(x_n)}{f'(x_n)}$ （$n = 0,1,2,\cdots$）就是著名的牛顿迭代公式.

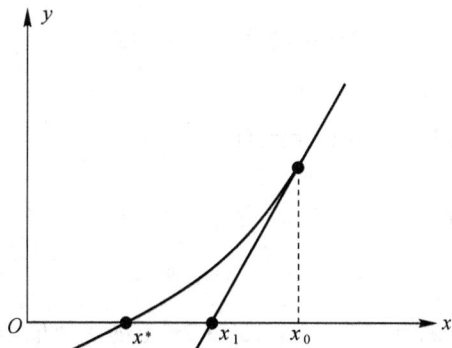

图 3-27　牛顿迭代法示意

**问题 45**　问题 44 用牛顿迭代法求根,计算迭代次数为 6 的近似值.

**解**　在$[0,1]$上 $f(x) = x^3 + 1.1x^2 + 0.9x - 1.4$

$\qquad f'(x) = 3x^2 + 2.2x + 0.9, f''(x) = 6x + 2.2$

在$[0,1]$上 $f'(x) \neq 0, f''(x)$ 不变号,$f(1)f''(1) > 0$,所以 $x_0 = 1$ 为迭代初始值.编程如下：

【MATLAB 命令】

```
clear;
f = input('输入函数 f(x) = ');
n = input('输入迭代次数 n = ');
x0 = input('输入迭代初始值 x0 = ');
f1 = diff(f);
for i = 1:n
    x0 = x0 - subs(f/f1,x0);
end
fprintf('满足迭代次数为 6 的近似值 x* = %6.5f\n',x0)
```

【输出结果】

输入函数 f(x) = 'x^3 + 1.1 * x^2 + 0.9 * x - 1.4'

输入迭代次数 n = 6

输入迭代初始值 x0 = 1

满足迭代次数为 6 的近似值 x* = 0.67066.

也可以编程如下：

【MATLAB 命令】

```
clear
syms x
f = x^3 + 1.1 * x^2 + 0.9 * x - 1.4;
```

```
f1 = diff(f,x);
x0 = 1;
for i = 1:6
    x0 = x0 - subs(f/f1,x0);
end
fprintf('满足迭代次数为 6 的近似值 x * = %10.9f\n',x0)
```

【输出结果】

满足迭代次数为 6 的近似值 x * = 0.670657311

## 3.7.2 数值微积分

### 1. 数值微分

设已给出三个节点 $x_0, x_1 = x_0 + h, x_2 = x_0 + 2h$ 上的函数值, 它们导数分别是

$$f'(x_0) \approx \frac{1}{2h}[-3f(x_0) + 4f(x_1) - f(x_2)] \quad \text{（端点的导数）}$$

$$f'(x_1) \approx \frac{1}{2h}[-f(x_0) + f(x_2)] \quad \text{（称中心差商,两端点除外的导数）}$$

$$f'(x_2) \approx \frac{1}{2h}[f(x_0) - 4f(x_1) + 3f(x_2)] \quad \text{（端点的导数）}$$

**问题 46** 已知 $y = f(x)$ 的数值如表 3-3 所示.

表 3-3　$y = f(x)$ 数值

| $x$ | 2.5 | 2.6 | 2.7 | 2.8 | 2.9 |
|-----|-----|-----|-----|-----|-----|
| $y$ | 12.1825 | 13.4637 | 14.8797 | 16.4446 | 18.1741 |

用上述公式计算 $x = 2.5, 2.7$ 处函数的一阶导数值.

【MATLAB 命令】

```
x = [2.5,2.6,2.7,2.8,2.9];
y = [12.1825,13.4637,14.8797,16.4446,18.1741];
df_0 = 1/(2 * 0.1) * (-3 * y(1) + 4 * y(2) - y(3))
df_1 = 1/(2 * 0.1) * (y(4) - y(2))
```

【输出结果】

```
df_0 =
    12.1380
df_1 =
    14.9045
```

所以 $f'(2.5) = 12.1380, f'(2.7) = 14.9045$.

**问题 47** 给出的近两个世纪的美国人口统计数据（以百万为单位）, 如表 3-4 所示, 试计算这些年份人口的增长率.

表 3-4　近两个世纪美国人口统计数据

| 年 | 1790 | 1800 | 1810 | 1820 | 1830 | 1840 | 1850 |
|---|---|---|---|---|---|---|---|
| 人口（百万） | 3.9 | 5.3 | 7.2 | 9.6 | 12.9 | 17.1 | 23.2 |
| 年 | 1860 | 1870 | 1880 | 1890 | 1900 | 1910 | 1920 |
| 人口（百万） | 31.4 | 38.6 | 50.2 | 62.9 | 76.0 | 92.0 | 106.5 |
| 年 | 1930 | 1940 | 1950 | 1960 | 1970 | 1980 | 1990 |
| 人口（百万） | 123.2 | 131.7 | 150.7 | 179.3 | 204.0 | 226.5 | 251.4 |
| 年 | 2000 | | | | | | |
| 人口（百万） | 281.4 | | | | | | |

**解**　若记时刻 $t$ 的人口为 $x(t)$，在人口（相对）增长率为

$$r(t) = \frac{\mathrm{d}x}{\mathrm{d}t} \div x(t) 100\%$$

【MATLAB 命令】

```
clear
y = [3.9,5.3,7.2,9.6,12.9,17.1,23.2,31.4,38.6,50.2,62.9,76.0,92.0,...
          106.5,123.2,131.7,150.7,179.3,204.0,226.5,251.4,281.4];
dy1 = (1/(2*10)*(-3*y(1)+4*y(2)-y(3))/y(1))*100;
for i = 1:20
dy(i) = (1/(2*10)*(y(i+2)-y(i))/y(i+1))*100;
end
dy22 = (1/(2*10)*(y(20)-4*y(21)+3*y(22))/y(22))*100;
dy_x = [dy1,dy,dy22]
```

【输出结果】

```
dy_x =
  Columns 1 through 5
    2.9487    3.1132    2.9861    2.9688    2.9070
  Columns 6 through 10
    3.0117    3.0819    2.4522    2.4352    2.4203
  Columns 11 through 15
    2.0509    1.9145    1.6576    1.4648    1.0227
  Columns 16 through 20
    1.0440    1.5793    1.4863    1.1569    1.0464
  Columns 21 through 22
    1.0919    1.1567
```

其结果如表 3-5 所示.

表 3-5  美国人口的增长率

| 序号 | 年 | 增长率(%/年) |
|---|---|---|
| 1 | 1790 | 2.95 |
| 2 | 1800 | 3.11 |
| 3 | 1810 | 2.99 |
| 4 | 1820 | 2.97 |
| 5 | 1830 | 2.91 |
| 6 | 1840 | 3.01 |
| 7 | 1850 | 3.08 |
| 8 | 1860 | 2.45 |
| 9 | 1870 | 2.44 |
| 10 | 1880 | 2.42 |
| 11 | 1890 | 2.05 |
| 12 | 1900 | 1.91 |
| 13 | 1910 | 1.66 |
| 14 | 1920 | 1.46 |
| 15 | 1930 | 1.02 |
| 16 | 1940 | 1.04 |
| 17 | 1950 | 1.58 |
| 18 | 1960 | 1.49 |
| 19 | 1970 | 1.16 |
| 20 | 1980 | 1.05 |
| 21 | 1990 | 1.09 |
| 22 | 2000 | 1.16 |

## 2. 数值积分

基本思路归结为定积分定义

$$\int_a^b f(x)\mathrm{d}x \approx \sum_{i=1}^n f(\xi_i)\frac{b-a}{n} \approx \begin{cases} \sum_{k=0}^{n-1} f(x_k)\dfrac{b-a}{n} \\ \sum_{k=1}^{n} f(x_k)\dfrac{b-a}{n} \end{cases}, 其中\ \xi_i \in [x_{i-1},x_i]$$

(1)矩形公式计算积分

调用格式为:sum(y) * h,    其中 h 为步长.

若用分段线性函数作为 $f(x)$ 的近似,即每个小区间上用梯形面积代替曲边梯形的面积,得到复化梯形公式

$$\int_a^b f(x)\mathrm{d}x \approx \frac{b-a}{n}\sum_{k=1}^{n-1} f(\xi_k) + \frac{b-a}{2n}[f(a)+f(b)]$$

(2)梯形公式计算积分

调用格式为:trapz(y) * h　　　其中 h 为步长

　　　　　　　trapz(x,y)

其中 trapz(y)表示输入数组 y,输出按梯形公式 y 的积分(单位步长);trapz(x,y)表示输入同长度数组 x,y,输出按梯形公式 y 对 x 的积分(步长不一定相等).

**问题 48**　计算 $\int_0^1 e^x dx$ 的值.

【MATLAB 命令】

```
n = input('输入 n = ');
a = input('输入 a = ');
b = input('输入 b = ');
h = (b - a)/n;
x = a:h:b;
y = exp(x);
z1 = sum(y(1:n)) * h
z2 = sum(y(2:n + 1)) * h
z3 = trapz(y) * h
```

【输出结果】

```
输入 n = 20
输入 a = 0
输入 b = 1
z1 =
    1.6757
z2 =
    1.7616
z3 =
    1.7186
```

# 技 能 训 练

1.已知方程 $x^3 + 18\sin x - 10 = 0$,求实根的近似值.

(1)用二分法,使误差不超过 $10^{-3}$;

(2)用牛顿迭代法,计算迭代次数为 6.

2.中国人口统计数据如表 3-6 所示,试计算这些年份人口的增长率.

表 3-6　中国人口统计数据

| 年 | 1950 | 1960 | 1970 | 1980 | 1990 | 2000 |
|---|---|---|---|---|---|---|
| 人口(亿) | 5.52 | 6.62 | 8.29 | 9.87 | 11.43 | 12.67 |

3.现要根据瑞士地图计算其国土面积.于是对地图作如下的测量:以西东方向为横轴,

以南北方向为纵轴.(选适当的点为原点)将国土最西到最东边界在 $x$ 轴上的区间划取足够多的分点 $x_i$,在每个分点处可测出南北边界点的对应坐标 $y_1,y_2$.用这样的方法得到表 3-7.

表 3-7　瑞士国土面积各分点坐标

| $x$ | 7.0 | 10.5 | 13.0 | 17.5 | 34.0 | 40.5 | 44.5 | 48.0 | 56.0 |
|---|---|---|---|---|---|---|---|---|---|
| $y_1$ | 44 | 45 | 47 | 50 | 50 | 38 | 30 | 30 | 34 |
| $y_2$ | 44 | 59 | 70 | 72 | 93 | 100 | 110 | 110 | 110 |
| $x$ | 61.0 | 68.5 | 76.5 | 80.5 | 91.0 | 96.0 | 101.0 | 104.0 | 106.5 |
| $y_1$ | 36 | 34 | 41 | 45 | 46 | 43 | 37 | 33 | 28 |
| $y_2$ | 117 | 118 | 116 | 118 | 118 | 121 | 124 | 121 | 121 |
| $x$ | 111.5 | 118.0 | 123.5 | 136.5 | 142.0 | 146.0 | 150.0 | 157.0 | 158.0 |
| $y_1$ | 32 | 65 | 55 | 54 | 52 | 50 | 66 | 66 | 68 |
| $y_2$ | 121 | 122 | 116 | 83 | 81 | 82 | 86 | 85 | 68 |

根据地图比例知 18mm 相当于 40km,试由表 3-7 计算瑞士国土的近似面积(精确值为 41288km$^2$).

# 3.8　MATLAB 与外部文件数据间的传递

在实际问题中,MATLAB 程序运行时常常需要用到大量的数据,而数据往往保存在其他文件中,如 Word、记事本(文本文件 txt)、EXCEL 等文件中,为了避免逐个输入的麻烦,介绍 MATLAB 与外部数据文件之间的数据传递.

**方法 1.** 利用 Windows 中"复制"以及"粘贴"的命令,直接实现数据传递.

**方法 2.** 用函数 load 从文本数据文件中读取数据,再用函数 diary 把数据写入文本文件中.

调用格式为:

```
load a.txt                                % 文本名为 a 的文件.
diary('b.txt')                            % 文本名为 b 的文件.
```

**方法 3.** 用函数 xlsread 从 EXCEL 文件中读取数据,再用函数 xlswrite 把数据写入 EX-CEL 文件中.

调用格式为:

```
a = xlsread('data.xls','sheet1','输入单元格区域');    % EXCEL 名为 data 的文件.
xlswrite('datajg.xls',[输出列表],'输出单元格区域')     % EXCEL 名为 datajg 的文件.
```

或

```
a = xlsread('data.xls');
xlswrite('datajg.xls',[输出列表])
```

**问题 49**　财政收入与国民收入、工业总产值、农业总产值、总人口、就业人口、固定资产投资因素有关. 表 3-8 列出了 1952—1981 年的原始数据. 计算 1952 年, 1954 年, 1956 年, …, 1980 年国民收入之和及 1952—1981 年财政收入总和.

表 3-8　1952—1981 年财政收入与各项因素的关系数据

| 年　份 | 国民收入（亿元） | 工业总产值（亿元） | 农业总产值（亿元） | 总人口（万人） | 就业人口（万人） | 固定资产投资（亿元） | 财政收入（亿元） |
|---|---|---|---|---|---|---|---|
| 1952 | 598 | 349 | 461 | 57482 | 20729 | 44 | 184 |
| 1953 | 586 | 455 | 475 | 58796 | 21364 | 89 | 216 |
| 1954 | 707 | 520 | 491 | 60266 | 21832 | 97 | 248 |
| 1955 | 737 | 558 | 529 | 61465 | 22328 | 98 | 254 |
| 1956 | 825 | 715 | 556 | 62828 | 23018 | 150 | 268 |
| 1957 | 837 | 798 | 575 | 64653 | 23711 | 139 | 286 |
| 1958 | 1028 | 1235 | 598 | 65994 | 26600 | 256 | 357 |
| 1959 | 1114 | 1681 | 509 | 67207 | 26173 | 338 | 444 |
| 1960 | 1079 | 1870 | 444 | 66207 | 25880 | 380 | 506 |
| 1961 | 757 | 1156 | 434 | 65859 | 25590 | 138 | 271 |
| 1962 | 677 | 964 | 461 | 67295 | 25110 | 66 | 230 |
| 1963 | 779 | 1046 | 514 | 69172 | 26640 | 85 | 266 |
| 1964 | 943 | 1250 | 584 | 70499 | 27736 | 129 | 323 |
| 1965 | 1152 | 1581 | 632 | 72538 | 28670 | 175 | 393 |
| 1966 | 1322 | 1911 | 687 | 74542 | 29805 | 212 | 466 |
| 1967 | 1249 | 1647 | 697 | 76368 | 30814 | 156 | 352 |
| 1968 | 1187 | 1565 | 680 | 78534 | 31915 | 127 | 303 |
| 1969 | 1372 | 2101 | 688 | 80671 | 33225 | 207 | 447 |
| 1970 | 1638 | 2747 | 767 | 82992 | 34432 | 312 | 564 |
| 1971 | 1780 | 3156 | 790 | 85229 | 35620 | 355 | 638 |
| 1972 | 1833 | 3365 | 789 | 87177 | 35854 | 354 | 658 |
| 1973 | 1978 | 3684 | 855 | 89211 | 36652 | 374 | 691 |
| 1974 | 1993 | 3696 | 891 | 90859 | 37369 | 393 | 655 |
| 1975 | 2121 | 4254 | 932 | 92421 | 38168 | 462 | 692 |
| 1976 | 2052 | 4309 | 955 | 93717 | 38834 | 443 | 657 |
| 1977 | 2189 | 4925 | 971 | 94974 | 39377 | 454 | 723 |
| 1978 | 2475 | 5590 | 1058 | 96259 | 39856 | 550 | 922 |
| 1979 | 2702 | 6065 | 1150 | 97542 | 40581 | 564 | 890 |
| 1980 | 2791 | 6592 | 1194 | 98705 | 41896 | 568 | 826 |
| 1981 | 2927 | 6862 | 1273 | 100072 | 73280 | 496 | 810 |

用 EXCEL 文件数据传递给 MATLAB 的方法进行计算.

1. 利用 Windows 中"复制"以及"粘贴"的命令实现数据传递.

首先复制 EXCEL 中原始数据, 然后在 MATLAB 程序编辑窗口中粘贴, 使它成为 MATLAB 中的数组, 再进行相应问题的求解.

【MATLAB 命令】

```
a = [1952    598    349    461    57482    20729     44    184
     1953    586    455    475    58796    21364     89    216
     1954    707    520    491    60266    21832     97    248
     1955    737    558    529    61465    22328     98    254
     1956    825    715    556    62828    23018    150    268
     1957    837    798    575    64653    23711    139    286
     1958   1028   1235    598    65994    26600    256    357
     1959   1114   1681    509    67207    26173    338    444
     1960   1079   1870    444    66207    25880    380    506
     1961    757   1156    434    65859    25590    138    271
     1962    677    964    461    67295    25110     66    230
     1963    779   1046    514    69172    26640     85    266
     1964    943   1250    584    70499    27736    129    323
     1965   1152   1581    632    72538    28670    175    393
     1966   1322   1911    687    74542    29805    212    466
     1967   1249   1647    697    76368    30814    156    352
     1968   1187   1565    680    78534    31915    127    303
     1969   1372   2101    688    80671    33225    207    447
     1970   1638   2747    767    82992    34432    312    564
     1971   1780   3156    790    85229    35620    355    638
     1972   1833   3365    789    87177    35854    354    658
     1973   1978   3684    855    89211    36652    374    691
     1974   1993   3696    891    90859    37369    393    655
     1975   2121   4254    932    92421    38168    462    692
     1976   2052   4309    955    93717    38834    443    657
     1977   2189   4925    971    94974    39377    454    723
     1978   2475   5590   1058    96259    39856    550    922
     1979   2702   6065   1150    97542    40581    564    890
     1980   2791   6592   1194    98705    41896    568    826
     1981   2927   6862   1273   100072    73280    496    810
];
sum = 0;
b = a(:,2)'
for n = 1:2:length(b)
    sum = sum + b(n);
end
sum
s = 0;
b1 = a(:,8)'
for n = 1:length(b1)
    s = s + b1(n);
end
s
```

【输出结果】

```
sum =
    21148
s =
    14540
```

2. 利用函数调用文本文件中的数据来实现数据传递.

首先,将纯数据文本文件取名为 czsrb.txt(见图 3-28),并保存在 MATLAB 的默认文件夹 work 目录下.

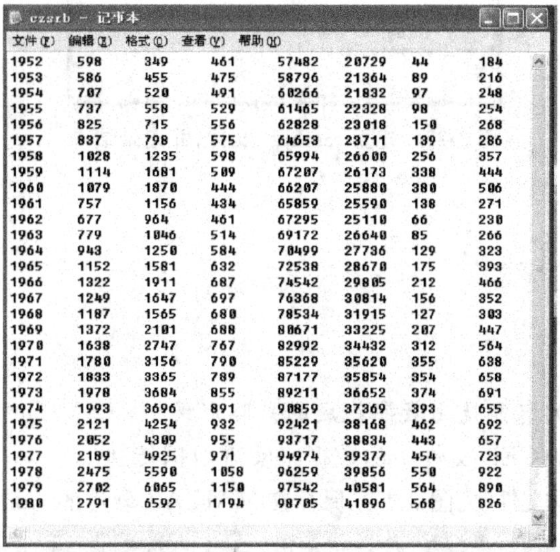

图 3-28　保存文件,并取名 czsrb.txt

在 MATLAB 窗口中输入命令如下:

【MATLAB 命令】

```
load czsrb.txt              % 调用文本名为 czsrb 的文件.
a = czsrb;
sum = 0;
b = a(:,2)';
for n = 1:2:length(b);
    sum = sum + b(n);
end
sum
s = 0;
b1 = a(:,8)';
for n = 1:length(b1)
    s = s + b1(n);
end
s
diary('czsrbjg1.txt')
```

%在 MATLAB—work 文件夹中自动建立名为 czsrbjg1 的文本文件,并在其中记录结果，如图 3-29 所示.

```
load czsrb.txt
sum=0;
b=a(:,2)';
for n=1:2:length(b);
    sum=sum+b(n);
end
sum
sum =
       21148
s=0;
b1=a(:,8)';
for n=1:length(b1)
    s=s+b1(n);
end
s
s =
       14540
diary('czsrbjg1.txt')
```

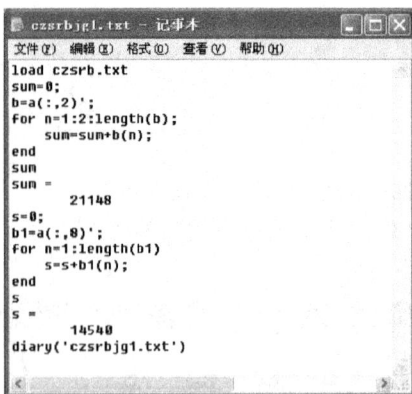

图 3-29　建立 czsrbjg1 文件，并记录结果

【输出结果】

```
sum =
    21148
s =
    14540
```

说明：load 可调用的只能是由数字组成的矩阵形式.

3. 利用函数调用 EXCEL 文件中的数据来实现数据传递.

首先把 EXCEL 数据文件(见图 3-30)，保存在 MATLAB 软件的 work 目录下，取名 data. xls.

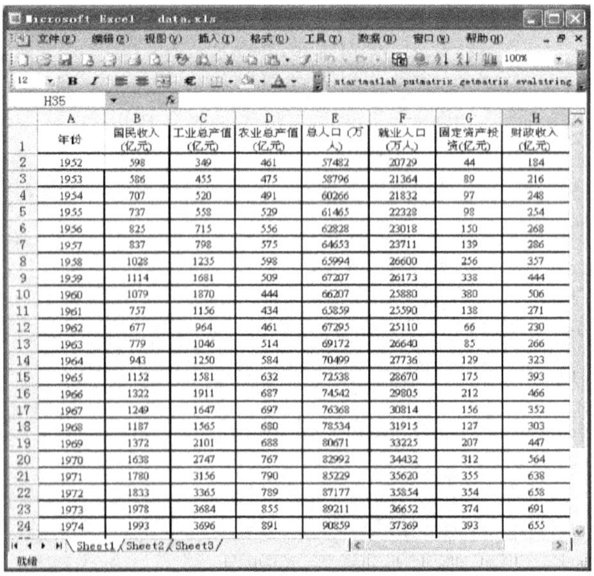


| | A | B | C | D | E | F | G | H |
|---|---|---|---|---|---|---|---|---|
| 1 | 年份 | 国民收入(亿元) | 工业总产值(亿元) | 农业总产值(亿元) | 总人口(万人) | 就业人口(万人) | 固定资产投资(亿元) | 财政收入(亿元) |
| 2 | 1952 | 598 | 349 | 461 | 57482 | 20729 | 44 | 184 |
| 3 | 1953 | 586 | 455 | 475 | 58796 | 21364 | 89 | 216 |
| 4 | 1954 | 707 | 520 | 491 | 60266 | 21832 | 97 | 248 |
| 5 | 1955 | 737 | 558 | 529 | 61465 | 22328 | 98 | 254 |
| 6 | 1956 | 825 | 715 | 556 | 62828 | 23018 | 150 | 268 |
| 7 | 1957 | 837 | 798 | 575 | 64653 | 23711 | 139 | 286 |
| 8 | 1958 | 1028 | 1235 | 598 | 65994 | 26600 | 256 | 357 |
| 9 | 1959 | 1114 | 1681 | 509 | 67207 | 26173 | 338 | 444 |
| 10 | 1960 | 1079 | 1870 | 444 | 66207 | 25880 | 380 | 506 |
| 11 | 1961 | 757 | 1156 | 434 | 65859 | 25590 | 138 | 271 |
| 12 | 1962 | 677 | 964 | 461 | 67295 | 25110 | 66 | 230 |
| 13 | 1963 | 779 | 1046 | 514 | 69172 | 26640 | 85 | 266 |
| 14 | 1964 | 943 | 1250 | 584 | 70499 | 27736 | 129 | 323 |
| 15 | 1965 | 1152 | 1581 | 632 | 72538 | 28670 | 175 | 393 |
| 16 | 1966 | 1322 | 1911 | 687 | 74542 | 29805 | 212 | 466 |
| 17 | 1967 | 1249 | 1647 | 697 | 76368 | 30814 | 156 | 352 |
| 18 | 1968 | 1187 | 1565 | 680 | 78534 | 31915 | 127 | 303 |
| 19 | 1969 | 1372 | 2101 | 688 | 80671 | 33225 | 207 | 447 |
| 20 | 1970 | 1638 | 2747 | 767 | 82992 | 34432 | 312 | 564 |
| 21 | 1971 | 1780 | 3156 | 790 | 85229 | 35620 | 355 | 638 |
| 22 | 1972 | 1833 | 3365 | 789 | 87177 | 35854 | 354 | 658 |
| 23 | 1973 | 1978 | 3684 | 855 | 89211 | 36652 | 374 | 691 |
| 24 | 1974 | 1993 | 3696 | 891 | 90859 | 37369 | 393 | 655 |

图 3-30　保存文件，并取名 data. xls

在 MATLAB 中输入如下程序：

【MATLAB 命令】

```
a = xlsread('data.xls','sheet1','a1:h31');          % 调用 EXCEL 名为 data 的文件.
sum = 0;
```

```
b = a(:,2)';
for n = 1:2:length(b);
    sum = sum + b(n);
end
sum
s = 0;
b1 = a(:,8)';
for n = 1:length(b1)
    s = s + b1(n);
end
s
xlswrite('datajg.xls',[sum s],'a1:b1')
```

％在 MATLAB—work 文件夹中自动建立名为 datajg 的 EXCEL 文件，并在其中记录结果，如图 3-31 所示.

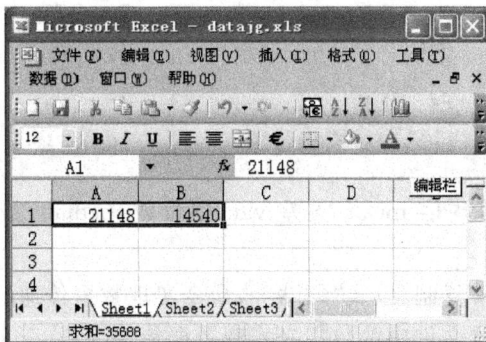

图 3-31　建立 datajg 文件，并记录结果

【输出结果】

```
sum =
    21148
s_czsr =
    14540
```

【MATLAB 命令 1】

```
clear
a = xlsread('data.xls');
sum = 0;
b = a(:,2)';
for n = 1:2:length(b);
    sum = sum + b(n);
end
sum
s = 0;
b1 = a(:,8)';
for n = 1:length(b1)
```

```
    s = s + b1(n);
end
s
xlswrite('datajg.xls',[sum s])
```

【输出结果 1】

同上

说明：xlsread 调用的文件中可以是带有文字的数表.

# 技能训练

1. 某校 60 名学生的一次考试成绩如下：

| 93 | 75 | 83 | 93 | 91 | 85 | 84 | 82 | 77 | 76 | 77 | 95 | 94 | 89 | 91 |
|----|----|----|----|----|----|----|----|----|----|----|----|----|----|----|
| 88 | 86 | 83 | 96 | 81 | 79 | 97 | 78 | 75 | 67 | 69 | 68 | 84 | 83 | 81 |
| 75 | 66 | 85 | 70 | 94 | 84 | 83 | 82 | 80 | 78 | 74 | 73 | 76 | 70 | 86 |
| 76 | 90 | 89 | 71 | 66 | 86 | 73 | 80 | 94 | 79 | 78 | 77 | 63 | 53 | 55 |

用数据传递方法计算均值 mean、方差 var、中位数 median、最大值 max、最小值 min. 要求：

(1)利用 Windows 中"复制"以及"粘贴"的命令实现数据传递.

(2)利用函数调用文本文件中的数据来实现数据传递.

(3)利用函数调用 EXCEL 文件中的数据来实现数据传递.

2. 现要根据瑞士地图计算其国土面积. 于是对地图作如下的测量：以西东方向为横轴，以南北方向为纵轴. (选适当的点为原点)将国土最西到最东边界在 $x$ 轴上的区间划取足够多的分点 $x_i$,在每个分点处可测出南北边界点的对应坐标 $y_1$,$y_2$. 用这样的方法得到表 3-9.

表 3-9　瑞士国土面积各分点坐标

| $x$ | 7.0 | 10.5 | 13.0 | 17.5 | 34.0 | 40.5 | 44.5 | 48.0 | 56.0 |
|-----|-----|------|------|------|------|------|------|------|------|
| $y_1$ | 44 | 45 | 47 | 50 | 50 | 38 | 30 | 30 | 34 |
| $y_2$ | 44 | 59 | 70 | 72 | 93 | 100 | 110 | 110 | 110 |
| $x$ | 61.0 | 68.5 | 76.5 | 80.5 | 91.0 | 96.0 | 101.0 | 104.0 | 106.5 |
| $y_1$ | 36 | 34 | 41 | 45 | 46 | 43 | 37 | 33 | 28 |
| $y_2$ | 117 | 118 | 116 | 118 | 118 | 121 | 124 | 121 | 121 |
| $x$ | 111.5 | 118.0 | 123.5 | 136.5 | 142.0 | 146.0 | 150.0 | 157.0 | 158.0 |
| $y_1$ | 32 | 65 | 55 | 54 | 52 | 50 | 66 | 66 | 68 |
| $y_2$ | 121 | 122 | 116 | 83 | 81 | 82 | 86 | 85 | 68 |

试由表 3-9 画出瑞士国土的图形.

# 第 4 章　LINGO 数学实验

## 4.1　优化软件 LINGO 简介

### 4.1.1　优化模型及 LINGO 基本概述

#### 1. 优化模型

在工程技术、经济管理、科学研究和日常生活等领域中,人们常常遇到一类问题:在一系列客观或主观限制条件下,寻求使所关注的某个或多个指标达到最大(或最小)的决策.通常称为最优化(optimization)问题.

优化模型的一般形式为:

$$\min(\max) z = f(x);$$
$$\text{s. t.} \quad h_i(x) = 0 \ (i = 1, 2, \cdots, m_c),$$
$$g_j(x) \leqslant 0 \ (j = m_c + 1, m_c + 2, \cdots, m_c + m).$$

这里 $x$ 称为决策变量(decision variable),通常用 $x = (x_1, x_2, \cdots, x_n)^T$ 表示;min 求极小,是 minimize 的缩写;max 求极大,是 maximize 的缩写;$z = f(x)$ 称为目标函数;s. t. (subject to 缩写)是"受约束于"的意思;s. t. 中的内容称为约束条件.通常,一个优化模型由以上三部分,即目标函数、决策变量、约束条件所组成.

当 $f, h_i, g_j$ 都是线性函数时,称之为线性规划(linear programming,LP);当 $f, h_i, g_j$ 至少有一个是非线性函数时,称之为非线性规划(nonlinear programming,NLP).特别地,当 $f$ 是一个二次函数,而 $h_i, g_j$ 都是线性函数时,称之为二次规划(quadratic programming,QP);当 $x$ 只取整数数值时,称之为整数规划(integer programming,IP);当 $x$ 取整数数值的范围限定为只取 0 或 1,称之为 0−1 规划(zero-one programming,ZOP).

优化模型的简单分类:

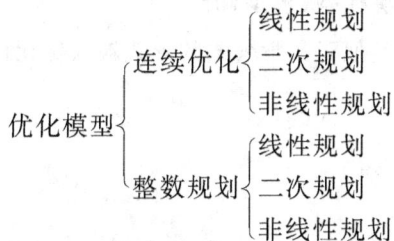

$$
\text{优化模型}
\begin{cases}
\text{连续优化}
\begin{cases}
\text{线性规划}\\
\text{二次规划}\\
\text{非线性规划}
\end{cases}\\
\text{整数规划}
\begin{cases}
\text{线性规划}\\
\text{二次规划}\\
\text{非线性规划}
\end{cases}
\end{cases}
$$

优化模型可用数学软件 LINGO 求解.

#### 2. LINGO 基本概述

LINGO 是美国芝加哥(Chicago)大学的 Linus Schrage 教授于 1980 年前后开发出来

的,他后来成立 LINDO 系统公司(LINDO Systems Inc.),LINGO 是一个利用线性规划和非线性规划来简洁地阐述、解决和分析复杂问题的简便工具之一(其他软件有 LINDO、GINO、What's Best 等).它在教育、科研、经济管理和工业界得到了广泛应用.教学版和发行版的主要区别在于对优化问题的规模(变量和约束的个数)有不同的限制.LINGO 软件包有多种版本,但其软件内核和使用方法类似.详细情况可上网访问 LINGO 软件网站.网址为:http://www.lindo.com.

LINGO 的主要功能特色为:

(1)既能求解线性规划问题,也能较强地求解非线性规划问题;

(2)输入模型简练直观;

(3)运算速度快、计算能力强;

(4)内置建模语言,提供几十个内部函数,从而能以较少的语句、较直观的方式描述较大规模的优化模型;

(5)将集合的概念引入编程语言,很容易将实际问题转换为 LINGO 模型;

(6)能方便地与 EXCEL 文件、文本文件等进行交换数据.

### 4.1.2 LINGO 的基本用法

LINGO 软件的界面很友好,操作简单,使用非常方便.

**1. LINGO 软件的启动**

在 Windows 操作系统下双击 LINGO 图标或从 Windows 操作系统下选择 LINGO 软件运行,启动 LINGO,就进入如图 4-1 所示的 LINGO 模型窗口.

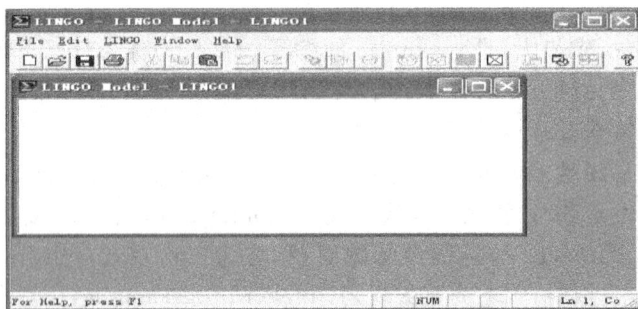

图 4-1　LINGO 模型窗口

**2. LINGO 模型窗口用于输入优化模型、求解模型、模型修改**

(1)输入模型.在 LINGO 模型窗口内用基本类似于数学公式的形式输入优化模型.

比如:$\max z = 72x_1 + 64x_2$

$$\text{s. t.} \begin{cases} x_1 + x_2 \leqslant 50 \\ 12x_1 + 8x_2 \leqslant 480 \\ 3x_1 \leqslant 100 \\ x_1 \geqslant 0, x_2 \geqslant 0 \end{cases}$$

图 4-2 为 LINGO 模型窗口中输入该程序.

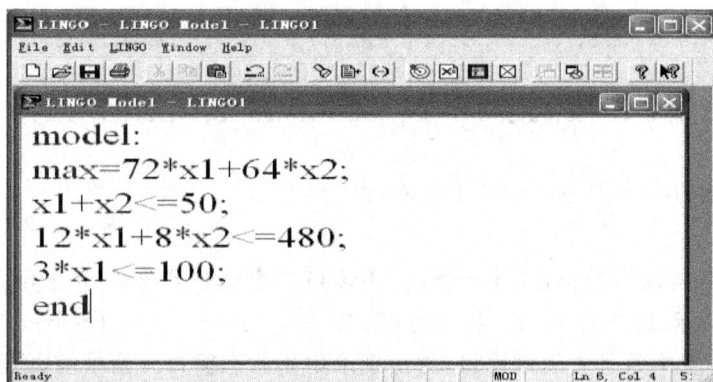

图 4-2　输入程序

**注**：程序以"model："开始，每行最后加"；"，并以"end"结束；非负约束 $x_1 \geqslant 0$，$x_2 \geqslant 0$ 可以省略；每行最后加"；"和乘号不能省略.但对简单的模型，"model："和"end"可省略.

有时我们想把 LINGO 模型窗口内的字体放大.操作的方法是可先从主菜单中 Edit 的二级菜单下选择 Select All，或按键盘组合键 Ctrl＋A，再从主菜单中 Edit 的二级菜单下选择 Select Font，进入字体、颜色等设置.若从 Word 文件中复制 LINGO 程序，粘贴到 LINGO 模型窗口运行，建议采用 LINGO 模型窗口中的选择性粘贴.

（2）模型求解.点击工具栏中图标 ⊙ 或菜单 LINGO 中的 Solve 或热键 Ctrl＋S 来运行此程序，屏幕上将显示求解器状态窗口（LINGO Solver Status），如图 4-3 所示.当求解器状态运行完成，运行结果就会显示在报告窗口（Solution Report）中，如图 4-4 所示.

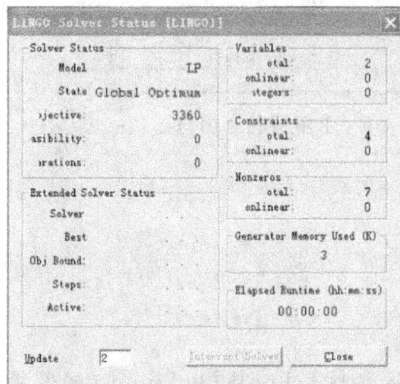

图 4-3　求解器状态窗口

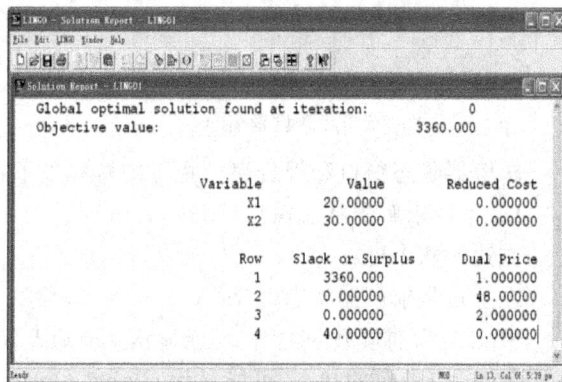

图 4-4　报告窗口显示结果

解读 LINGO 报告窗口：当 $x_1 = 20$，$x_2 = 30$ 时，目标函数最大值为 3360.

求解器状态窗口对于监视求解器的进展和模型大小是有用的.

比如运行以下模型：

```
model:
sets:
shj/1..23/:t,y;
endsets
```

```
data;
t =
    0.25,0.5,0.8,1,1.5,2,2.5,3,3.5,4,4.5,5,6,7,8,9,10,11,12,13,14,15,16;
y =
    30,68,75,82,82,77,68,68,58,51,50,41,38,35,28,25,18,15,12,10,7,7,4;
enddata
min = @sum(shj:(a1 * ((@exp( - a2 * t) - @exp( - a3 * t)) - y)^2);
end
```

先输入程序,再从 LINGO 主菜单下的 LINGO 二级菜单下选择 Options,弹出参数设置窗口,如图 4-5 所示.选择 Global Solver(全局求解器),在 Use Global Solver 前面打上√,单击"OK"按钮,设置生效且关闭该窗口,并出现求解器状态窗口开始求解,如图 4-6 所示.求解器状态窗口提供了一个中断求解器按钮(Interrupt Solver),点击它会给出到目前为止的最好解,但不一定是最优解.在中断求解器按钮的右边有关闭按钮(Close),点击它可以关闭该窗口,关闭之后可以在任何时间通过选择 Windows|Status Window 再次打开.

图 4-5　参数设置窗口

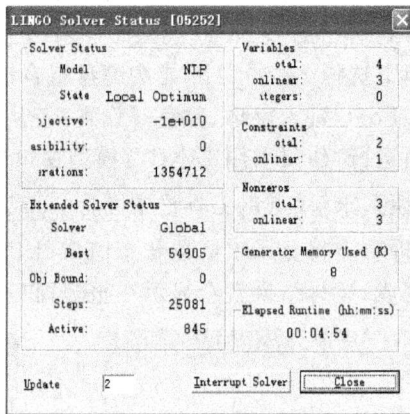

图 4-6　求解器状态窗口

求解器状态窗口和报告窗口相应的解释如下:

LINGO 求解器状态窗口(LINGO Solver Status)

左边的两个框:

左上角是求解器状态框(Solver Status),含义是:

Model:当前模型的类型(可能显示 LP,QP,NLP 等).

State:当前解的状态[可能显示 Global Optimum(全局最优);Local Optimum(局部最优);Feasible(可行);Infeasible(不可行);Unbounded(无界);Interrupted(中断);Undetermined(未确定)].

Objective:当前解的目标函数值(可能显示实数).

Infeasibility:当前约束不满足的总量(不是不满足的约束的个数)(可能显示实数).

Iterations:到目前为止的迭代次数(可能显示非负整数).

左下角是扩展的求解器状态框(Extended Solver Status),含义是:

Solve:使用的特殊求解程序(可能显示 B-and-B 分支定界算法;Global 全局最优求解程序;Multistart 用多个初始点求解程序).

Best：到目前为止找到的可行解的最佳目标函数值(可能显示实数).

Obj Bound：目标函数值的界(可能显示实数).

Steps：特殊求解程序当前运行步数；分支数(对 B-and-B 程序)；子问题数(对 Global 程序)；初始点数(对 Multistart 程序)(可能显示非负整数).

Active：有效步数(可能显示非负整数).

右边的五个框分别是：

Variables(变量数量)：包括变量总数(Total)、非线性变量数(Nonlinear)、整数变量数(Integer).

Constraints(约束数量)：包括约束总数(Total)、非线性约束个数(Nonlinear).

Nonzetos(非零系数数量)：包括总数(Total)、非线性项的系数个数(Nonlinear).

Generator Memory Used(K)(内存使用量)：单位为千字节(K).

Elapsed Runtime(hh:mm:ss)(求解花费的时间)：显示格式是"时:分:秒".

LINGO 报告窗口(Solution Report)，如图 4-4 所示，含义是：

Global optimal solution found at iteration：获得全局最优解的迭代次数.

Objective value：最优目标函数值.

Variable：变量；Value：最优值；Reduced Cost：检验数.

Row：行；Slack or Surplus：松弛变量的解；Dual Price：对偶价格.

(3)模型修改.如果模型有错误(见图 4-7)，则弹出一个标题为"LINGO Error Message"(错误信息)的窗口，指出在哪一行，有怎样的错误.每种错误都有一个编号，改正错误以后再求解.如果语法通过，LINGO 用内部所带的求解程序求出模型的解.

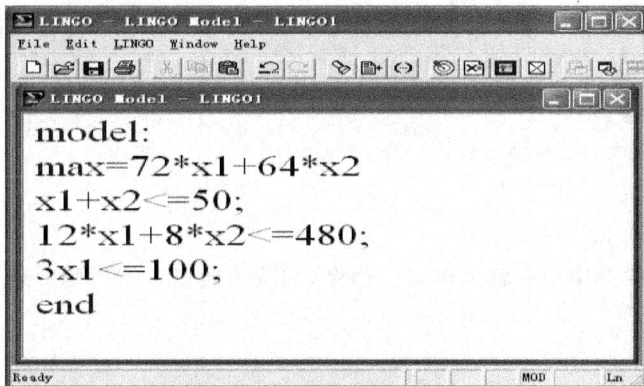

图 4-7　模型输入错误

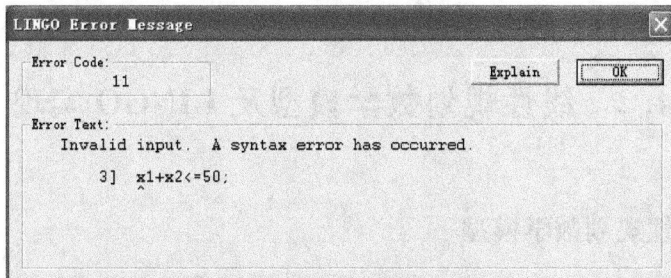

图 4-8(a)　错误信息一

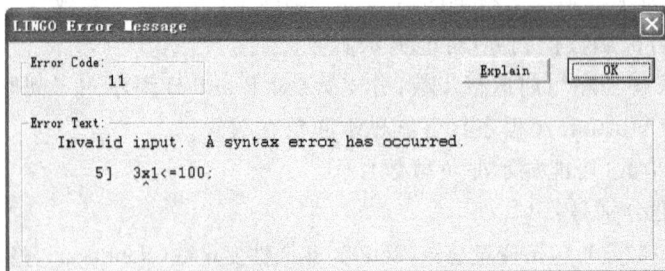

图 4-8(b)　错误信息二

**解读**　由图 4-8(a)中可知第三行前有错,应在第二行末尾加上分号";".重新求解,这时出现图 4-8(b),说明第五行"x1"前有错,应在 3 与 x1 之间插入乘号" * ",再重新求解,即得结果.

**3. 模型的保存**

在菜单 file 中选择 Save 或 Save As;或点击图 4-2 所示的保存图标.此时出现对话框,可以给模型命名,后缀为"lg4",保存文件可选择存放位置.

# 技能训练

1. 在 LINGO 模型窗口中,①输入下面优化模型并求解;②解读 LINGO 报告窗口;③保存模型文件.

优化模型　$\max z = 72x_1 + 64x_2$

$$\text{s. t.} \begin{cases} x_1 + x_2 \leqslant 50 \\ 12x_1 + 8x_2 \leqslant 480 \\ 3x_1 \leqslant 100 \\ x_1 \geqslant 0, x_2 \geqslant 0 \end{cases}$$

2. 在 LINGO 模型窗口中输入的以下命令,你认为能正常运行吗? 若不行请修改命令,并运行它.

Minz = x1 + x2

4.5x1 + 10 * x2>100

51 * x1 + 51x2<1000

## 4.2　线性规划数学模型及 LINGO 实现

### 4.2.1　线性规划数学模型

**问题 1　基金使用计划**

某校基金会有一笔数额为 $M = 5000$ 万元的基金,打算将其存入银行.校基金会计划在

$n=10$ 年内每年用部分本息奖励优秀师生,要求每年的奖金额相同,且在 $n=10$ 年末仍保留原基金数额.当前银行存款税后年利率如表 4-1 所示.

表 4-1　当前银行存款税后年利率

| 存　期 | 1 年 | 2 年 | 3 年 | 5 年 |
|---|---|---|---|---|
| 税后年利率(%) | 1.800 | 1.944 | 2.160 | 2.304 |

校基金会希望获得最佳的基金使用计划.请设计具体方案.

**问题假设和分析**

假设首次发放奖金的时间是在基金到位后一年,以后每隔一年发放一次,每年发放的时间相同,校基金会希望获得最佳的基金使用计划,且在 $n=10$ 年末仍保留原基金数额 $M=5000$ 万元,实际上 $n=10$ 年中发放的奖金总额全部来自于利息.如果全部基金都存为一年定期,每年都用到期利息发放奖金,则每年的奖金数为 $5000\times0.018=90$(万元),这是没有优化的存款方案.显然,准备在两年后使用的款项应当存成两年定期,比存两次一年定期的收益高,以此类推.目标是合理分配基金的存款方案,使得 $n$ 年的利息总额最多.

比如:1 万元存 2 年收益为 $a_2=1+1.944\%\times2=1.0388$(万元),按照银行存款税后利率表计算得到 1 万元各存款年限对应的最优收益如表 4-2 所示.

表 4-2　1 万元各存款年限对应的最优收益

| 存款年限 | 1 年 | 2 年 | 3 年 | 4 年(3+1) | 5 年 |
|---|---|---|---|---|---|
| 最优收益(万元) | 1.018 | 1.0388 | 1.0648 | 1.0839664 | 1.1152 |
| 存款年限 | 6 年(5+1) | 7 年(5+2) | 8 年(5+3) | 9 年(5+3+1) | 10 年(5+5) |
| 最优收益(万元) | 1.1352736 | 1.158558976 | 1.18746496 | 1.20883932928 | 1.24367104 |

**建立数学模型**

把总基金 $M$ 分成 11 份,设 $x_i(1\leqslant i\leqslant11)$,其中 $x_i(1\leqslant i\leqslant10)$ 分别表示存 $i$ 年定期,到期后本息合计用于当年发放奖金,$x_{11}$ 存 10 年定期,到期的本息合计等于原基金总数 $M$.用 $s$ 表示每年用于奖励优秀师生的奖金额,用 $a_i$ 表示 1 万元第 $i$ 年的最优收益.

目标函数是每年的奖金额最大,即 $\max s$

约束条件有 3 个:

(1)各年度的奖金数额相等;

(2)基金总数为 $M$;

(3)$n$ 年末保留基金总额 $M$.

于是得到优化模型如下:

$$\max s$$

$$\text{s.t.}\begin{cases} a_i x_i = s, & i=1,2,3,\cdots,10 \\ \sum_{i=1}^{11} x_i = M \\ a_{10} x_{11} = M \\ M = 5000 \\ x_i \geqslant 0, & i=1,2,3,\cdots,11 \end{cases}$$

像上述目标函数，约束条件都是线性函数的优化模型，称为线性规划模型.

一般地，线性规划模型如下：

$$\min(\text{或 } \max)s = c_1 x_1 + c_2 x_2 + \cdots + c_n x_n$$

$$\text{s. t.} \begin{cases} a_{11}x_1 + a_{12}x_2 + \cdots + a_{1n}x_n \geqslant (=, \leqslant)b_1 \\ a_{21}x_1 + a_{22}x_2 + \cdots + a_{2n}x_n \geqslant (=, \leqslant)b_2 \\ \cdots\cdots \\ a_{m1}x_1 + a_{m2}x_2 + \cdots + a_{mn}x_n \geqslant (=, \leqslant)b_m \\ x_j \geqslant 0 \ (j=1,2,\cdots,n) \end{cases}$$

### 4.2.2  线性规划数学模型用 LINGO 求解

**问题 2**  $\max z = x_1 + x_2$

$$\text{s. t.} \begin{cases} 2x_1 - x_2 \leqslant 10 \\ x_1 + 2x_2 \leqslant 98 \\ x_1 \geqslant 0, x_2 \geqslant 0 \end{cases}$$

【LINGO 命令】

max = x1 + x2；

2 * x1 - x2< = 10；

x1 + 2 * x2< = 98；

【输出结果】

Global optimal solution found at iteration:                    0

Objective value:                                        60.80000

| Variable | Value | Reduced Cost |
|---|---|---|
| X1 | 23.60000 | 0.000000 |
| X2 | 37.20000 | 0.000000 |
| Row | Slack or Surplus | Dual Price |
| 1 | 60.80000 | 1.000000 |
| 2 | 0.000000 | 0.2000000 |
| 3 | 0.000000 | 0.6000000 |

所以，当 $x_1 = 23.6, x_2 = 37.2$ 时，最大值为 60.8.

说明：此问题是线性规划（LP）模型.

(1)命令第一行"max＝"表示求最大值，每条语句用分号结尾而且要在英文半角状态下输入. 数字和变量相乘时乘号不能省略. 小于等于表示为"＜＝"，大于等于表示为"＞＝".
LINGO 默认变量值大于等于零，所以可以省略"x1＞＝0；x2＞＝0；"语句. 所有语法均可参考 LINGO 的帮助文档.

(2)输出结果第二行说明最大值为 60.8.

(3)输出结果第四和第五行的第二列说明取得最大值时 $x_1 = 23.6, x_2 = 37.2$.

**问题 3**  生产计划问题

胜利家具厂生产桌子和椅子两种家具. 桌子售价 50 元/张，椅子售价 30 元/把，生产桌子和椅子需要木工和油漆工两种工种. 生产一张桌子需要木工 4h，油漆工 2h. 生产一把椅子需要木工 3h,油漆工 1h. 该厂每个月可用木工工时为 120h,油漆工工时为 50h. 问:该厂如何组织生产才能使每月的销售收入最大?

**问题假设和分析**

将一个实际问题转化为线性规划模型有以下几个步骤:

1.确定决策变量: $x_1$ 为生产桌子的数量;

$\qquad x_2$ 为生产椅子的数量.

2.变量取值限制:一般情况,决策变量只取正值(非负值);

$\qquad x_1 \geqslant 0, x_2 \geqslant 0.$

3.确定目标函数:家具厂的目标是销售收入最大;

$\qquad \max z = 50x_1 + 30x_2.$

4.确定约束条件: $4x_1 + 3x_2 \leqslant 120$ (木工工时限制);

$\qquad 2x_1 + x_2 \leqslant 50$ (油漆工工时限制).

于是得以下线性规划数学模型:

$$\max z = 50x_1 + 30x_2$$

$$\text{s. t.} \begin{cases} 4x_1 + 3x_2 \leqslant 120 \\ 2x_1 + x_2 \leqslant 50 \\ x_1 \geqslant 0 \\ x_2 \geqslant 0 \end{cases}$$

【LINGO 命令】

```
max = 50 * x1 + 30 * x2;
4 * x1 + 3 * x2 < = 120;
2 * x1 + x2 < = 50;
```

【输出结果】

```
Global optimal solution found at iteration:         2
Objective value:                               1350.000
         Variable      Value           Reduced Cost
         X1           15.60000          0.000000
         X2           20.20000          0.000000
         Row        Slack or Surplus    Dual Price
         1            1350.000           1.000000
         2            0.000000           5.000000
         3            0.000000           15.00000
```

所以,生产桌子 15 张,生产椅子 20 把,销售收入最大为 1350 元.

说明:(1)输出结果第二行说明最大值为 1350.

(2)输出结果第四和第五行的第二列说明取得最大值时 $x_1 = 15, x_2 = 20$.

(3)输出结果第八和第九行的第三列 Dual Price 是灵敏度分析时的对偶价格(经济学上称为影子价格),表示在该行约束语句的右边增加 1 时最优解的变化绝对值,下面用问题 4 来说明其含义.

**问题 4　灵敏度分析**

如果问题 3 中木工工时增加到 121h,问:该厂每月的最大销售收入如何变化?

数学模型:

$$\max z = 50x_1 + 30x_2$$

$$\text{s. t.} \begin{cases} 4x_1 + 3x_2 \leqslant 121 \\ 2x_1 + x_2 \leqslant 50 \\ x_1 \geqslant 0 \\ x_2 \geqslant 0 \end{cases}$$

【LINGO 命令】

max = 50 * x1 + 30 * x2;

4 * x1 + 3 * x2 < = 121;

2 * x1 + x2 < = 50;

【输出结果】

Global optimal solution found at iteration: 　　　　　2
Objective value: 　　　　　1355.000

| Variable | Value | Reduced Cost |
|---|---|---|
| X1 | 14.50000 | 0.000000 |
| X2 | 21.00000 | 0.000000 |
| Row | Slack or Surplus | Dual Price |
| 1 | 1355.000 | 1.000000 |
| 2 | 0.000000 | 5.000000 |
| 3 | 0.000000 | 15.00000 |

说明:输出结果第二行说明最大值为 1355,它恰好等于问题 2 的最大值 1350 加上问题二输出结果第七行第三列的 5,表示木工工时每变动 1 单位会引起最大收入变动 5 个单位,这就是灵敏度分析的意义.

# 技能训练

1.求解下列线性规划:

(1) $\max z = 3x_1 + 2x_2$

$$\text{s. t.} \begin{cases} 2x_1 - x_2 \geqslant -2, \\ x_1 + 2x_2 \leqslant 8, \\ x_1 + x_2 \leqslant 5, \\ x_i \geqslant 0, i = 1, 2. \end{cases}$$

(2) $\min z = -x_2 + 2x_3$

$$\text{s. t.} \begin{cases} x_1 - 2x_2 + x_3 \geqslant 2, \\ x_2 - 3x_3 + x_4 \geqslant 1, \\ x_2 - x_3 + x_5 \geqslant 2, \\ x_i \geqslant 0, i = 1, 2, 3. \end{cases}$$

(3) $\min z = -2x_1 - x_2$

$$\text{s. t.} \begin{cases} x_1 + x_2 - x_3 \geqslant 3 \\ -x_1 + x_2 - x_4 \geqslant 1 \\ x_1 + 2x_2 + x_5 \geqslant 8 \\ x_i \geqslant 0, i = 1, 2, 3, 4, 5. \end{cases}$$

2.某炼油厂根据计划每个季度需供应合同单位汽油 15 万吨,煤油 12 万吨,重油 12 万吨.该厂从 A、B 两处购进原油,已知两处的原油成分如表 4-3 所示,又已知从 A 处采购的价格为每吨 200 元,从 B 处采购的价格为每吨 310 元.问:

(1)该炼油厂采购原油的最优决策;

(2)如果 A 处的价格不变,而 B 处的价格降为每吨 290 元,则最优方案有何变化?

表 4-3　A、B 两处的原油成分

|  | A | B |
|---|---|---|
| 汽油 | 15% | 50% |
| 煤油 | 20% | 30% |
| 重油 | 50% | 15% |
| 其他 | 15% | 5% |

问题数学模型为:

设从 A 处采购 $x$,从 B 处采购 $y$

成本 $\min = 200x + 310y$

约束 $\begin{cases} 15\%x + 50\%y \geqslant 15 \\ 20\%x + 30\%y \geqslant 12 \\ 50\%x + 15\%y \geqslant 12 \end{cases}$

3.某铁器加工厂要制作 100 套钢架,每套要用长分别为 2.9m、2.1m、1.5m 的圆钢各一根,已知原料长为 7.4m.问:应如何下料,可使所用材料最省?

4.基金使用计划模型

$\max s$

$\text{s. t.} \begin{cases} a_i x_i = s, \ i = 1,2,3,\cdots,10 \\ \sum\limits_{i=1}^{11} x_i = M \\ a_{10} x_{11} = M \\ M = 5000 \\ x_i \geqslant 0, \ i = 1,2,3,\cdots,11 \end{cases}$

用 LINGO 软件实现.

# 4.3　非线性规划数学模型及 LINGO 实现

## 4.3.1　非线性规划数学模型

**问题 5　抢渡长江**

在竞渡区域两岸为平行直线,它们之间的垂直距离为 1160m,从武昌汉阳门的正对岸到汉阳南岸咀的距离为 1000m,如图 4-9 所示.

要求通过数学建模来回答以下问题:

若流速沿离岸边距离的分布为(设从武昌汉阳门垂直向上为 $y$ 轴正向):

$$v(y) = \begin{cases} 1.47\text{m/s}, & 0\text{m} \leqslant y \leqslant 200\text{m} \\ 2.11\text{m/s}, & 200\text{m} < y < 960\text{m} \\ 1.47\text{m/s}. & 960\text{m} \leqslant y \leqslant 1160\text{m} \end{cases}$$

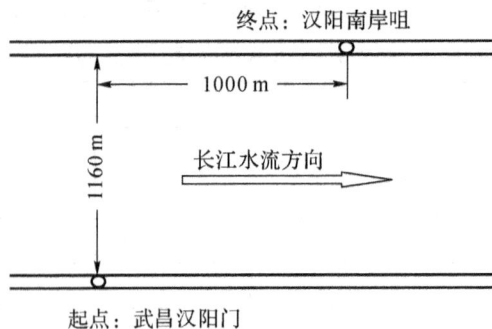

图 4-9  抢渡长江的假设条件示意

游泳者的速度大小为 1.5m/s,全程保持不变.试为他选择游泳方向和路线,估计他的成绩.

**问题假设和分析**

假设不考虑其他因素对游泳者的影响.因前 200m 与后 200m 江水流速同为常速 1.47m/s,所以游泳者在前 200m 与后 200m 处的运动偏角(即游泳方向与岸垂直方向的夹角)均设为 $\alpha$;所用时间可均设为 $t_1$ s,所游水平路程均为 $x_1$ m;江中 760m 一段流速为 2.11 m/s,游泳者在中间一段的游泳运动偏角设为 $\beta$,所用时间可设为 $t_2$ s,所游水平路程为 $x_2$ m.如图 4-10 所示.

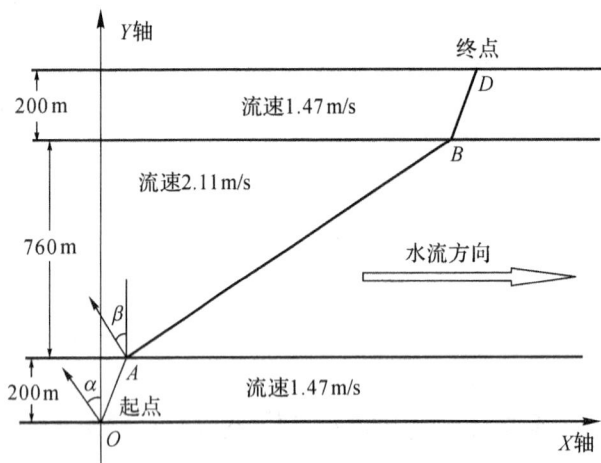

图 4-10  游泳最佳路线

**可建立优化模型**

$$\min T = \frac{760}{1.5\cos\beta} + 2 \times \frac{200}{1.5\cos\alpha}$$

$$\text{s.t.} \quad (2.11 - 1.5\sin\beta) \times \frac{760}{1.5\cos\beta} + (1.47 - 1.5\sin\alpha) \times 2 \times \frac{200}{1.5\cos\alpha} = 1000.$$

其中,$\alpha,\beta$ 在 $\left[0, \dfrac{\pi}{2}\right]$ 之间.

像上述目标函数,约束条件至少有一个为非线性函数的优化模型,称为非线性规划模型.

### 4.3.2　非线性规划数学模型用 LINGO 求解

**问题 6**　求解非线性规划问题:

$$\min z = 3x_1^2 + 5x_2^2 + 7x_3^2$$

$$\text{s.t.} \begin{cases} x_1 x_2 x_3 = 100, \\ x_1 + x_2 + x_3 \geqslant 20, \\ x_i \geqslant 0, \ i = 1, 2, 3. \end{cases}$$

【LINGO 命令】

```
min = 3 * x1^2 + 5 * x2^2 + 7 * x3^2;
x1 * x2 * x3 = 100;
x1 + x2 + x3 > = 20;
```

【输出结果】

Global optimal solution found at iteration:　　　　　　2872

　　Objective value:　　　　　　　　　　　　　　　　671.6870

| Variable | Value | Reduced Cost |
|---|---|---|
| X1 | 12.03809 | 0.000000 |
| X2 | 6.727048 | 0.000000 |
| X3 | 1.234860 | 0.7258659E-07 |

| Row | Slack or Surplus | Dual Price |
|---|---|---|
| 1 | 671.6870 | -1.000000 |
| 2 | 0.000000 | 0.7559873 |
| 3 | 0.000000 | -78.50853 |

所以,最优解为 $x_1 = 12.03809$, $x_2 = 6.727048$, $x_3 = 1.234860$ 时,最小值为 671.6870.

**问题 7**　某工厂向用户提供发电机,按合同规定,其交货量和日期是:第一季度末交 40 台,第二季度末交 60 台,第三季度末交 80 台.工厂的最大生产能力为每季度 100 台,每季度的生产费用和产量的关系为 $f(x) = 50x + 0.2x^2$(元),当季多生产部分可留到下个季度交货,但需支付每台贮存费 4 元.问:该厂每季度该生产多少台?

**问题数学模型为:**

设 $x_i$ 为第 $i$ 季度生产台数.

费用 $\min z = 50(x_1 + x_2 + x_3) + 0.2(x_1^2 + x_2^2 + x_3^2) + 4[(x_1 - 40) + (x_1 - 40 + x_2 - 60)]$.

第一季度约束: $40 \leqslant x_1 \leqslant 100$;

第二季度约束: $60 \leqslant x_1 + x_2 - 40, 0 \leqslant x_2 \leqslant 100$;

第三季度约束: $x_1 + x_2 + x_3 - 40 - 60 = 80, 0 \leqslant x_3 \leqslant 100$.

【LINGO 命令】

```
min = 50 * (x1 + x2 + x3) + 0.2 * (x1^2 + x2^2 + x3^2) + 4 * ((x1 - 40) + (x1 - 40 + x2 - 60));
x1 <= 100;
x1 >= 40;
x1 + x2 - 40 > = 60;
x2 >= 0;
```

x2<= 100；

x1 + x2 + x3 - 40 - 60 = 80；

x3>= 0；

x3<= 100；

@gin(x1)；@gin(x2)；@gin(x3)；

### 【输出结果】

Local optimal solution found at iteration：                59

Objective value：                                    11280.00

| Variable | Value | Reduced Cost |
|----------|-------|--------------|
| X1 | 50.00000 | 0.5898722E - 06 |
| X2 | 60.00000 | 0.000000 |
| X3 | 70.00000 | - 0.5252795E - 06 |
| Row | Slack or Surplus | Dual Price |
| 1 | 11280.00 | - 1.000000 |
| 2 | 50.00000 | 0.000000 |
| 3 | 10.00000 | 0.000000 |
| 4 | 10.00000 | 0.000000 |
| 5 | 60.00000 | 0.000000 |
| 6 | 40.00000 | 0.000000 |
| 7 | 0.000000 | - 77.99999 |
| 8 | 70.00000 | 0.000000 |
| 9 | 30.00000 | 0.000000 |

所以，第一季度生产 50 台，第二季度生产 60 台，第三季度生产 70 台. 费用最小为 11280 元.

说明：$40 \leqslant x_1 \leqslant 100$ 也可用 @BND($40, x_1, 100$)，@gin 表示整数约束.

### 4.3.3  二次规划数学模型及 LINGO 实现

**问题 8**  求解二次规划：$\max z = 98x_1 + 277x_2 - x_1^2 - 0.3x_1x_2 - 2x_2^2$

$$\text{s. t.} \begin{cases} x_1 + x_2 \leqslant 100 \\ x_1 \leqslant 2x_2 \\ x_1, x_2 \geqslant 0 \end{cases}$$

### 【LINGO 命令】

max = 98 * x1 + 277 * x2 - x1^2 - 0.3 * x1 * x2 - 2 * x2^2；

x1 + x2<= 100；

x1<= 2 * x2；

### 【输出结果】

Local optimal solution found at iteration：                45

Objective value：                                    11077.87

| Variable | Value | Reduced Cost |
|---|---|---|
| X1 | 35.37038 | 0.000000 |
| X2 | 64.62962 | 0.000000 |
| Row | Slack or Surplus | Dual Price |
| 1 | 11077.87 | 1.000000 |
| 2 | 0.000000 | 7.870338 |
| 3 | 93.88886 | 0.000000 |

所以,最优解为 $x_1=35.37038, x_2=64.62962$ 时,最小值为 11077.87.

说明:目标函数为二次,而约束条件都是一次的优化模型,称为二次规划.它是一种特殊的非线性规划.

# 技能训练

1. 求解二次规划:
$$\min f(x)=2x_1^2-4x_1x_2+4x_2^2-6x_1-3x_2$$
$$\text{s. t.}\begin{cases}x_1+x_2\leqslant3,\\4x_1+x_2\leqslant9,\\x_1,x_2\geqslant0.\end{cases}$$

2. 求下列非线性规划问题:
$$\min f(x)=x_1^2+x_2^2+8$$
$$\text{s. t.}\begin{cases}x_1^2-x_2\geqslant0,\\-x_1-x_2^2+2=0,\\x_1,x_2\geqslant0.\end{cases}$$

3. 抢渡长江数学模型
$$\min T=\frac{760}{1.5\cos\beta}+2\times\frac{200}{1.5\cos\alpha}$$
$$\text{s. t. }(2.11-1.5\sin\beta)\times\frac{760}{1.5\cos\beta}+(1.47-1.5\sin\alpha)\times2\times\frac{200}{1.5\cos\alpha}=1000.$$

其中,$\alpha,\beta$ 在 $\left[0,\frac{\pi}{2}\right]$ 之间.

用 LINGO 软件实现.

## 4.4　整数规划数学模型及 LINGO 实现

### 4.4.1　整数规划数学模型

**问题 9**　加工奶制品的生产计划

一奶制品加工厂用牛奶生产 $A_1$、$A_2$ 两种奶制品,1 桶牛奶可以在设备甲上用 12h 加工成 3kg $A_1$,或者在设备乙上用 8h 加工成 4kg $A_2$.根据市场需求,生产的 $A_1$、$A_2$ 全部能售出,

且每 $kgA_1$ 获利 24 元、每 $kgA_2$ 获利 16 元. 现在加工厂每天能得到 50 桶牛奶的供应,每天正式工人总的劳动时间为 480h,并且设备甲每天至多能加工 $100kgA_1$,设备乙加工能力没有限制. 试为该厂制订一个生产计划,使每天获利最大.

设每天用 $x_1$ 桶牛奶生产 $A_1$,用 $x_2$ 桶牛奶生产 $A_2$,可获最大利润 $z$.

由题意得    $\max z = 72x_1 + 64x_2$

$$\text{s. t.}\begin{cases} x_1 + x_2 \leqslant 50, \\ 12x_1 + 8x_2 \leqslant 480, \\ 3x_1 \leqslant 100, \\ x_1 \geqslant 0, x_2 \geqslant 0. \end{cases} \quad \text{其中 } x_1, x_2 \text{ 都为整数.}$$

像上述优化模型中的决策变量 $x_1$、$x_2$ 都为整数,称为整数规划模型.

### 4.4.2 整数规划数学模型用 LINGO 求解

**问题 10** 加工奶制品的生产计划模型

$$\max z = 72x_1 + 64x_2$$

$$\text{s. t.}\begin{cases} x_1 + x_2 \leqslant 50 \\ 12x_1 + 8x_2 \leqslant 480 \\ 3x_1 \leqslant 100 \\ x_1 \geqslant 0, x_2 \geqslant 0 \end{cases}$$

其中 $x_1, x_2$ 都为整数.

用 LINGO 求解.

【LINGO 命令】

```
max = 72 * x1 + 64 * x2;
x1 + x2 < = 50;
12 * x1 + 8 * x2 < = 480;
3 * x1 < = 100;
@gin(x1);@gin(x2);
```

【输出结果】

Global optimal solution found at iteration:                    3
Objective value:                                        3360.000

| Variable | Value | Reduced Cost |
|---|---|---|
| X1 | 20.00000 | − 72.00000 |
| X2 | 30.00000 | − 64.00000 |

| Row | Slack or Surplus | Dual Price |
|---|---|---|
| 1 | 3360.000 | 1.000000 |
| 2 | 0.000000 | 0.000000 |
| 3 | 0.000000 | 0.000000 |
| 4 | 40.00000 | 0.000000 |

所以,每天用 20 桶牛奶生产 $A_1$,用 30 桶牛奶生产 $A_2$,可获最大利润 3360 元.

说明:(1)@gin(x1);@gin(x2); 表示 x1,x2 都取整数.

(2)取整函数也可在 Edit→Paste Function 菜单的 Variable Domain 扩展条中找到.

### 4.4.3　0－1 规划数学模型及 LINGO 实现

**问题 11**　指派问题

有四个工人,要分别指派他们去完成四项不同的工作,每个人做各项工作所消耗的时间如表 4-4 所示. 问:应该如何指派,才能使总的消耗时间为最小?

表 4-4　4 个工人做各项工作所消耗的时间　　　　　　　　　(单位:h)

| 工人＼工作 | A | B | C | D |
|---|---|---|---|---|
| 甲 | 15 | 18 | 21 | 24 |
| 乙 | 19 | 23 | 22 | 18 |
| 丙 | 26 | 17 | 16 | 19 |
| 丁 | 19 | 21 | 23 | 17 |

**数学模型**

记 $a_{ij}$ 表示上述表格中第 $i$ 行第 $j$ 列的时间消耗值,同时规定 $x_{ij}$ 表示指派第 $i$ 个人去做第 $j$ 项工作.

**变量约束**:由 $x_{ij}$ 的定义可知 $x_{ij}$ 只能取 0 和 1,即:

$$x_{ij} = \begin{cases} 1, \text{指派第 } i \text{ 个人去做第 } j \text{ 项工作} \\ 0, \text{没有指派第 } i \text{ 个人去做第 } j \text{ 项工作} \end{cases}$$

**目标函数**:$\min z = \sum_{i=1}^{4} \sum_{j=1}^{4} a_{ij} \times x_{ij}$.

**约束条件 1**:每人只能做一样工作,即:$\sum_{j=1}^{4} x_{ij} = 1$.

**约束条件 2**:每项工作只能由一个人来做,即:$\sum_{i=1}^{4} x_{ij} = 1$.

像这种决策变量只能取 0 和 1 的优化模型,称为 0－1 规划模型,是整数规划的一种类型.

【LINGO 命令】

```
min = 15 * x11 + 18 * x12 + 21 * x13 + 24 * x14 +
      19 * x21 + 23 * x22 + 22 * x23 + 18 * x24 +
      26 * x31 + 17 * x32 + 16 * x33 + 19 * x34 +
      19 * x41 + 21 * x42 + 23 * x43 + 17 * x44;      ! 总耗时要达到最少;
x11 + x12 + x13 + x14 = 1;
x21 + x22 + x23 + x24 = 1;
x31 + x32 + x33 + x34 = 1;
x41 + x42 + x43 + x44 = 1;      ! 每人只能做一项工作;
x11 + x21 + x31 + x41 = 1;
x12 + x22 + x32 + x42 = 1;
x13 + x23 + x33 + x43 = 1;
x14 + x24 + x34 + x44 = 1;      ! 每项工作只能由一个人去做;
```

@BIN(x11)；@BIN(x12)；@BIN(x13)；@BIN(x14)；

@BIN(x21)；@BIN(x22)；@BIN(x23)；@BIN(x24)；

@BIN(x31)；@BIN(x32)；@BIN(x33)；@BIN(x34)；

@BIN(x41)；@BIN(x42)；@BIN(x43)；@BIN(x44)；　　! x 只能取 0 和 1；

【输出结果】

Global optimal solution found at iteration：　　　　　　　0

Objective value：　　　　　　　　　　　　　　　70.00000

| Variable | Value | Reduced Cost |
|---|---|---|
| X11 | 0.000000 | 15.00000 |
| X12 | 1.000000 | 18.00000 |
| X13 | 0.000000 | 21.00000 |
| X14 | 0.000000 | 24.00000 |
| X21 | 1.000000 | 19.00000 |
| X22 | 0.000000 | 23.00000 |
| X23 | 0.000000 | 22.00000 |
| X24 | 0.000000 | 18.00000 |
| X31 | 0.000000 | 26.00000 |
| X32 | 0.000000 | 17.00000 |
| X33 | 1.000000 | 16.00000 |
| X34 | 0.000000 | 19.00000 |
| X41 | 0.000000 | 19.00000 |
| X42 | 0.000000 | 21.00000 |
| X43 | 0.000000 | 23.00000 |
| X44 | 1.000000 | 17.00000 |
| Row | Slack or Surplus | Dual Price |
| 1 | 70.00000 | −1.000000 |
| 2 | 0.000000 | 0.000000 |
| 3 | 0.000000 | 0.000000 |
| 4 | 0.000000 | 0.000000 |
| 5 | 0.000000 | 0.000000 |
| 6 | 0.000000 | 0.000000 |
| 7 | 0.000000 | 0.000000 |
| 8 | 0.000000 | 0.000000 |
| 9 | 0.000000 | 0.000000 |

所以，让甲去做 B 工作，让乙去做 A 工作，让丙去做 C 工作，让丁去做 D 工作，总耗时的最小值为 70.

说明：(1)LINGO 命令中"!"表示注释语句，格式是"! ……；"，注释内容可以使用中文，不会影响程序运行.

(2)LINGO 命令"@BIN(x)"表示 x 只能取 0 或 1，是 0—1 规划必不可少的命令.

(3)输出结果 $x_{12}=x_{21}=x_{33}=x_{44}=1$ 表示最优指派方案为：让甲去做 B 工作，让乙去做 A 工作，让丙去做 C 工作，让丁去做 D 工作，总耗时的最小值为 70.

(4)取 0—1 函数也可在 Edit→Paste Function 菜单的 Variable Domain 扩展条中找到.

# 技能训练

**1. 运输问题**

某工厂生产三种产品,各种产品的重量和利润关系如表 4-5 所示:

表 4-5　各种产品重量与利润关系

| 种类 | 重量(t/件) | 利润(元/件) |
|---|---|---|
| 1 | 4 | 100 |
| 2 | 3 | 140 |
| 3 | 5 | 180 |

该厂运输最大能力为 10t,且总件数不能超过 12 件.问:如何搭配各种产品才能使得运输的总利润最大?

**2. 游泳选拔**

某班准备从 5 名游泳队员中选择 4 人组成接力队,参加学校的 $4 \times 100m$ 混合泳接力比赛.5 名队员 4 种泳姿的百米平均成绩如表 4-6 所示,问:应如何选拔队员组成接力队?

表 4-6　5 名队员 4 种游姿平均百米成绩

| | 甲 | 乙 | 丙 | 丁 | 戊 |
|---|---|---|---|---|---|
| 蝶泳 | 1′06″8 | 57″2 | 1′18″ | 1′10″ | 1′07″4 |
| 仰泳 | 1′15″6 | 1′06″ | 1′07″8 | 1′14″2 | 1′11″ |
| 蛙泳 | 1′27″ | 1′06″4 | 1′24″6 | 1′09″6 | 1′23″8 |
| 自由泳 | 58″6 | 53″ | 59″4 | 57″2 | 1′02″4 |

设甲、乙、丙、丁、戊分别记为 $i=1,2,3,4,5$;记蝶泳、仰泳、蛙泳、自由泳分别为泳姿 $j=1,2,3,4$.记队员 $i$ 的第 $j$ 种泳姿的百米最好成绩为 $c_{ij}$(s)(单位统一为 s).引入 0—1 变量 $x_{ij}$,若选择队员 $i$ 参加泳姿 $j$ 的比赛,记 $x_{ij}=1$,否则记 $x_{ij}=0$.根据组成接力队的要求,$x_{ij}$ 应该满足两个约束条件:

(1)每人最多只能选 4 种泳姿之一,即对于 $i=1,2,3,4,5$;应有 $\sum_{j=1}^{4} x_{ij} \leqslant 1$;

(2)每种泳姿必须有 1 人而且只能 1 人入选,即对于 $j=1,2,3,4.$ 应有 $\sum_{i=1}^{5} x_{ij}=1$;

当队员 $i$ 入选泳姿 $j$ 时,$c_{ij}x_{ij}$ 表示他(她)的成绩,否则 $c_{ij}x_{ij}=0$.于是接力队的成绩可表示为 $z=\sum_{j=1}^{4}\sum_{i=1}^{5} c_{ij} \cdot x_{ij}$.

综上所述,此问题的 0—1 规划数学模型为:

$$\min z = \sum_{j=1}^{4}\sum_{i=1}^{5} c_{ij} \cdot x_{ij}$$

s. t. $\sum_{j=1}^{4} x_{ij} \leqslant 1, i=1,2,3,4,5;$ $\qquad \sum_{i=1}^{5} x_{ij}=1, j=1,2,3,4.$ $\qquad x_{ij}=\{0,1\}$

请给出选拔队员结果.

3.某市为方便学生上学,拟在新建的居民小区增设若干所小学,已知备选校址代号及其能覆盖的居民小区编号如表 4-7 所示.

表 4-7　各备选校址代号与其所能覆盖的居民小区编号

| 备选校址代号 | 覆盖的居民小区编号 |
| --- | --- |
| A | 1,5,7 |
| B | 1,2,5 |
| C | 1,3,5 |
| D | 2,4,5 |
| E | 3,6 |
| F | 4,6 |

要求能覆盖所有居民区,问:怎么建校使得数量最少?

**数学模型:**

设 $x_i = \begin{cases} 1, \text{在 } i \text{ 处建校} \\ 0, \text{不在 } i \text{ 处建校} \end{cases}$

**目标函数:** $\min x_a + x_b + x_c + x_d + x_e + x_f$

$$\begin{cases} \text{小区 1 的约束:} x_a + x_b + x_c \geq 1 \\ \text{小区 2 的约束:} x_b + x_d \geq 1 \\ \text{小区 3 的约束:} x_c + x_e \geq 1 \\ \text{小区 4 的约束:} x_d + x_f \geq 1 \\ \text{小区 5 的约束:} x_a + x_b + x_c + x_d \geq 1 \\ \text{小区 6 的约束:} x_e + x_f \geq 1 \\ \text{小区 7 的约束:} x_a \geq 1 \end{cases}$$

# 4.5　循环编程语句

## 4.5.1　循环函数

**1.模型**

要使用循环语句,必须先定义模型,命令如下:

【LINGO 命令】

model:

……;

end

说明:首句"model:"表示模型的开头,注意要用冒号.末句"end"表示一个模型的结束.

**2. 一维集**

定义格式为：

sets：

setname[/member_list/][：attribute_list]；

endsets

其中：setname 定义的集合名，member_list 为元素列表，attribute_list 为属性列表，[　]中的内容，表示可选的项，可有也可没有.

说明：集部分以关键字"sets："开始，以"endsets"结束. 一个模型可以没有集部分，或有一个简单的集部分，或有多个集部分. 一个集部分可以放置于模型的任何地方.

【LINGO 命令】

sets：

students/John,Jill,Rose,Mike/：sex, age；

endsets

【输出结果】

Feasible solution found.

Total solver iterations：　　　　　0

| Variable | Value |
|---|---|
| SEX(JOHN) | 1.234568 |
| SEX(JILL) | 1.234568 |
| SEX(ROSE) | 1.234568 |
| SEX(MIKE) | 1.234568 |
| AGE(JOHN) | 1.234568 |
| AGE(JILL) | 1.234568 |
| AGE(ROSE) | 1.234568 |
| AGE(MIKE) | 1.234568 |

说明：这个命令定义了一个名为 students 的一维集，它具有元素 John，Jill，Rose，Mike，各元素间可以用逗号或空格隔开，每个元素具有属性 sex 和 age. 元素列表和属性列表可以是显式列举法也可隐式列举法，如表 4-8 所示.

表 4-8　各隐式列举格式与相应显式列举格式

| 类　型 | 隐式列举格式示例 | 相应显式列举格式 |
|---|---|---|
| 数字型 | 1..5 | 1,2,3,4,5 |
| 字符－数字型 | car10..car14 | car10, car11, car12, car13, car14 |
| 日期(星期)型 | MON..FRI | MON,TUE,WED,THU,ERI |

**3. 多维集**

多维集是由一维集构成的，也称为派生集.

一般定义格式为：

```
sets：
setname(parent_set_list)[/member_list/][: attribute_list]；
endsets
```

其中 setname 是集合的名，与一维集定义只是多一个 parent_set_list(称父集合列表).

【LINGO 命令】

```
sets：
  job/A B/；
  worker/M N/；
  day/1,2/；
  link(job,worker,day);c；
endsets
```

【输出结果】

Feasible solution found.

Total solver iterations：                0

| Variable | Value |
| --- | --- |
| C(A, M, 1) | 1.234568 |
| C(A, M, 2) | 1.234568 |
| C(A, N, 1) | 1.234568 |
| C(A, N, 2) | 1.234568 |
| C(B, M, 1) | 1.234568 |
| C(B, M, 2) | 1.234568 |
| C(B, N, 1) | 1.234568 |
| C(B, N, 2) | 1.234568 |

说明：这个命令定义了一个名为 link 的三维集,job,worker,day 是它的三个父集,三个父集的所有组合共 8 个都是 link 派生集的元素.

### 4. 赋值

数据赋值定义格式为：

```
data：
attribute(属性) = value_list(常数列表)
enddata
```

初始赋值定义格式为：

```
init：
attribute(属性) = value_list(常数列表)
endinit
```

【LINGO 命令】

```
sets：
set1/A,B,C/: X,Y；
endsets
```

```
data：
X,Y = 1 4
        2 5
        3 6;
enddata
```

【输出结果】

Feasible solution found.

Total solver iterations：　　　　　0

| Variable | Value |
|---|---|
| X(A) | 1.000000 |
| X(B) | 2.000000 |
| X(C) | 3.000000 |
| Y(A) | 4.000000 |
| Y(B) | 5.000000 |
| Y(C) | 6.000000 |

说明：命令第二行定义了一维集 set1 以及它的两个属性 $x$ 和 $y$. 命令第五至第七行赋值给 $x$ 的三个值是 1,2 和 3,赋值给 $y$ 的三个值是 4,5 和 6.

### 5.循环函数

一般用法为：

@function(setname[(set_index_list)[|condition]]:expression_list);

function 是集合函数名,是 for,sum,min,max 之一；

setname 是集合名；

set_index_list 是集合索引列表(不用时可省略)；

condition 是用逻辑表达式描述的过滤条件(无条件时可省略)；

expression_list 是一个表达式.

(1)@for(集合元素的循环函数)

【LINGO 命令】

```
model：
sets：
    number1..5：x；
endsets
    @for(number(i)：x(i) = i^2)；
end
```

【输出结果】

Feasible solution found.

Total solver iterations：　　　　　0

| Variable | Value |
|---|---|
| Variable | Value |

| X(1) | 1.000000 |
|---|---|
| X(2) | 4.000000 |
| X(3) | 9.000000 |
| X(4) | 16.00000 |
| X(5) | 25.00000 |

| Row | Slack or Surplus |
|---|---|
| 1 | 0.000000 |
| 2 | 0.000000 |
| 3 | 0.000000 |
| 4 | 0.000000 |
| 5 | 0.000000 |

说明：这个命令产生了序列{1,4,9,16,25}，命令第三行定义了一维集，由于只需成员个数而无需名称，所以采用了省略写法"1..5".

（2）@sum（集合属性的求和函数）

【LINGO命令】

```
model:
sets:
    number1..6:x;
endsets
data:
    x = 5 1 3 4 6 10;
enddata
    s = @sum(number(I): x);
end
```

【输出结果】

Feasible solution found.
Total solver iterations:           0

| Variable | Value |
|---|---|
| S | 29.00000 |
| X(1) | 5.000000 |
| X(2) | 1.000000 |
| X(3) | 3.000000 |
| X(4) | 4.000000 |
| X(5) | 6.000000 |
| X(6) | 10.00000 |

| Row | Slack or Surplus |
|---|---|
| 1 | 0.000000 |

说明：这个命令求出了数组[5,1,3,4,6,10]的和，记为 s.

（3）@min 和@max（集合属性的最小值和最大值函数）

【LINGO 命令】

```
model:
sets:
    number1..7:x;
endsets
data:
    x = 8,2,6,7,5,3,4;
enddata
minv = @MIN(number(i):x);
maxv = @MAX(number(i):x);
end
```

【输出结果】

Feasible solution found.

Total solver iterations:　　　　0

| Variable | Value |
|---|---|
| MINV | 2.000000 |
| MAXV | 8.000000 |
| X(1) | 8.000000 |
| X(2) | 2.000000 |
| X(3) | 6.000000 |
| X(4) | 7.000000 |
| X(5) | 5.000000 |
| X(6) | 3.000000 |
| X(7) | 4.000000 |
| Row | Slack or Surplus |
| 1 | 0.000000 |
| 2 | 0.000000 |

说明：命令第八行找出了数组 $[8,2,6,7,5,3,4]$ 的最小值，记为 minv＝2.第九行找出了数组的最大值，记为 maxv＝8.

### 6. 条件

【LINGO 命令】

```
model:
sets:
    number1..7:x;
endsets
data:
    x = 8,2,6,7,5,3,4;
enddata
minv = @min(number(i)|i#le#5:x);
    maxv = @max(number(i)|i#ge#3:x);
end
```

【输出结果】

Feasible solution found.

Total solver iterations：              0

| Variable | Value |
|----------|-------|
| MINV | 2.000000 |
| MAXV | 7.000000 |
| X(1) | 8.000000 |
| X(2) | 2.000000 |
| X(3) | 6.000000 |
| X(4) | 7.000000 |
| X(5) | 5.000000 |
| X(6) | 3.000000 |
| X(7) | 4.000000 |

| Row | Slack or Surplus |
|-----|------------------|
| 1 | 0.000000 |
| 2 | 0.000000 |

说明：命令第八行找出了数组前 5 个数的最小值,"|"是条件符号,"♯le♯"表示小于等于. 命令第九行找出了后五个数的最大值,"♯ge♯"表示大于等于. LINGO 中有 9 种逻辑运算符：(1)♯and♯(与),(2)♯or♯(或),(3)♯not♯(非),(4)♯eq♯(等于),(5)♯ne♯(不等于),(6)♯gt♯(大于),(7)♯ge♯(大于等于),(8)♯lt♯(小于),(9)♯le♯(小于等于).

## 4.5.2 循环语句举例

一般来说,LINGO 中建立的优化模型可以由 5 个部分组成,或称为 5 段(section)：

1. 集合段：

     sets：

          …

        endsets

2. 目标与约束段：

3. 数据段：

     data：

     attribute(属性)＝value_list(常数列表)

     enddata

4. 初始段：

     init：

     attribute(属性)＝value_list(常数列表)

     endinit

5. 计算段：

     cala：

        …

        endcalc

**问题 12**　在问题 11 中指派问题的 0－1 规划数学模型

$$\min z = \sum_{i=1}^{4}\sum_{j=1}^{4} a_{ij} \cdot x_{ij}$$

$$\mathrm{s.\,t.}\begin{cases} \sum_{j=1}^{4} x_{ij} = 1, \ i = 1,2,3,4; \\ \sum_{i=1}^{4} x_{ij} = 1, \ j = 1,2,3,4. \end{cases}$$

用编程方法完成.

【LINGO 命令】

```
model;                              ! 表示模型的开头与结束词 end 搭配;
sets;                              ! 集合开头词与结束词 endsets 搭配;
ren/r1..r4/;                       ! 表示隐式列举一维集有 4 个元素;
job/j1..j4/;
link(ren,job);a,x;                 ! 表示多维集有 32 个元素;
endsets
data;                              ! 表示数据部分;
a = 15,18,21,24
    19,23,22,18
    26,17,16,19
    19,21,23,17;
enddata
min = @sum(link(ren,job);a * x);   ! 目标函数;
@FOR(ren(i);@sum(job(j);x(i,j)) = 1);  ! 约束条件;
@FOR(job(j);@sum(ren(i);x(i,j)) = 1);
@FOR(link(ren,job);@BIN(x));
        end
```

【输出结果】

同上略.

**问题 13**　某疗养院营养师要为某类病人拟订本周蔬菜类菜单,当前可供选择的蔬菜品种、价格和营养成分含量,以及病人所需养分的最低数量如表 4-9 所示.病人每周需 14 份蔬菜,为了口味的原因,规定一周内的卷心菜不多于 2 份,胡萝卜不多于 3 份,其他蔬菜不多于 4 份且至少一份.在满足要求的前提下,制订费用最少的一周菜单方案.

表 4-9　各种蔬菜营养成分及价格

| 蔬菜 \ 养分 | | 每份蔬菜所含养分数量 | | | | | 每份价格（元） |
|---|---|---|---|---|---|---|---|
| | | 铁 | 磷 | 维生素 A | 维生素 C | 烟酸 | |
| A1 | 青豆 | 0.45 | 20 | 415 | 22 | 0.3 | 2.1 |
| A2 | 胡萝卜 | 0.45 | 28 | 4065 | 5 | 0.35 | 1.0 |
| A3 | 花菜 | 0.65 | 40 | 850 | 43 | 0.6 | 1.8 |
| A4 | 卷心菜 | 0.4 | 25 | 75 | 27 | 0.2 | 1.2 |
| A5 | 芹菜 | 0.5 | 26 | 76 | 48 | 0.4 | 2.0 |
| A6 | 土豆 | 0.5 | 75 | 235 | 8 | 0.6 | 1.2 |
| 每周最低需求 | | 6 | 125 | 12500 | 345 | 5 | |

用 $x_i$ 表示 6 种蔬菜的份数，$a_i$ 表示蔬菜单价，$b_j$ 表示每周最低营养需求，$c_{ij}$ 表示第 $i$ 种蔬菜的第 $j$ 种含量，建立整数规划数学模型：

$$\min z = \sum_{i=1}^{6} a_i x_i$$

$$\text{s. t.} \begin{cases} \sum_{i=1}^{6} c_{ij} x_i \geqslant b_j, \ j = 1,2,\cdots,5 \\ \sum_{i=1}^{6} x_i = 14 \\ x_2 \leqslant 3, x_4 \leqslant 2 \\ 1 \leqslant x_i \leqslant 4, \ i = 1,3,5,6 \end{cases}$$

【LINGO 命令】

```
model:
sets:                          ! 集合段;
SHC/A1..A6/:AI,X;
YF/B1..B5/:BJ;
JIAGE(SHC,YF):C;
endsets
data:                          ! 数据段;
AI =
```

| 2.1 | 1 | 1.8 | 1.2 | 2 | 1.2 |
|---|---|---|---|---|---|

```
;
BJ =
```

| 6 | 125 | 12500 | 345 | 5 |
|---|---|---|---|---|

```
;
C =
```

| 0.45 | 20 | 415 | 22 | 0.3 |
|---|---|---|---|---|
| 0.45 | 28 | 4065 | 5 | 0.35 |
| 0.65 | 40 | 850 | 43 | 0.6 |
| 0.4 | 25 | 75 | 27 | 0.2 |
| 0.5 | 26 | 76 | 48 | 0.4 |
| 0.5 | 75 | 235 | 8 | 0.6 |

```
    ;
    enddata
    min = @sum(SHC(I):AI * X);                        ! 目标与约束段；
    @FOR(YF(J):@SUM(SHC(I):C(I,J) * X(I))> = BJ(J));
    @FOR(SHC(I):@GIN(X(I)));
    @FOR(SHC(I):X(I)> = 1);
    @SUM(SHC(I):X(I)) = 14;X(2)< = 3;X(4)< = 2;
    @FOR(SHC(I)|I #NE# 2 #AND# I #NE# 4:X(I)< = 4);
    @FOR(YF(J):@SUM(SHC(I):X(I) * C(I,J))> = BJ(J));
    end
```

## 【输出结果】(仅保留所需变量)

```
Global optimal solution found.
Objective value:                              20.70000
Extended solver steps:                        0
Total solver iterations:                      11
```

| Variable | Value | Reduced Cost |
|---|---|---|
| X(A1) | 1.000000 | 2.100000 |
| X(A2) | 3.000000 | 1.000000 |
| X(A3) | 2.000000 | 1.800000 |
| X(A4) | 2.000000 | 1.200000 |
| X(A5) | 3.000000 | 2.000000 |
| X(A6) | 3.000000 | 1.200000 |

得到最优解为:每周青豆、胡萝卜、花菜、卷心菜、芹菜、土豆的份数分别为 1,3,2,2,3, 3,总费用为 20.7 元.

# 技能训练

1.某地区有三个化肥厂,估计每年的供应量为 A-7 万吨,B-8 万吨,C-3 万吨.有四个产粮区的需求量为甲-6 万吨,乙-6 万吨,丙-3 万吨,丁-3 万吨.已知各化肥厂到各产粮区的每吨运价如表 4-10 所示.

表 4-10　三个化肥厂到各粮区每吨运价

| 产粮区 \ 化肥厂 | 甲 | 乙 | 丙 | 丁 |
|---|---|---|---|---|
| A | 5 | 8 | 7 | 3 |
| B | 4 | 9 | 10 | 7 |
| C | 8 | 4 | 2 | 9 |

问:最优的调运方案应该如何制订?

2.某糖厂每月生产糖提供给 B1、B2、B3、B4、B5 地区.已知各仓库容量分别为 50,100, 150t,各地区的最大需求量分别为 25,100,60,30,70t.已知单位运输费用如表 4-11 所示.

表 4-11　单位运输费用

|  | B1 | B2 | B3 | B4 | B5 |
|---|---|---|---|---|---|
| A1 | 10 | 15 | 20 | 20 | 40 |
| A2 | 20 | 40 | 15 | 30 | 30 |
| A3 | 30 | 35 | 40 | 55 | 25 |

试确定一个使得总费用最少的调运方案.

# 4.6　LINGO 与外部文件之间的数据传递

在实际问题中,LINGO 程序运行时常常需要用到的大量数据保存在其他文件中,如 Word、记事本(文本文件 txt)、EXCEL 等文件中,为了减少输入的麻烦,通常利用 LINGO 与外部数据文件之间的数据传递.

**方法 1.**利用 Windows 中"复制"以及"粘贴"的命令;通常在数据不是很多时采用.

**方法 2.**用函数@FILE 从文本文件中读取数据.

**方法 3.**用函数@OLE 从 EXCEL 文件中读取数据.

**问题 14**　水资源分配问题

某水库可分配的水资源量为 7 个单位,分配给 3 个用户,各用户在分配一定单位水资源以后产生的效益如表 4-12 所示,求最优分配方案.

表 4-12　各用户在分配一定单位水资源后产生的效益

| 水资源量 | 1 | 2 | 3 | 4 | 5 | 6 | 7 |
|---|---|---|---|---|---|---|---|
| 用户 1 | 5 | 15 | 40 | 80 | 90 | 95 | 100 |
| 用户 2 | 5 | 15 | 40 | 60 | 70 | 73 | 75 |
| 用户 3 | 4 | 26 | 40 | 45 | 50 | 51 | 53 |

**解**　用 $C_{ij}$ 表示表中的效益矩阵,引用决策矩阵 $X$ 表示水资源分配情况,其元素 $X_{ij}$ 的取值为 0 和 1,$X_{ij}=1$ 表示给用户 $i$ 分配 $j$ 单位水资源.则目标函数是分配方案的总效益最大,约束条件有两个:(1)水资源总量 7 个单位;(2)每个用户得到的水资源数量只能是从 0 到 7 共八个数字中的一个,即 $\sum_{j=1}^{7} X_{ij}<1, i=1,2,3$,等价于矩阵 $X$ 的每一行元素之和不能超过 1.于是建立本问题的 0-1 规划模型如下:

$$\max z = \sum_{i=1}^{3}\sum_{j=1}^{7} C_{ij}X_{ij}$$

$$\begin{cases} \sum_{j=1}^{7} X_{ij} \leqslant 1, i=1,2,3 \\ \sum_{i=1}^{3}\sum_{j=1}^{7} j \cdot X_{ij} = 7, i=1,2,3, j=1,2,\cdots,7 \\ X_{ij}=0 \text{ 或 } 1, i=1,2,3, j=1,2,\cdots,7 \end{cases}$$

**1. 利用 Windows 中"复制"以及"粘贴"的命令实现数据传递**

【LINGO 命令】

model：

sets：

user1..3；

wa1..7：sl；

fp(user,wa)：c,x；

endsets

data：

c =

| 5 | 15 | 40 | 80 | 90 | 95 | 100 |
|---|----|----|----|----|----|-----|
| 5 | 15 | 40 | 60 | 70 | 73 | 75 |
| 4 | 26 | 40 | 45 | 50 | 51 | 53 |

；! EXCEL 复制过来；

sl =

| 1 | 2 | 3 | 4 | 5 | 6 | 7 |
|---|---|---|---|---|---|---|

；! 水资源数量等级；

enddata

max = @sum(fp：c * x)；! 目标函数；

@for(fp：@bin(x))；! x 是 0 - 1 变量；

@sum(fp(i,j)：x(i,j) * sl(j)) = 7；! 水资源总量为 7；

@for(user(i)：@sum(fp(i,j)：x(i,j)) < = 1)；

! 每个用户最多得到一种水资源数量等级；

end

【输出结果】

```
Global optimal solution found at iteration:          0
Objective value:                              120.0000
        Variable          Value         Reduced Cost
         SL(1)         1.000000         0.000000
         SL(2)         2.000000         0.000000
         SL(3)         3.000000         0.000000
         SL(4)         4.000000         0.000000
         SL(5)         5.000000         0.000000
         SL(6)         6.000000         0.000000
         SL(7)         7.000000         0.000000
         C(1, 1)        5.000000         0.000000
         C(1, 2)       15.00000         0.000000
         C(1, 3)       40.00000         0.000000
         C(1, 4)       80.00000         0.000000
         C(1, 5)       90.00000         0.000000
```

| | | |
|---|---|---|
| C(1，6) | 95.00000 | 0.000000 |
| C(1，7) | 100.0000 | 0.000000 |
| C(2，1) | 5.000000 | 0.000000 |
| C(2，2) | 15.00000 | 0.000000 |
| C(2，3) | 40.00000 | 0.000000 |
| C(2，4) | 60.00000 | 0.000000 |
| C(2，5) | 70.00000 | 0.000000 |
| C(2，6) | 73.00000 | 0.000000 |
| C(2，7) | 75.00000 | 0.000000 |
| C(3，1) | 4.000000 | 0.000000 |
| C(3，2) | 26.00000 | 0.000000 |
| C(3，3) | 40.00000 | 0.000000 |
| C(3，4) | 45.00000 | 0.000000 |
| C(3，5) | 50.00000 | 0.000000 |
| C(3，6) | 51.00000 | 0.000000 |
| C(3，7) | 53.00000 | 0.000000 |
| X(1，1) | 0.000000 | 5.000000 |
| X(1，2) | 0.000000 | −15.00000 |
| X(1，3) | 0.000000 | −40.00000 |
| X(1，4) | 1.000000 | −80.00000 |
| X(1，5) | 0.000000 | −90.00000 |
| X(1，6) | 0.000000 | −95.00000 |
| X(1，7) | 0.000000 | −100.0000 |
| X(2，1) | 0.000000 | −5.000000 |
| X(2，2) | 0.000000 | −15.00000 |
| X(2，3) | 1.000000 | −40.00000 |
| X(2，4) | 0.000000 | −60.00000 |
| X(2，5) | 0.000000 | −70.00000 |
| X(2，6) | 0.000000 | −73.00000 |
| X(2，7) | 0.000000 | −75.00000 |
| X(3，1) | 0.000000 | −4.000000 |
| X(3，2) | 0.000000 | −26.00000 |
| X(3，3) | 0.000000 | −40.00000 |
| X(3，4) | 0.000000 | −45.00000 |
| X(3，5) | 0.000000 | −50.00000 |
| X(3，6) | 0.000000 | −51.00000 |
| X(3，7) | 0.000000 | −53.00000 |

| Row | Slack or Surplus | Dual Price |
|---|---|---|
| 1 | 120.0000 | 1.000000 |
| 2 | 0.000000 | 0.000000 |
| 3 | 0.000000 | 0.000000 |
| 4 | 0.000000 | 0.000000 |
| 5 | 1.000000 | 0.000000 |

解读 LINGO 报告得最优分配方案为：用户 1、用户 2、用户 3 分别得到水资源 4、3、0 个单位，总效益为 120.

**2. 利用函数调用文本文件中的数据来实现数据传递**

LINGO 从文本文件中读取数据，使用函数及调用格式：@FILE(fnime. txt)；fnime 是存放数据的自定义文件名，注意的是 LINGO 安装好程序和数据文本文件要保存在同一个文件夹中（也可以说是同一目录下）；把计算结果写入文本文件中，调用格式：@text('jg. txt')＝变量名.

数据文本文件如图 4-11 所示，将数据写在同一张文本文件中，数据段之间用符号"～"隔开.

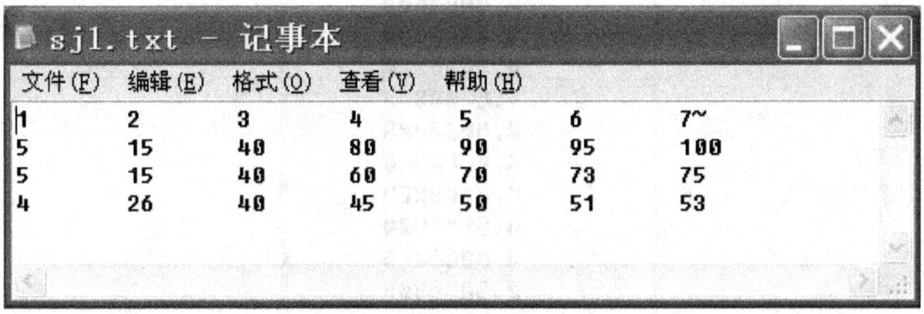

| 文件(F) | 编辑(E) | 格式(O) | 查看(V) | 帮助(H) | | |
|---|---|---|---|---|---|---|
| 1 | 2 | 3 | 4 | 5 | 6 | 7～ |
| 5 | 15 | 40 | 80 | 90 | 95 | 100 |
| 5 | 15 | 40 | 60 | 70 | 73 | 75 |
| 4 | 26 | 40 | 45 | 50 | 51 | 53 |

图 4-11　数据文本文件

【LINGO 命令】

```
model:
sets:
user1..3;
wa1..7:sl;
fp(user,wa):c,x;
endsets
data:
sl = @file(sj1.txt);
! 调用文本文件 sj1.txt 第一部分数据水资源数量等级;
c = @file(sj1.txt);
! 调用文本文件 sj1.txt 第二部分数据;
@text('jg.txt') = x;
! 结果写入名为 jg 的文本文件;
enddata
max = @sum(fp:c * x);! 目标函数;
@for(fp:@bin(x));! x 是 0 - 1 变量;
@sum(fp(i,j):x(i,j) * sl(j)) = 7;! 水资源总量为 7;
@for(user(i):@sum(fp(i,j):x(i,j))< = 1);
! 每个用户最多得到一种水资源数量等级;
end
```

! jg 的文本文件如图 4-12 所示.

【输出结果】

结果同上.

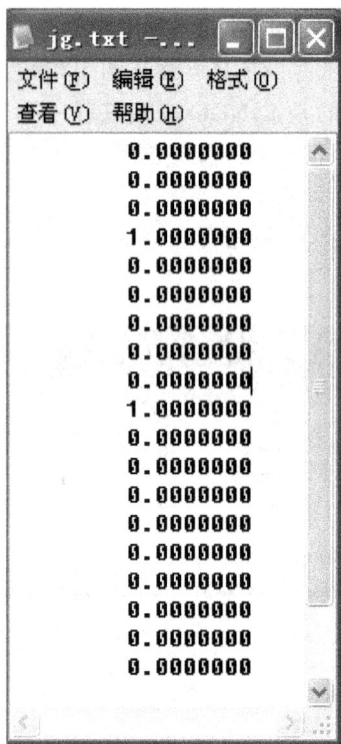

图 4-12   jg 的文本文件

### 3. 利用函数调用 EXCEL 文件中的数据来实现数据传递

LINGO 从 EXCEL 数据文件中读取数据,使用函数及格式可以分三种类型:

(1)变量名＝@OLE(' 文件名. xls',' 数据块名称 ');

(2)变量名 1,变量名 2＝@OLE(' 文件名. xls',' 数据块名称 1',' 数据块名称 2');

(3)变量名 1,变量名 2＝@OLE(' 文件名. xls').

LINGO 将结果导出到 EXCEL 文件中,使用函数及格式:

(1)@OLE (' 文件名. xls',' 数据块名 ')＝变量名;

(2)@OLE(' 文件名. xls',' 数据块名称 1',' 数据块名称 2')＝变量名 1,变量名 2.

注意的是:

(1)LINGO 程序和 EXCEL 数据文件要保存在同一个文件夹中;

(2)EXCEL 数据文件要在打开状态下运行 LINGO 程序才有效;

(3)LINGO 程序中的"数据块名称"必须与 EXCEL 中"数据块名称"的设置名称一致.

为了实现 LINGO 与 EXCEL 的数据交换,在 EXCEL 中"数据块名称"要做以下设置,在 EXCEL 中给数据所在区域命名,即"数据块名称",具体做法是选中数据区域 B2:H4,从菜单上选择"插入→名称→定义"(见图 4-13),鼠标单击"定义"后弹出"定义名称"对话框(见图 4-14),在当前工作簿中的名称(w)下面输入数据块名称 yh(可自定义),然后点击"添加(A)",再点击"确定",这样数据块名称 yh 就设置完成了. 同理,给数据区域 B1:H1 命名

szy；给数据区域 B6：H8 命名 jgx.

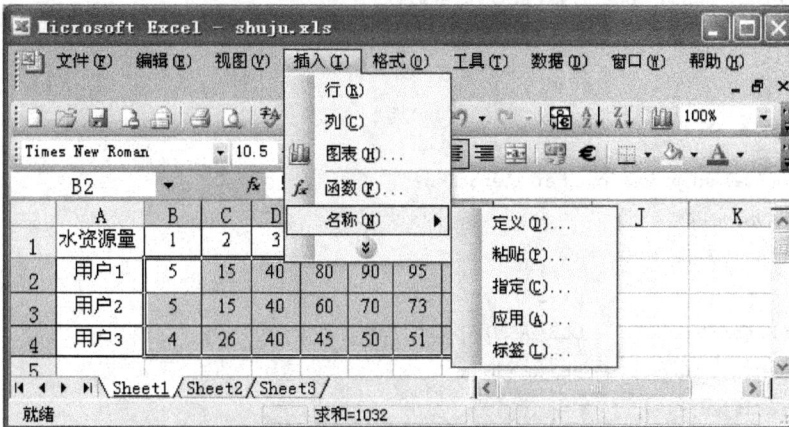

图 4-13　数据块名称设置一

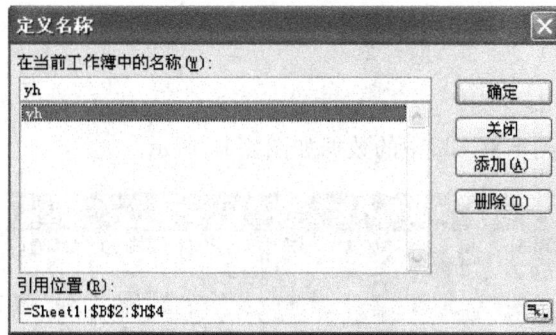

图 4-14　数据块名称设置二

【LINGO 命令】

model：

sets：

user1..3；

wa1..7：sl；

fp(user,wa)：c,x；

endsets

data：

c = @ole('shuju.xls','yh')；

! 调用 EXCEL 文件中 shuju.xls,b2：h4 数据块名称 yh；

　sl = @ole('shuju.xls','szy')；

! 调用 EXCEL 文件 shuju.xls,b1：h1 数据块名称 szy；

@ole('shuju.xls','jgx') = x；

! 计算结果写入 EXCEL 文件 shuju.xls,b6：h8 数据块名称 jgx 中；

enddata

max = @sum(fp：c * x)；! 目标函数；

@for(fp：@bin(x))；! x 是 0 - 1 变量；

@sum(fp(i,j):x(i,j)*sl(j))=7;!水资源总量为7;

@for(user(i):@sum(fp(i,j):x(i,j))<=1);

! 每个用户最多得到一种水资源数量等级;

end

【输出结果】

Global optimal solution found at iteration:                    0

Objective value:                                        120.0000

Export Summary Report

--------------------

Transfer Method:        OLE BASED

Spreadsheet:            shuju.xls

Ranges Specified:           1

   jgx

Ranges Found:               1

Range Size Mismatches:      0

Values Transferred:        21

下面同前略.

LINGO 结果传递到 EXCEL 中的数据如图 4-15 所示.

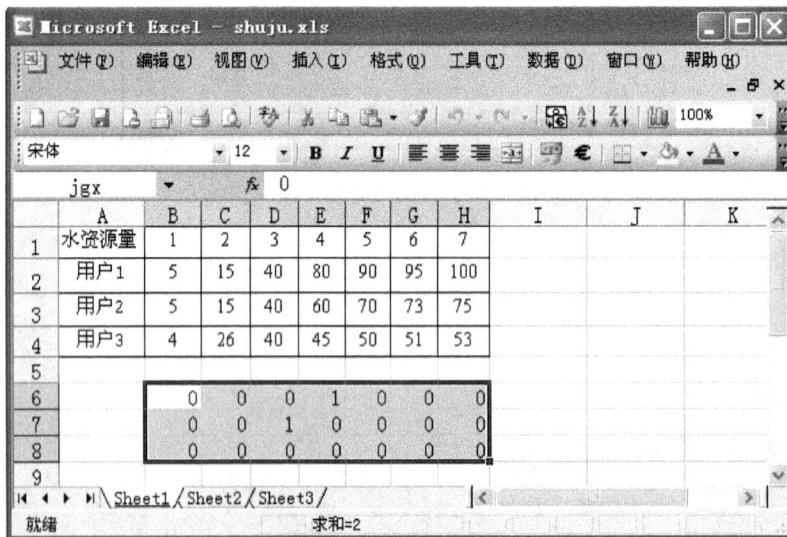

图 4-15    LINGO 结果传递到 EXCEL

解读 EXCEL 结果得最优分配方案为:用户 1、用户 2、用户 3 分别得到水资源 4、3、0 个单位,总效益为 120.

## 技能训练

实现数据传递

把下列 LINGO 程序中的数据段分别保存在文本文件和 EXCEL 文件中,然后改写下列 LINGO 程序,要求调用这些数据文件读取数据进行计算.

LINGO 程序:

```
MODEL:                                        ! 示例:6 仓库 8 销售商运输模型;
SETS:
WAREHOUSES/ WH1..WH6/: CAPACITY;
VENDORS/ V1..V8/: DEMAND;
LINKS (Warehouses, Vendors): COST, VOLUME;    ! LINGO 不区分大小写;
ENDSETS
MIN = @SUM(LINKS(I,J):COST(I,J) * VOLUME(I,J));   ! 目标函数;
@FOR(VENDORS(J):
@SUM(WAREHOUSES(I): VOLUME(I,J)) = DEMAND(J));    ! 需求约束;
@FOR(WAREHOUSES(I):
@SUM(VENDORS(J): VOLUME(I,J))< = CAPACITY(I));    ! 供应约束;
DATA:                                             ! 数据段;
CAPACITY = 60 55 51 43 41 52;
DEMAND = 35 37 22 32 41 32 43 38;
COST = 6 2 6 7 4 2 5 9
       4 9 5 3 8 5 8 2
       5 2 1 9 7 4 3 3
       7 6 7 3 9 2 7 1
       2 3 9 5 7 2 6 5
       5 5 2 2 8 1 4 3;
ENDDATA
END
```

# 4.7  优化模型欣赏

## 4.7.1  最短路径问题

**问题 15**　最短路径属于动态规划问题,现举一个 4 阶段规划的例子:现有 10 个城市,各城市间相连的道路及其距离如图 4-16 所示:

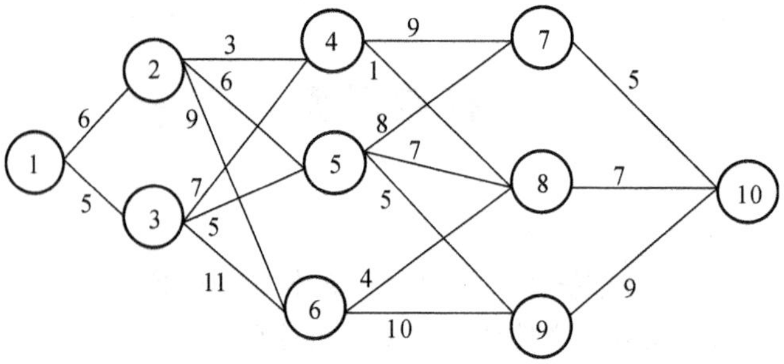

图 4-16  各城市间相连的道路及距离

将各距离写成矩阵形式如下：

$$
a = \begin{bmatrix}
 & 6 & 5 & & & & & & & \\
 & & & 3 & 6 & 9 & & & & \\
 & & & 7 & 5 & 11 & & & & \\
 & & & & & & 9 & 1 & & \\
 & & & & & & 8 & 7 & 5 & \\
 & & & & & & 4 & 10 & & \\
 & & & & & & & & & 5 \\
 & & & & & & & & & 7 \\
 & & & & & & & & & 9 \\
 & & & & & & & & &
\end{bmatrix}
$$

矩阵元素 $a(i,j)$ 表示从城市 $i$ 到城市 $j$ 的距离,未标出数值的为无道路连接.

求各城市到城市 10 的最短距离及路径.

**数学模型**

可以用二维集 road 表示每条道路,则它有两个属性,路程和是否最短路径,用 $a$ 和 $L$ 表示,而城市 $i$ 到城市 10 的最短距离是一维集,可用 $z$ 表示.

对于任意一个城市 $i$ 而言,到城市 10 的最短路径 $z(i)$ 必须是它后面相连各城市 $j$ 到城市 10 的最短距离 $z(j)$ 加上两城市间的距离的最小值,这就是目标函数.

建立数学模型如下:

**目标函数**:$z(i) = \min\ a(i,j) + z(j)$

在目标函数中还要注意一个情况,那就是 $i$ 不能等于 10 而且要规定 $z(10) = 0$.

【LINGO 命令】

```
model:
data:
n=10;
enddata
sets:
cities/1..10/: z;     ! 定义 10 个城市的最短距离;
roads(cities,cities)/1,2 1,3 2,4 2,5 2,6
                3,4 3,5 3,6 4,7 4,8
                5,7 5,8 5,9 6,8 6,9
                7,10 8,10 9,10 /: a, L;
```

endsets

data：

a = 6　5　3　6　9　7　5　11　9　1　8　7　5　4　10　5　7　9；

enddata

z(n) = 0；

@for(cities(i) | i #lt# n：

　z(i) = @min(roads(i,j)：a(i,j) + z(j))！目标函数；)；

！显然，如果 L(i,j) = 1,则道路(i,j)是最短距离上的一段,否则就不是.由此,我们就可方便地确定出最短路径的构成；

@for(roads(i,j)|z(i) #eq# (a(i,j) + z(j))：L(i,j) = 1)；

end

【输出结果】

Feasible solution found at iteration:　　　　　　　　　　0

| Variable | Value |
|---|---|
| N | 10.00000 |
| Z(1) | 17.00000 |
| Z(2) | 11.00000 |
| Z(3) | 15.00000 |
| Z(4) | 8.000000 |
| Z(5) | 13.00000 |
| Z(6) | 11.00000 |
| Z(7) | 5.000000 |
| Z(8) | 7.000000 |
| Z(9) | 9.000000 |
| Z(10) | 0.000000 |
| A(1, 2) | 6.000000 |
| A(1, 3) | 5.000000 |
| A(2, 4) | 3.000000 |
| A(2, 5) | 6.000000 |
| A(2, 6) | 9.000000 |
| A(3, 4) | 7.000000 |
| A(3, 5) | 5.000000 |
| A(3, 6) | 11.00000 |
| A(4, 7) | 9.000000 |
| A(4, 8) | 1.000000 |
| A(5, 7) | 8.000000 |
| A(5, 8) | 7.000000 |
| A(5, 9) | 5.000000 |
| A(6, 8) | 4.000000 |
| A(6, 9) | 10.00000 |
| A(7, 10) | 5.000000 |
| A(8, 10) | 7.000000 |

|  |  |
|---|---|
| A(9,10) | 9.000000 |
| L(1,2) | 1.000000 |
| L(1,3) | 1.234568 |
| L(2,4) | 1.000000 |
| L(2,5) | 1.234568 |
| L(2,6) | 1.234568 |
| L(3,4) | 1.000000 |
| L(3,5) | 1.234568 |
| L(3,6) | 1.234568 |
| L(4,7) | 1.234568 |
| L(4,8) | 1.000000 |
| L(5,7) | 1.000000 |
| L(5,8) | 1.234568 |
| L(5,9) | 1.234568 |
| L(6,8) | 1.000000 |
| L(6,9) | 1.234568 |
| L(7,10) | 1.000000 |
| L(8,10) | 1.000000 |
| L(9,10) | 1.000000 |

说明:

(1)命令中没有规定 $L(i,j)$ 在不满足条件时应该取何值,因此系统自动赋值随机数.

(2)将结果整理后如表 4-13 所示.

表 4-13　整理后的结果

| 城市 | 最短距离 | 路径构成 |
|---|---|---|
| 1 | 17 | 1—2—4—8—10 |
| 2 | 11 | 2—4—8—10 |
| 3 | 15 | 3—4—8—10 |
| 4 | 8 | 4—8—10 |
| 5 | 13 | 5—7—10 |
| 6 | 11 | 6—8—10 |
| 7 | 5 | 7—10 |
| 8 | 7 | 8—10 |
| 9 | 9 | 9—10 |

## 4.7.2　旅行推销员问题

**问题 16**　有一推销员要在五个城市中进行促销活动,从城市一出发,经过所有城市后回到城市一,要求每个城市只能经过一次,各城市间的交通费用值见下面矩阵 $a$,求最少费用和相应的路线.

$$a = \begin{bmatrix} 0 & 65 & 52 & 38 & 96 \\ 69 & 0 & 70 & 50 & 21 \\ 49 & 75 & 0 & 84 & 76 \\ 51 & 47 & 79 & 0 & 85 \\ 87 & 19 & 81 & 78 & 0 \end{bmatrix}$$

矩阵不对称是由于现实中各地价格不同造成的.

**数学模型**

可以用二维集 road 表示城市间的道路,则每条道路有两个属性费用和是否最佳路径,分别用 cost 和 $l$ 表示,即 $l(i,j)$ 表示从城市 $i$ 到城市 $j$,当它为最佳路径上的组成部分时令 $l(i,j)=1$,其余时为 0.

不重复遍历的约束条件相当于在访问城市 $i$ 前必须有一个刚访问过的城市,同时之后也必须有一个即将访问的城市,数学表达式如下:

$$\begin{cases} \sum_{i=1}^{5} l(i,j) = 1 \\ \sum_{j=1}^{5} l(i,j) = 1 \end{cases}$$

上面两式即数学模型的约束条件.

而目标函数是使得总费用最少,表达式如下:

$$\min \sum_{i=1}^{5} \sum_{j=1}^{5} \text{cost}(i,j) \cdot l(i,j)$$

【LINGO 命令 1】

```
model:
sets:
    cities / 1.. 5/: u;
    roads(cities, cities): cost,L;
endsets
data:
    cost = 0  65  52  38  96  69  0  70  50  21  49  75
           0  84  76  51  47  79  0  85  87  19  81  78  0;
enddata
min = @sum(roads: cost * L);              ! 目标函数;
@FOR(cities(K):                           ! 进入城市 K;
    @sum(cities(I)| I #ne# K: L(I, K)) = 1;
    @sum(cities(J)| J #ne# K: L(K, J)) = 1; ! 离开城市 K;);
@for(roads: @bin(L));                     ! 定义 L 为 0-1 变量;
end
```

【输出结果 1】

```
Global optimal solution found at iteration:              7
Objective value:                                  206.0000
```

| Variable | Value | Reduced Cost |
|---|---|---|
| U(1) | 0.000000 | 0.000000 |
| U(2) | 0.000000 | 0.000000 |
| U(3) | 0.000000 | 0.000000 |
| U(4) | 0.000000 | 0.000000 |
| U(5) | 0.000000 | 0.000000 |
| COST(1, 1) | 0.000000 | 0.000000 |
| COST(1, 2) | 65.00000 | 0.000000 |
| COST(1, 3) | 52.00000 | 0.000000 |
| COST(1, 4) | 38.00000 | 0.000000 |
| COST(1, 5) | 96.00000 | 0.000000 |
| COST(2, 1) | 69.00000 | 0.000000 |
| COST(2, 2) | 0.000000 | 0.000000 |
| COST(2, 3) | 70.00000 | 0.000000 |
| COST(2, 4) | 50.00000 | 0.000000 |
| COST(2, 5) | 21.00000 | 0.000000 |
| COST(3, 1) | 49.00000 | 0.000000 |
| COST(3, 2) | 75.00000 | 0.000000 |
| COST(3, 3) | 0.000000 | 0.000000 |
| COST(3, 4) | 84.00000 | 0.000000 |
| COST(3, 5) | 76.00000 | 0.000000 |
| COST(4, 1) | 51.00000 | 0.000000 |
| COST(4, 2) | 47.00000 | 0.000000 |
| COST(4, 3) | 79.00000 | 0.000000 |
| COST(4, 4) | 0.000000 | 0.000000 |
| COST(4, 5) | 85.00000 | 0.000000 |
| COST(5, 1) | 87.00000 | 0.000000 |
| COST(5, 2) | 19.00000 | 0.000000 |
| COST(5, 3) | 81.00000 | 0.000000 |
| COST(5, 4) | 78.00000 | 0.000000 |
| COST(5, 5) | 0.000000 | 0.000000 |
| L(1, 1) | 0.000000 | 0.000000 |
| L(1, 2) | 0.000000 | 65.00000 |
| L(1, 3) | 0.000000 | 52.00000 |
| L(1, 4) | 1.000000 | 38.00000 |
| L(1, 5) | 0.000000 | 96.00000 |
| L(2, 1) | 0.000000 | 69.00000 |
| L(2, 2) | 0.000000 | 0.000000 |
| L(2, 3) | 0.000000 | 70.00000 |
| L(2, 4) | 0.000000 | 50.00000 |
| L(2, 5) | 1.000000 | 21.00000 |
| L(3, 1) | 1.000000 | 49.00000 |
| L(3, 2) | 0.000000 | 75.00000 |

| | | |
|---|---|---|
| L(3，3) | 0.000000 | 0.000000 |
| L(3，4) | 0.000000 | 84.00000 |
| L(3，5) | 0.000000 | 76.00000 |
| L(4，1) | 0.000000 | 51.00000 |
| L(4，2) | 0.000000 | 47.00000 |
| L(4，3) | 1.000000 | 79.00000 |
| L(4，4) | 0.000000 | 0.000000 |
| L(4，5) | 0.000000 | 85.00000 |
| L(5，1) | 0.000000 | 87.00000 |
| L(5，2) | 1.000000 | 19.00000 |
| L(5，3) | 0.000000 | 81.00000 |
| L(5，4) | 0.000000 | 78.00000 |
| L(5，5) | 0.000000 | 0.000000 |

说明：分析结果可知这是错误的，因为存在两个子循环：1—4—3—1 和 2—5—2，这就要求我们在程序中加入限制子循环的语句.

【定理】　附加以下条件可避免子循环的产生，$u(i)$ 为额外变量，$n$ 是城市个数.

$$u(i)-u(j)+n \cdot l(i,j) \leqslant n-1, \quad 2 \leqslant i \neq j \leqslant n$$

证明过程省略.

【LINGO 命令 2】

```
model:
sets:
    cities / 1..5/: u;
    roads(cities, cities):cost,l;
endsets
data:
    cost = 0  65  52  38  96  69  0  70  50  21  49  75
           0  84  76  51  47  79  0  85  87  19  81  78  0;
enddata
min = @sum(roads: cost * l);       ! 目标函数;
@FOR(cities(K):    ! 进入城市 K;
    @sum(cities(I)| I #ne# K: l(I, K)) = 1;
    @sum(cities(J)| J #ne# K: l(K, J)) = 1;       ! 离开城市 K;);
@for(cities(I)|I #gt# 1:       ! 保证不出现子循环;
    @for(cities(J)| J#gt#1 #and# I #ne# J: u(I) - u(J) + 5 * l(I,J) < = 5 - 1); );
@for(roads: @bin(l));     ! 定义 l 为 0 - 1 变量;
end
```

【输出结果 2】

```
Global optimal solution found at iteration:          54
Objective value:                                     236.0000
```

| Variable | Value | Reduced Cost |
|---|---|---|
| U(1) | 0.000000 | 0.000000 |

| | | |
|---|---|---|
| U(2) | 1.000000 | 0.000000 |
| U(3) | 3.000000 | 0.000000 |
| U(4) | 0.000000 | 0.000000 |
| U(5) | 2.000000 | 0.000000 |
| COST(1, 1) | 0.000000 | 0.000000 |
| COST(1, 2) | 65.00000 | 0.000000 |
| COST(1, 3) | 52.00000 | 0.000000 |
| COST(1, 4) | 38.00000 | 0.000000 |
| COST(1, 5) | 96.00000 | 0.000000 |
| COST(2, 1) | 69.00000 | 0.000000 |
| COST(2, 2) | 0.000000 | 0.000000 |
| COST(2, 3) | 70.00000 | 0.000000 |
| COST(2, 4) | 50.00000 | 0.000000 |
| COST(2, 5) | 21.00000 | 0.000000 |
| COST(3, 1) | 49.00000 | 0.000000 |
| COST(3, 2) | 75.00000 | 0.000000 |
| COST(3, 3) | 0.000000 | 0.000000 |
| COST(3, 4) | 84.00000 | 0.000000 |
| COST(3, 5) | 76.00000 | 0.000000 |
| COST(4, 1) | 51.00000 | 0.000000 |
| COST(4, 2) | 47.00000 | 0.000000 |
| COST(4, 3) | 79.00000 | 0.000000 |
| COST(4, 4) | 0.000000 | 0.000000 |
| COST(4, 5) | 85.00000 | 0.000000 |
| COST(5, 1) | 87.00000 | 0.000000 |
| COST(5, 2) | 19.00000 | 0.000000 |
| COST(5, 3) | 81.00000 | 0.000000 |
| COST(5, 4) | 78.00000 | 0.000000 |
| COST(5, 5) | 0.000000 | 0.000000 |
| L(1, 1) | 0.000000 | 0.000000 |
| L(1, 2) | 0.000000 | 65.00000 |
| L(1, 3) | 0.000000 | 52.00000 |
| L(1, 4) | 1.000000 | 38.00000 |
| L(1, 5) | 0.000000 | 96.00000 |
| L(2, 1) | 0.000000 | 69.00000 |
| L(2, 2) | 0.000000 | 0.000000 |
| L(2, 3) | 0.000000 | 70.00000 |
| L(2, 4) | 0.000000 | 50.00000 |
| L(2, 5) | 1.000000 | 21.00000 |
| L(3, 1) | 1.000000 | 49.00000 |
| L(3, 2) | 0.000000 | 75.00000 |
| L(3, 3) | 0.000000 | 0.000000 |
| L(3, 4) | 0.000000 | 84.00000 |

| | | |
|---|---|---|
| L(3，5) | 0.000000 | 76.00000 |
| L(4，1) | 0.000000 | 51.00000 |
| L(4，2) | 1.000000 | 47.00000 |
| L(4，3) | 0.000000 | 79.00000 |
| L(4，4) | 0.000000 | 0.000000 |
| L(4，5) | 0.000000 | 85.00000 |
| L(5，1) | 0.000000 | 87.00000 |
| L(5，2) | 0.000000 | 19.00000 |
| L(5，3) | 1.000000 | 81.00000 |
| L(5，4) | 0.000000 | 78.00000 |
| L(5，5) | 0.000000 | 0.000000 |

　　说明:验证可知,最佳方案为 1—4—2—5—3—1,最少费用为 236,满足要求,是正确答案.

# 第 5 章　EXCEL 数学实验

EXCEL 软件在数学中起到很重要的作用,能解决数学基本运算、绘制图像、数值分析、自定义函数等.它的优点是可视效果好,操作比较简便,实用性强.

## 5.1　EXCEL 基本运算

### 5.1.1　数组运算

**问题 1**　生成 1 到 10 的自然数.

【操作过程】

在单元格 A1 中输入数据 1,单元格 B1 中输入＝1＋A1 按 Enter 键,然后将单元格 C1 至 J1 通过填充柄复制公式实现,结果如表 5-1 所示.

表 5-1　问题 1 的结果

|   | A | B | C | D | E | F | G | H | I | J |
|---|---|---|---|---|---|---|---|---|---|---|
| 1 | 1 | 2 | 3 | 4 | 5 | 6 | 7 | 8 | 9 | 10 |

**问题 2**　已知数组 $A=\begin{bmatrix} 1 & 2 & 3 & 4 \\ 5 & 6 & 7 & 8 \end{bmatrix}$,$B=\begin{bmatrix} 2 & 2 & 2 & 2 \\ 3 & 3 & 3 & 3 \end{bmatrix}$,求(1)数组 $A$ 与 $B$ 的和;(2)数组 $A$ 的转置.

【操作过程】

(1)在单元格区域(A1:D2) 和(F1:I2)上分别输入数组 $A$ 和 $B$;在空格 A4 中,输入＝A1＋F1 按 Enter 键,然后将单元格区域(B4:D4)和(A5:D5)通过填充柄复制公式实现,结果如表 5-2 所示.

(2)选中单元格区域(A1:D2)复制,再用鼠标选中单元格 F4(也可取适当位置),接着单击"编辑→选择性粘贴",出现对话框(见图 5-1),在右下角"转置"选项前面打个钩,按"确定"按钮,结果(见表 5-3).

表 5-2　问题 2(1)的结果

|   | A | B | C | D | E | F | G | H | I |
|---|---|---|---|---|---|---|---|---|---|
| 1 | 1 | 2 | 3 | 4 |   | 2 | 2 | 2 | 2 |
| 2 | 5 | 6 | 7 | 8 |   | 3 | 3 | 3 | 3 |
| 3 |   |   |   |   |   |   |   |   |   |
| 4 | 3 | 4 | 5 | 6 |   |   |   |   |   |
| 5 | 8 | 9 | 10 | 11 |   |   |   |   |   |

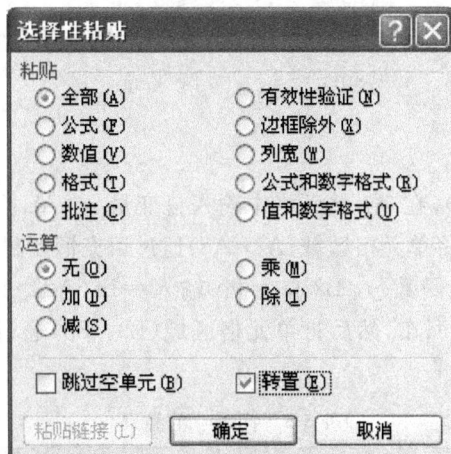

图 5-1　选择性粘贴对话框

表 5-3　　问题 2(2)的结果

|   | A | B | C | D | E | F | G | H | I |
|---|---|---|---|---|---|---|---|---|---|
| 1 | 1 | 2 | 3 | 4 |   | 2 | 2 | 2 | 2 |
| 2 | 5 | 6 | 7 | 8 |   | 3 | 3 | 3 | 3 |
| 3 |   |   |   |   |   |   |   |   |   |
| 4 | 3 | 4 | 5 | 6 |   | 1 | 5 |   |   |
| 5 | 8 | 9 | 10 | 11 |   | 2 | 6 |   |   |
| 6 |   |   |   |   |   | 3 | 7 |   |   |
| 7 |   |   |   |   |   | 4 | 8 |   |   |

## 5.1.2　函数求值

**问题 3**　已知 $x_1 = \pi, x_2 = 2, y = \dfrac{x_1 x_2}{3x_1 + x_2^3}$，求 $y$ 和 $|y|$ 的值.

【操作过程】

(1) 设置 A 列；

(2) 在单元格 B1,C1 中分别输入自变量＝PI(),2；

(3) 在单元格 B2 中输入＝B1＊C1/(3＊B1＋C1^3)－1 回车就得函数值－0.6394；

(4) 在单元格 B3 中输入＝ABS(B2)回车就得函数值 0.6394.结果如表 5-4 所示.

表 5-4　　问题 3 的结果

|   | A | B | C |
|---|---|---|---|
| 1 | x | 3.141593 | 2 |
| 2 | y | −0.63941 |   |
| 3 | y 绝对值 | 0.6394109 |   |

**问题 4** 已知分段函数 $y = \begin{cases} \cos x - 1, & x \leqslant -1 \\ x, & -1 < x \leqslant 1 \\ \sin x + 1, & x > 1 \end{cases}$，求当 $x = 3, 2, 1, 0, -1, -2, -3$ 时的函数值.

【操作过程】

(1)选空白列(如 A 列),在 A1 单元格中输入自变量 $x$,A2 单元格中输入 3,A3 单元格中输入＝A2－1回车,然后将单元格区域(A3：A8)通过填充柄复制公式实现.

(2)选 B1 单元格,输入函数 $y$,B2 单元格,输入＝IF(A2＞1,1＋SIN(A2),IF(A2＞－1,A2,－1＋COS(A2)))回车,然后将单元格区域(B3：B8)通过填充柄复制公式实现,结果如表 5-5 所示.

表 5-5 问题 4 的结果

| | A | B |
|---|---|---|
| 1 | x | y |
| 2 | 3 | 1.14112 |
| 3 | 2 | 1.9092974 |
| 4 | 1 | 1 |
| 5 | 0 | 0 |
| 6 | −1 | −0.4596977 |
| 7 | −2 | −1.4161468 |
| 8 | −3 | −1.9899925 |

# 技能训练

1.生成 1 到 10 之间的奇数.

2.已知数组 $A = \begin{bmatrix} 1 & 2 & 3 & 4 \\ 5 & 6 & 7 & 8 \end{bmatrix}$,$B = \begin{bmatrix} 2 & 2 & 2 & 2 \\ 3 & 3 & 3 & 3 \end{bmatrix}$,计算数组 $A$ 与 $B$ 乘法、除法、乘方及数组 $A$ 的转置.

3.输出 $\pi$ 和 e 的值,要求其有效数字分别为 6 和 8 位.

4.当 $x = 3, 2, 1, 0, -1, -2, -3$ 时,计算分段函数 $y = \begin{cases} x + \sin x, & x > 0 \\ e^x \cos x, & x \leqslant 0 \end{cases}$ 的值.

5.黑白棋游戏

8 颗黑白两色棋子如图 5-2 围成一圈,然后在两颗颜色相同的棋子中间放一颗白棋子,在两颗颜色不同的棋子中间放一颗黑棋子,放好后拿掉原来所放的棋子,再重复以上过程:放下新的一圈棋子后就拿走上一次摆下的一圈棋子,问棋子的颜色变化有何规律.

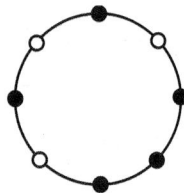

图 5-2 黑白棋游戏示意

## 5.2　EXCEL 绘制图像

**问题 5**　一次考试成绩 0～10 分有 0 人,10～20 分有 0 人,20～30 分 1 人,30～40 分有 1 人,50～60 分有 2 人,60～70 分有 18 人,70～80 分有 20 人,80～90 分有 9 人,90～100 分有 6 人.绘出成绩分析柱形图.

【操作过程】

(1)在 EXCEL 中制作表格(见表 5-6).

**表 5-6　制作表格**

| 分数 | 0～10 | 10～20 | 20～30 | 30～40 | 50～60 | 60～70 | 70～80 | 80～90 | 90～100 |
|------|-------|--------|--------|--------|--------|--------|--------|--------|---------|
| 人数 | 0 | 0 | 1 | 1 | 2 | 18 | 20 | 9 | 6 |

(2)全选表中数据,用鼠标点击"插入→ 图表",启动图表向导(见图 5-2),选择柱形图,再点击完成.鼠标右键网格线,单击清除,同样清除系列得到结果(见图 5-3).

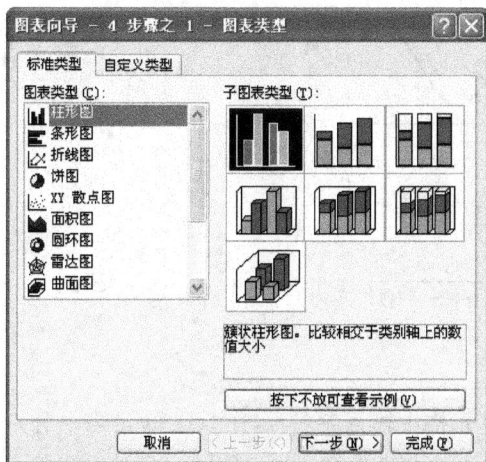

图 5-2　"图表向导"对话框

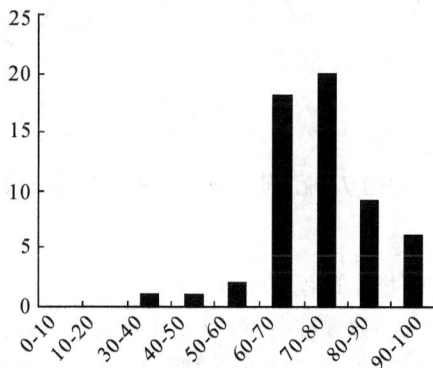

图 5-3　问题 5 的结果

**问题 6**　已知函数 $y = 3\sin x + \ln(1 + x^2)$,作区间 $-4 \leqslant x \leqslant 8$ 上的图像.

【操作过程】

(1)数据准备:可以设步长为 0.1,在 A1 单元格中输入字符 $x$,B1 单元格中输入字符 $y$,A2 单元格中输入 $-4$(初始值),A3 单元格中输入 $=A2+0.1$,在 B2 单元格中输入 $=2*\mathrm{SIN}(A2)+\mathrm{LN}(1+A2^2)$,然后把 A3 单元格右下角的黑点向下拉,直到 $x$ 的值等于终点值 8 为止(A122),把 B2 单元格右下角的黑点向下拉直到 B122(与 A122 相对应),此时 A 列是自变量 $x$ 的一系列数值,B 列是相对应的函数 $y$ 的值(图略).

(2)用图表生成图像:点击工具栏中 📊 按钮,启动图表向导,如图 5-4 所示,选择 XY 散点图中的无数据点平滑线散点图类型,进入下一步,在数据区域栏目内输入 A1:B122(图略),点击下一步,出现"图表选项"对话框,不选网格线和图例,去掉它们的符号√(见图 5-5),再点击完成.

（3）对图像进行修饰：鼠标右键图形灰色部分出现"绘图区格式"对话框，颜色选白色，再点击填充效果，选择图案中的前景和背景均选白色，确定.再鼠标右键点击边框，出现"图表区格式"对话框，图案颜色为白色，就得结果（见图5-6）.

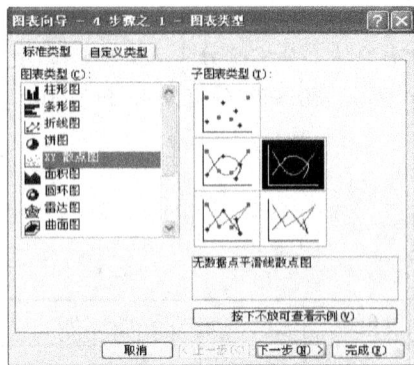

图5-4　"图表向导"对话框　　　　　图5-5　"图表选项"对话框

$$y=2\sin x+\ln(1+x\char`^2)$$

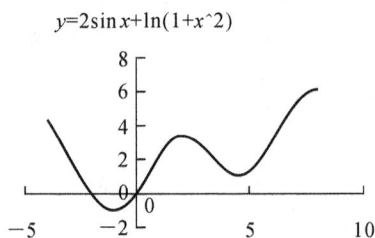

图5-6　问题6的结果

**问题7**　在同一坐标系中，作出函数 $y_1=\dfrac{800x}{(x^2+10)^2}$，$y_2=0.5x^2-4x$，$x\in[-2,10]$ 的图像.

**【操作过程】**

（1）数据准备：可以设步长为 $0.25$，在 A1 单元格中输入字符 x，B1、C1 单元格中分别输入字符 y1、y2，A2 单元格中输入 $-2$（初始值），A3 单元格中输入＝A2＋0.25，在 B2 单元格中输入＝(800＊A2)/(A2^2＋10)^2，C2 单元格中输入＝0.5＊A2^2－4＊A2，然后把 A3 单元格右下角的黑点向下拉，直到 x 的值等于终点值 10 为止（A50），把 B2、C2 单元格右下角的黑点分别向下拉直到 B50、C50（与 A50 相对应），此时 A 列是自变量 x 的一系列数值，B、C 列是相对应的函数 $y_1$、$y_2$ 的值（图略）.

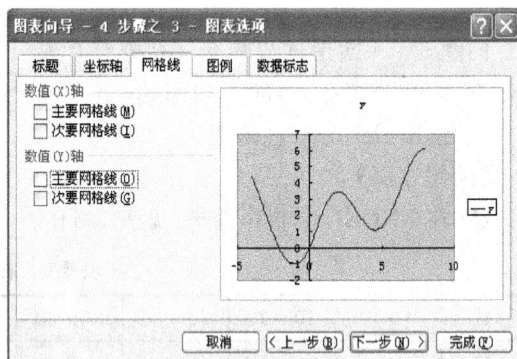

（2）用图表生成图像：选中 A、B、C 列所有数据，点击工具栏中 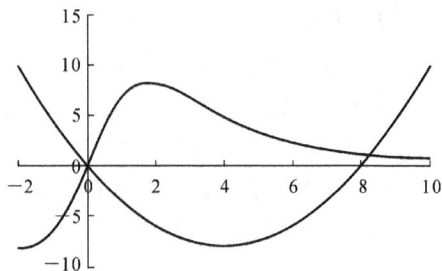 按钮，启动图表向导，如图5-4 所示，选择 XY 散点图中的无数据点平滑线散点图类型，再点击完成.

图5-7　问题7的结果

（3）对图像进行修饰同问题6，就得结果（见图5-7）.

说明：关于图形的各种设置，可通过多次实验达到目的.

**问题 8**　作分段函数 $y = \begin{cases} x\sin x, & x > 0 \\ \mathrm{e}^x \cos x, & x \leqslant 0 \end{cases}$ 的图像.

**【操作过程】**

(1)数据准备:可以设步长为 0.2,在 A1 单元格中输入字符 x,B1 单元格中分别输入字符 y,A2 单元格中输入 $-3$(初始值),A3 单元格中输入 $=$A2$+$0.2,在 B2 单元格中输入 $==$ IF(A2$>$0,A2 $*$ SIN(A2),EXP(A2) $*$ COS(A2)),然后把 A3 单元格右下角的黑点向下拉,直到 $x$ 的值等于终点值 3 为止(A32),把 B2 单元格右下角的黑点分别向下拉直到 B32 (与 A32 相对应),此时 A 列是自变量 $x$ 的一系列数值,B 列是相对应的函数 $y$ 的值(图略).

(2)用图表生成图像:选中 A,B 列所有数据,点击工具栏中  按钮,启动图表向导,如图 5-4 所示,选择 XY 散点图中的无数据点平滑线散点图类型,再点击完成.

(3)对图像进行修饰同问题 6,就得结果(见图 5-8).

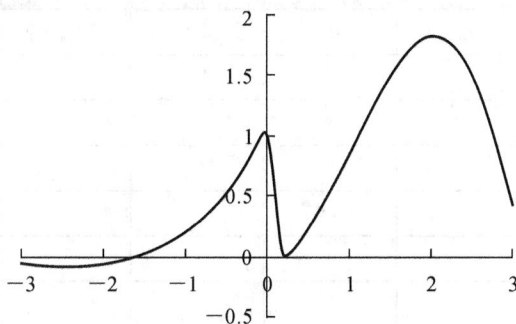

图 5-8　问题 8 的结果

# 技能训练

1.已知平面内 8 个散点的坐标如下:$(1,15.3)$,$(2,20.5)$,$(3,27.4)$,$(4,36.6)$,$(5,49.1)$,$(6,65.6)$,$(7,87.8)$,$(8,117.6)$,在直角坐标系中绘制散点图.

2.作函数 $y = x^3 - 3x + 1$ 在 $-5 \leqslant x \leqslant 5$ 上的图像.

3.在 $x \in [0,4]$ 上画出分段函数 $f(x) = \begin{cases} \sqrt[2]{2x - x^2}, & 0 \leqslant x \leqslant 2 \\ x - 2, & x > 2 \end{cases}$ 的图像.

## 5.3　EXCEL 数值分析

### 5.3.1　方程数值解

**问题 9**　用迭代法能求非线性方程 $x - \cos x = 0$ 的数值解,迭代公式是 $x_k = \cos(x_{k-1})$,取 $x_0 = 1$,要求精度达到 $10^{-9}$.

【操作过程】

在 A 列的第一个位置(A1)处输入初始值 1,点击单元格 A2,输入＝COS(A1),得到计算结果 0.540302306,然后连续向下拖动黑边框右下角的小黑点,产生的效果是按迭代公式是 $A_k＝COS(A_{k-1})$ 不断进行迭代,放开鼠标就能看见结果 0.739085133,此时单元格内显示的数字格式为小数点后面 9 位,A55 之后的数字不再变化,说明迭代 55 次之后计算结果的精度达到.

**问题 10** 用二分法(二分法原理见 MATLAB 数学实验)求 $x^3＋1.1x^2＋0.9x－1.4＝0$ 在区间 $[0,1]$ 内的实根近似值,使误差不超过 $10^{-3}$.

【操作过程】

表 5-7  设置 EXCEL 表

| | A | B | C | D | E | F | G |
|---|---|---|---|---|---|---|---|
| 1 | $n$ | $a_n$ | $b_n$ | $x*$ | $f(x*)$ | $f(a)$ | 精度要求 |
| 2 | | | | | | | |
| 3 | | | | | | | |
| 4 | | | | | | | |
| 5 | | | | | | | |
| 6 | | | | | | | |
| 7 | | | | | | | |
| 8 | | | | | | | |
| 9 | | | | | | | |
| 10 | | | | | | | |

将 EXCEL 表 5-7 进行如下设置:

第 1 行设为标题栏:$n,a_n,b_n,x^*,f(x^*),f(a)$,精度要求

再按区间二分法各单元格设置操作过程如下:

A2:0

A3:＝A2＋1

A 列中将单元格区域(A4:A10)通过填充柄复制 A3 公式实现.

B2:0

B3:＝IF(E2 * F2<0,B2,D2)

B 列中将单元格区域(B4:B10)通过填充柄复制 B3 公式实现.

C2:1

C3:＝IF(B3＝B2,D2,C2)

C 列中将单元格区域(C4:C10)通过填充柄复制 C3 公式实现.

D2:＝(B2＋C2)/2

D 列中将单元格区域(D3:D10)通过填充柄复制 D2 公式实现.

E2:＝D2^3＋1.1 * D2^2＋0.9 * D2－1.4

E 列中将单元格区域(E3:E10)通过填充柄复制 E2 公式实现.

F2：=B2^3+1.1\*B2^2+0.9\*B2-1.4

F3：=IF(B3=B2,B2^3+1.1\*B2+0.9\*B2-1.4,E2)

F 列中将单元格区域(F4:F10)通过填充柄复制 F3 公式实现.

G2：=IF(1/2^(A2+1)\*($C$2-$B$2)<=0.001,D2,"")

G 列中将单元格区域(G3:G10)通过填充柄复制 G2 公式实现.

设置完后,EXCEL 给出计算结果(见表 5-8).

**表 5-8　问题 10 的计算结果**

| $n$ | $a_n$ | $b_n$ | $x*$ | $f(x*)$ | $f(a)$ | 精度要求 |
|---|---|---|---|---|---|---|
| 0 | 0 | 1 | 0.5000 | −0.5500 | −1.4000 | |
| 1 | 0.5000 | 1.0000 | 0.7500 | 0.3156 | −0.5500 | |
| 2 | 0.5000 | 0.7500 | 0.6250 | −0.1637 | −0.5500 | |
| 3 | 0.6250 | 0.7500 | 0.6875 | 0.0636 | −0.1637 | |
| 4 | 0.6250 | 0.6875 | 0.6563 | −0.0530 | −0.1637 | |
| 5 | 0.6563 | 0.6875 | 0.6719 | 0.0045 | −0.0530 | |
| 6 | 0.6563 | 0.6719 | 0.6641 | −0.0244 | −0.0530 | |
| 7 | 0.6641 | 0.6719 | 0.6680 | −0.0100 | −0.0244 | |
| 8 | 0.6680 | 0.6719 | 0.6699 | −0.0027 | −0.0100 | |
| 9 | 0.6699 | 0.6719 | 0.6709 | 0.0009 | −0.0027 | 0.6709 |

于是 $x*=0.6709$,其误差不超过 0.001. 二分进行了 9 次.

说明：(1)在精度要求这一列里,第一次出现数值时,就停止二分. 此时的数值就是所求方程的解.

(2)若对精度要求进行适当调整,所得数值解就更接近真值.

## 5.3.2　数值微积分

**问题 11**　已知 $y=f(x)$ 的下列数值.

**表 5-9　$y=f(x)$ 数值**

| $x$ | 2.5 | 2.6 | 2.7 | 2.8 | 2.9 |
|---|---|---|---|---|---|
| $y$ | 12.1825 | 13.4637 | 14.8797 | 16.4446 | 18.1741 |

计算各点处函数的一阶导数值.

说明：相关公式在 MATLAB 数学实验中.

【操作过程】

(1)在 EXCEL 中制作表格(见表 5-10)

**表 5-10　制作表格**

| | A | B | C | D | E | F |
|---|---|---|---|---|---|---|
| 1 | $x$ | 2.5 | 2.6 | 2.7 | 2.8 | 2.9 |
| 2 | $y$ | 12.1825 | 13.4637 | 14.8797 | 16.4446 | 18.1741 |
| 3 | $h$ | | | | | |
| 4 | $\mathrm{d}y/\mathrm{d}x$ | | | | | |

各单元格设置：

B3：＝C1－B1,单元格区域(C3:E3)通过填充柄复制公式实现.

B4：＝(1/(2＊0.1))＊(－3＊B2+4＊C2－D2)

C4：＝(1/(2＊0.1))＊(－B2+D2)

D4：＝(1/(2＊0.1))＊(－C2+E2)

E4：＝(1/(2＊0.1))＊(－D2+F2)

F4：＝(1/(2＊0.1))＊(D2－4＊E2+3＊F2)

(2)结果(见表5-11)

表 5-11　问题 11 的结果

| | A | B | C | D | E | F |
|---|---|---|---|---|---|---|
| 1 | $x$ | 2.5 | 2.6 | 2.7 | 2.8 | 2.9 |
| 2 | $y$ | 12.1825 | 13.4637 | 14.8797 | 16.4446 | 18.1741 |
| 3 | $h$ | 0.1 | 0.1 | 0.1 | 0.1 | |
| 4 | d$y$/d$x$ | 12.138 | 13.486 | 14.9045 | 16.472 | 18.118 |

即 $f'(2.5)\approx12.138, f'(2.6)\approx13.486, f'(2.7)\approx14.9045, f'(2.8)\approx16.472, f'(2.9)\approx18.118$.

**问题 12**　用定积分的定义计算 $\int_0^1 e^x dx$ 的值.（分割 20 等份）

【操作过程】

(1)在 EXCEL 中制作表格

各单元格设置：(h＝1/20＝0.05)

B2：＝0.05

B3：＝B2+0.05,单元格区域(B4:B21)通过填充柄复制公式实现.

C2：＝EXP(B2),单元格区域(C3:C21)通过填充柄复制公式实现.

D2：＝0.05＊C2,单元格区域(D3:D21)通过填充柄复制公式实现.

E2：＝SUM(D2:D21).

(2)结果(见表5-12)

表 5-12　问题 12 的结果

| | A | B | C | D | E |
|---|---|---|---|---|---|
| 1 | n | x | y | si | s |
| 2 | 1 | 0.05 | 1.051271 | 0.052564 | 1.761597 |
| 3 | 2 | 0.1 | 1.105171 | 0.055259 | |
| 4 | 3 | 0.15 | 1.161834 | 0.058092 | |
| 5 | 4 | 0.2 | 1.221403 | 0.06107 | |
| 6 | 5 | 0.25 | 1.284025 | 0.064201 | |
| 7 | 6 | 0.3 | 1.349859 | 0.067493 | |
| 8 | 7 | 0.35 | 1.419068 | 0.070953 | |
| 9 | 8 | 0.4 | 1.491825 | 0.074591 | |
| 10 | 9 | 0.45 | 1.568312 | 0.078416 | |

续表

| | A | B | C | D | E |
|---|---|---|---|---|---|
| 1 | n | x | y | si | s |
| 11 | 10 | 0.5 | 1.648721 | 0.082436 | |
| 12 | 11 | 0.55 | 1.733253 | 0.086663 | |
| 13 | 12 | 0.6 | 1.822119 | 0.091106 | |
| 14 | 13 | 0.65 | 1.915541 | 0.095777 | |
| 15 | 14 | 0.7 | 2.013753 | 0.100688 | |
| 16 | 15 | 0.75 | 2.117 | 0.10585 | |
| 17 | 16 | 0.8 | 2.225541 | 0.111277 | |
| 18 | 17 | 0.85 | 2.339647 | 0.116982 | |
| 19 | 18 | 0.9 | 2.459603 | 0.12298 | |
| 20 | 19 | 0.95 | 2.58571 | 0.129285 | |
| 21 | 20 | 1 | 2.718282 | 0.135914 | |

即 $\int_0^1 e^x dx \approx 1.761597$.

### 5.3.3　回归分析

回归分析就是处理变量之间的相关关系的一种数学方法,它是最常用的数理统计方法.所谓相关关系就是变量之间的关系很难用一种精确的方法表示出来.比如,人的身高和体重之间的关系、成人的血压与年龄之间的关系等.其原理见数据描述与回归分析.

**回归的分类**

有按自变量的数量来分:

1. 一元回归,即随机变量 $y$ 与单个自变量 $x$ 的相关关系;

2. 多元回归,即随机变量 $y$ 与几个自变量 $x_i$ 之间的关系.

也有按回归方程的形式来分:

1. 线性回归,即回归方程的形式是线性表达式;

2. 非线性回归,即回归方程的形式是非线性表达式.

**问题 13**　设观测数据为 $(x_i, y_i), i = 1, 2, \cdots, n$. 回归方程的形式为 $y = a + bx + \varepsilon$.

表 5-13 给出了某化学反应中温度 $x$ 与产品得率(产出率)$y$ 的观测数据,试研究 $y$ 与 $x$ 的函数模型,并预测温度 $x = 200$ 时,得率 $y$ 的值.

**表 5-13　某化学反应中温度与产品得率的观测数据**

| 温度 $x$ | 100 | 110 | 120 | 130 | 140 | 150 | 160 | 170 | 180 | 190 |
|---|---|---|---|---|---|---|---|---|---|---|
| 得率 $y$ | 45 | 51 | 54 | 61 | 66 | 70 | 74 | 78 | 85 | 89 |

【操作过程】

在 A1:A11 单元格中依次输入温度 $x$ 及原始数据,在 B1:B11 单元格中依次输入得率 $y$ 及原始数据,选中数据区 A1:B11,点击图表向导 按钮,选择 XY 散点图,点击完成.经过适当修饰,得到图 5-9;鼠标单击散点使之变黄色,接着鼠标右键黄色点,出现选项图5-10,单击添加趋势线(R)…,弹出"添加趋势线"对话框,如图 5-11 所示.在类型中单击线性图框,在选项中显示公式和显示 R 平方值前面打上√,点击确定得到图 5-12 结果.$y$ 与 $x$ 的回归关

系为 $y = 0.483x - 2.7394$，$R^2 = 0.9963$（越接近 1 趋势效果越好）.

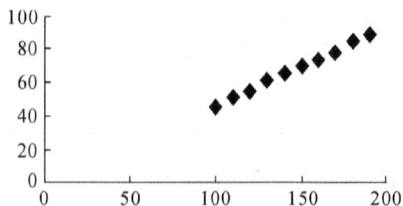

图 5-9　修饰后的散点图

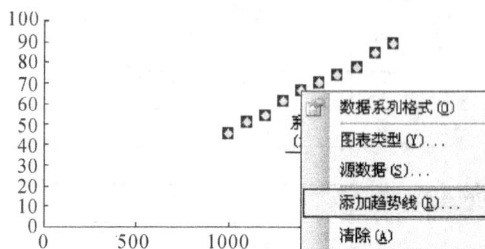

图 5-10　右键出现选项

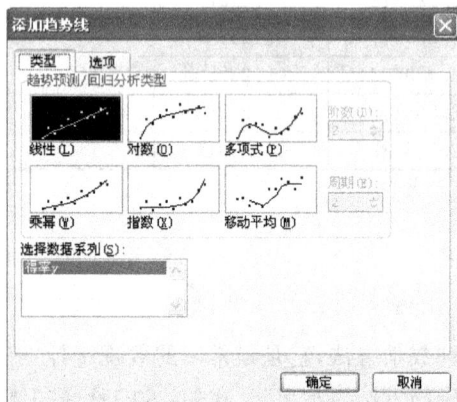

图 5-11　"添加趋势线"对话框

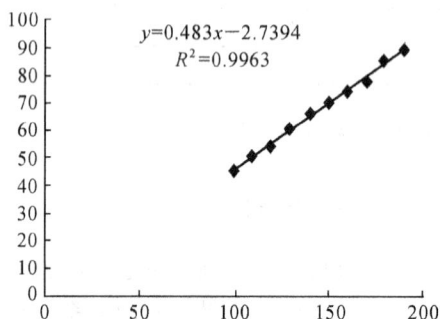

图 5-12　问题 13 的结果

求函数值 $y = 0.483x - 2.7394 = 0.483 \times 200 - 2.7394 = 93.8606$.

值得注意的是，当 $x$ 比较大的时候，用回归函数预测时，回归函数中的系数应多保留一些有效数字，方法是双击图 5-12 中公式边框，出现对话框"数据标志格式"，在数字—数值处设置适当的小数位数. 比如上式回归函数写成（保留小数点后面 9 位）：$y = 0.483030303x - 2.739393939$.

也可利用数据处理等工具（数据处理在使用前必须补充安装. 在 EXCEL 窗体的"工具"中选定"加载宏"，再选定"数据分析"等，点击"确定"；如果需要，把 Office 光盘放入光驱，然后按提示进行安装. 安装完成之后，就可在"工具"中调用"数值分析"、"规划求解"等解决问题）.

【操作过程】

先输入原始数据（见图 5-13）. 然后点击"工具→数据分析→回归→确定"，弹出"回归分析"对话框，在 Y 值输入区域填入 $B$1：$B$11，在 X 值输入区域填入 $A$1：$A$11，在对话框的标志(L)，置信度省略表示 95%，常数为零表示回归通过原点，可不选；残差(R)、残差图(D)、标准残差(T)、线性拟合图(T)、正态概率图（见图 5-14）可选也可不选；单击"确定"，立即得到回归分析的输出结果（见图 5-15、图 5-16）.

|  | A | B |
|---|---|---|
| 1 | 温度x | 得率y |
| 2 | 100 | 45 |
| 3 | 110 | 51 |
| 4 | 120 | 54 |
| 5 | 130 | 61 |
| 6 | 140 | 66 |
| 7 | 150 | 70 |
| 8 | 160 | 74 |
| 9 | 170 | 78 |
| 10 | 180 | 85 |
| 11 | 190 | 89 |

图 5-13　原始数据

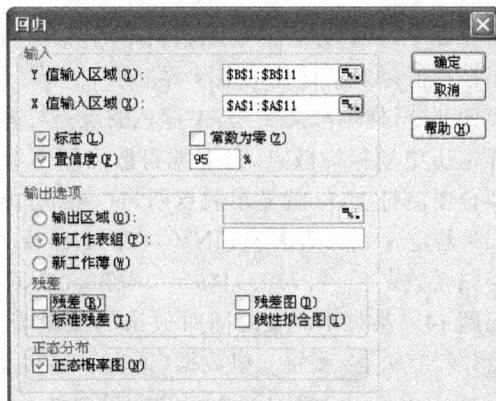

图 5-14　回归对话框

SUMMARY OUTPUT

| 回归统计 | |
|---|---|
| Multiple R | 0.998128718 |
| R Square | 0.996260938 |
| Adjusted R | 0.995793555 |
| 标准误差 | 0.950279066 |
| 观测值 | 10 |

方差分析

|  | df | SS | MS | F | Significance F |
|---|---|---|---|---|---|
| 回归分析 | 1 | 1924.876 | 1924.876 | 2131.574 | 5.35253E-11 |
| 残差 | 8 | 7.224242 | 0.90303 | | |
| 总计 | 9 | 1932.1 | | | |

|  | Coefficients | 标准误差 | t Stat | P-value | Lower 95% | Upper 95% | 下限 95.0% | 上限 95.0% |
|---|---|---|---|---|---|---|---|---|
| Intercept | -2.739393939 | 1.5465 | -1.77135 | 0.11445 | -6.305629201 | 0.8268413 | -6.3056292 | 0.82684132 |
| 温度x | 0.483030303 | 0.010462 | 46.16897 | 5.35E-11 | 0.458904362 | 0.5071562 | 0.45890436 | 0.50715624 |

图 5-15　问题 13 的回归结果

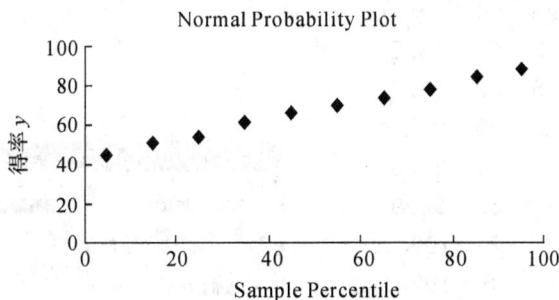

图 5-16　回归分析正态分布

解读图 5-15 数据:

第一部分,回归统计. Multiple R(相关系数 $r$,越接近 1 线性关系越显著)、R Square(相关系数 $r$ 的平方,越接近 1 线性关系越显著)、调整之后的相关系数、回归标准差(均方差的估计值 $\hat{\sigma}$)以及样本个数.

第二部分,方差分析. df 为自由度、SS 为平方和(离差、残差、总离差)、MS=SS/df 表示均方和它们的自由度以及由此计算出的 F 统计量和相应的显著水平（$P\{F>2131.574\}=$ 5.35253E－11）.

第三部分，回归方程的截距和斜率的估计值以及它们的估计标准误差、$t$ 统计量大小双边拖尾概率值以及估计值的上下界.

第四部分，样本散点图. 其中蓝色的点是样本的真实散点图，红色的点是根据回归方程进行样本历史模拟的散点. 如果觉得散点图不够清晰可以拖动图形大小观看（若图 5-14 中线性拟合图前打上√，就显示散点图，这一部分略）.

如果给定 $\alpha=0.05$，由于 $FINV(0.05,1,8)=5.3177<F=2131.574$，故线性回归效果很好.

回归系数 $\hat{a}=-2.739394$，$\hat{b}=0.4830303$，回归方程为 $y=-2.739394+0.480303x$.

**问题 14** 某种水泥在凝固时放出的热量与水泥中的下列四种化学成分 $x_1,x_2,x_3,x_4$ 的含量（%）有关，今测得一组数据（见表 5-14），试确定一个多元线性回归模型.

**表 5-14　某种水泥凝固时放出的热量与水泥中四种化学成分含量的关系数据**

| 编号 | 1 | 2 | 3 | 4 | 5 | 6 | 7 | 8 | 9 | 10 | 11 | 12 | 13 |
|---|---|---|---|---|---|---|---|---|---|---|---|---|---|
| $x_1$ | 7 | 1 | 11 | 11 | 7 | 11 | 3 | 1 | 2 | 21 | 1 | 11 | 10 |
| $x_2$ | 26 | 29 | 56 | 31 | 52 | 55 | 71 | 31 | 54 | 47 | 40 | 66 | 68 |
| $x_3$ | 6 | 15 | 8 | 8 | 6 | 9 | 17 | 22 | 18 | 4 | 23 | 9 | 8 |
| $x_4$ | 60 | 52 | 20 | 47 | 33 | 22 | 6 | 44 | 22 | 26 | 34 | 12 | 12 |
| $y$ | 78.5 | 74.3 | 104.3 | 87.6 | 95.9 | 109.2 | 102.7 | 72.5 | 93.1 | 115.9 | 83.8 | 113.3 | 109.4 |

【操作过程】

先输入数据，$x_1,x_2,x_3,x_4$ 是自变量，$y$ 是因变量（见图 5-17），设回归方程为 $y=b_0+b_1x_1+b_2x_2+b_3x_3+b_4x_4+\varepsilon$.

然后点击"工具→数据分析→回归→确定"，弹出回归对话框（见图 5-18），在该对话框的"Y 值输入区域"填入 ＄E＄1：＄E＄14，"X 值输入区域"填入 ＄A＄1：＄D＄14，然后点击"确定"，立即得到回归结果（见图 5-19）.

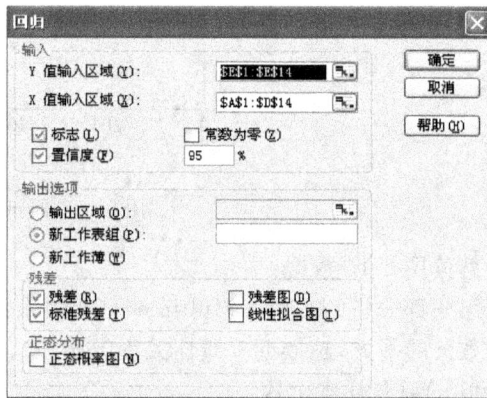

图 5-17　原始数据　　　　图 5-18　回归对话框

```
SUMMARY OUTPUT
```

| 回归统计 | |
|---|---|
| Multiple R | 0.9911486 |
| R Square | 0.9823756 |
| Adjusted R | 0.9735634 |
| 标准误差 | 2.446008 |
| 观测值 | 13 |

方差分析

| | df | SS | MS | F | Significance F |
|---|---|---|---|---|---|
| 回归分析 | 4 | 2667.8994 | 666.9749 | 111.4792 | 4.75618E-07 |
| 残差 | 8 | 47.863639 | 5.982955 | | |
| 总计 | 12 | 2715.7631 | | | |

| | Coefficient | 标准误差 | t Stat | P-value | Lower 95% | Upper 95% | 下限 95.0% | 上限 95.0% |
|---|---|---|---|---|---|---|---|---|
| Intercept | 62.405369 | 70.070959 | 0.890602 | 0.399134 | -99.17855226 | 223.989291 | -99.178552 | 223.9892909 |
| x1 | 1.5511026 | 0.7447699 | 2.08266 | 0.070822 | -0.166339744 | 3.26854504 | -0.1663397 | 3.268545039 |
| x2 | 0.5101676 | 0.723788 | 0.704858 | 0.500901 | -1.158890544 | 2.1792257 | -1.1588905 | 2.179225704 |
| x3 | 0.1019094 | 0.754709 | 0.135031 | 0.895923 | -1.638452774 | 1.84227158 | -1.6384528 | 1.842271581 |
| x4 | -0.144061 | 0.7090521 | -0.20317 | 0.844071 | -1.779138018 | 1.49101596 | -1.779138 | 1.49101596 |

图 5-19　问题 14 的回归结果

解读结果(图 5-19)中的数据:

**1. 回归统计**

Multiple:相关系数 R,越接近 1 越好;

R Square:相关系数 R 的平方;

标准误差:$\sigma$ 的估计值.

**2. 差分析**

df 是自由度;SS=2667.899;残差的平方和=47.86364;F 值 111.4792 是判别线性假设是否成立的依据,F 值越大越好.本例临界值为 FINV$(0.05,4,8)$=3.8379,由于 F 值大于临界值,所以认为线性回归效果好.

**3. Coefficient 所在的一列表示回归系数**

$b_0=62.405369,b_1=1.5511026,b_2=0.5101676,b_3=0.1019094,b_4=-0.144061$.

回归方程为 $y=62.405369+1.5511026x_1+0.5101676x_2+0.1019094x_3-0.144061x_4$.

因素主次的判别:在变量 $x_1,x_2,\cdots,x_k$ 中,各变量是否都同等重要呢? 哪些变量是重要的(影响大)? 哪些变量是不太重要的(影响小)? 能否把影响较小的次要变量剔除? 剔除之后有什么影响? 比如,$x_3$ 对应的回归系数 $\hat{b}_3=0.1019$ 是绝对值最小者,剔除 $x_3$,此时还有 3 个自变量,改动数据,其他不变,重新进行回归分析,得到回归方程为:$\hat{y}=71.6483+1.45194x_1+0.4161x_2-0.23654x_4$.此时的 $S_回$(2667.79)比原来 $S_回$(2667.899)稍小一点,两者之差绝对值越小,说明 $x_3$ 的作用越不明显(也可说作用越小).

在实际中,更多的是非线性关系.解决非线性回归可以有两种做法:

1.通过适当的变换,化为线性问题,常用的可化为线性方程的非线性方程如表 5-15 所示;

2.直接用最小二乘法.

表 5-15　常用的可化为线性方程的非线性方程

| 非线性方程 | | 变换公式 | 变换后的线性方程 |
|---|---|---|---|
| 双曲线 $1/y = a + b/x$ | | $y^* = 1/y, x^* = 1/x$ | $y^* = a + bx^*$ |
| 幂函数 $y = cx^b, c > 0, x > 0$ | | 取对数得 $\ln y = \ln c + b\ln x$ 令 $y^* = \ln y, x^* = \ln x, a = \ln c$ | $y^* = a + bx^*$ |
| 指数 函数 | $y = ce^{bx}, c > 0$ | 取对数得 $\ln y = \ln c + bx$ 令 $y^* = \ln y, a = \ln c$ | $y^* = a + bx^*$ |
| | $y = ce^{b/x}, c > 0$ | 取对数得 $\ln y = \ln c + b/x$ 令 $y^* = \ln y, a = \ln c, x^* = 1/x$ | $y^* = a + bx^*$ |
| 对数函数 $y = a + b\ln x$ | | 令 $x^* = \ln x$ | $y = a + bx^*$ |
| S 形曲线 $y = \dfrac{1}{a + be^{-x}}$ | | $y^* = 1/y, x^* = e^{-x}$ | $y^* = a + bx^*$ |
| 抛物线 $y = b_0 + b_1 x + b_2 x^2$ | | $x_1 = x, x_2 = x^2$ | $y = b_0 + b_1 x + b_2 x_2$ |
| 多项式 $y = b_0 + b_1 x + b_2 x^2 + \cdots + b_k x^k$ | | $x_1 = x, x_2 = x^2, \cdots, x_k = x^k$ | $y = b_0 + b_1 x_1 + b_2 x_2 + \cdots + b_k x_k$ |

**问题 15**　混凝土的抗压强度 $x$ 较容易测定,而抗剪强度 $y$ 不易测定,工程中希望建立一种能由 $x$ 推算 $y$ 的经验公式.现有 9 对抗压强度和抗剪强度数据如表 5-16 所示.

表 5-16　对抗压强度和抗剪强度的关系数据

| $x$ | 141 | 152 | 168 | 182 | 195 | 204 | 223 | 254 | 277 |
|---|---|---|---|---|---|---|---|---|---|
| $y$ | 23.1 | 24.2 | 27.2 | 27.8 | 28.7 | 31.4 | 32.5 | 34.8 | 36.2 |

试分别按以下三种形式建立 $y$ 与 $x$ 的回归方程,并根据 F 值选最优模型.

$(1) y = a + b\sqrt{x}$；$(2) y = a + b\ln x$；$(3) y = cx^b$.

**解**　对于 (1) 令 $x^* = \sqrt{x}$；对于 (2) 令 $x^* = \ln x$；对于 (3) 两边取对数令 $\ln x + \ln c + b\ln x$,令 $y^* = \ln y, x^* = \ln x, a = \ln c$.三种情况下都有 $y^* = a + bx^*$.

【操作过程】

在 EXCEL 中输入 $x, y$ 原始数据并计算 $\sqrt{x}, \ln x, \ln y$ 等数据,如图 5-20 所示.调用回归分析工具,分别得到三种形式下的回归方程.

| | A | B | C | D | E |
|---|---|---|---|---|---|
| 1 | $x$ | $y$ | $\sqrt{x}$ | $\ln x$ | $\ln y$ |
| 2 | 141 | 23.1 | 11.87434 | 4.94876 | 3.13983 |
| 3 | 152 | 24.2 | 12.32883 | 5.02388 | 3.18635 |
| 4 | 168 | 27.2 | 12.96148 | 5.12396 | 3.30322 |
| 5 | 182 | 27.8 | 13.49074 | 5.20401 | 3.32504 |
| 6 | 195 | 28.7 | 13.96424 | 5.273 | 3.3569 |
| 7 | 204 | 31.4 | 14.28286 | 5.31812 | 3.44681 |
| 8 | 223 | 32.5 | 14.93318 | 5.40717 | 3.48124 |
| 9 | 254 | 34.8 | 15.93738 | 5.53733 | 3.54962 |
| 10 | 277 | 36.2 | 16.64332 | 5.62402 | 3.58906 |

图 5-20　输入原始数据并计算 $\sqrt{x}, \ln x, \ln y$ 的值

(1)方程形式 $y=a+b\sqrt{x}$

结果：$a=-9.88055,b=2.8068,F=335.61609$，相关系数 $R=0.989732$，回归方程为：$y=-9.88055+2.8068\sqrt{x}$.

(2)方程形式 $y=a+b\ln x$

结果：$a=-75.284446,b=19.87895,F=451.7927$，相关系数 $R=0.992342$，回归方程为：$y=-75.284446+19.878951\ln x$.

(3)方程形式 $y=cx^b$

结果：$a=-0.20053,b=0.6781,c=e^a=0.8183,F=301.72$，相关系数 $R=0.9886$，回归方程为：$y=0.8183x^{0.6781}$.

对于以上三种形式经验公式的计算结果进行比较，第二种经验公式的 $F$ 值最大为 451.7927，相关系数也最大，所以第二种经验公式 $y=-75.284446+19.87895\ln x$ 是最优模型，画出散点图和三种经验公式（回归方程）的曲线图形，如图 5-21 所示.

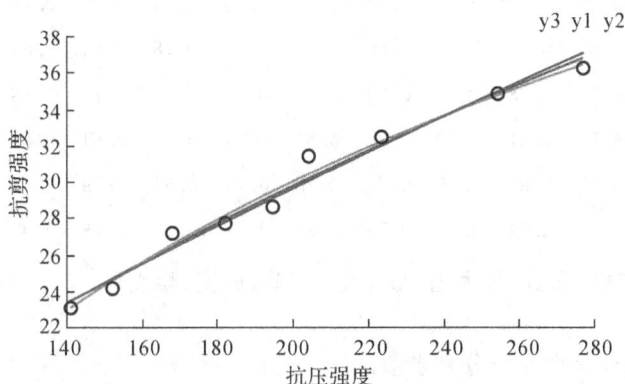

图 5-21　问题 15 散点图和三种回归曲线图形

## 5.3.4　数据统计

基本统计量有以下几种：

平均值，也称数学期望.公式为

$$\overline{X}=\frac{1}{n}\sum_{i=1}^{n}x_i$$

中位数，即将数据由小到大排序后，若有奇数个数，则为中间的那个数值；若有偶数个数，则为中间两个数的平均值.

众数，即一组数列中出现次数最多的数值.

最值，即数据中的最大值和最小值.

极差，即最大值与最小值之差.

标准差，即反映各数据与平均值的偏离程度的指标.公式如下：

$$s=\sqrt{\frac{1}{n-1}\sum_{i=1}^{n}(x_i-\overline{X})^2}$$

方差，即标准差的平方.

偏度,即反映分布的对称性的指标.公式如下:

$$g_1 = \frac{1}{s^3} \sum_{i=1}^{n} (x_i - \overline{X})^3$$

$g_1 > 0$ 为右偏态,表示位于平均值右边数据多于平均值左边数据;$g_1 < 0$ 为左偏态;$g_1$ 接近 0 为对称.

峰度,即反映频数分布曲线顶端尖峭或扁平程度的指标.

$$g_2 = \frac{1}{s^4} \sum_{i=1}^{n} (x_i - \overline{X})^4$$

正态分布峰度为 3,$g_2 > 3$ 表示分布有较多远离平均值的数据.

**问题 16**　炼钢厂测了 120 炉钢中的 Si 含量,得数据如下:

| 0.86 | 0.83 | 0.77 | 0.81 | 0.8 | 0.79 | 0.82 | 0.82 | 0.81 | 0.81 | 0.87 | 0.79 | 0.82 | 0.78 | 0.8 |
|------|------|------|------|-----|------|------|------|------|------|------|------|------|------|-----|
| 0.87 | 0.81 | 0.77 | 0.78 | 0.78 | 0.77 | 0.77 | 0.77 | 0.71 | 0.95 | 0.78 | 0.81 | 0.8 | 0.77 | 0.76 |
| 0.8 | 0.82 | 0.84 | 0.79 | 0.9 | 0.82 | 0.79 | 0.82 | 0.79 | 0.86 | 0.76 | 0.78 | 0.83 | 0.75 | 0.82 |
| 0.83 | 0.81 | 0.81 | 0.83 | 0.89 | 0.81 | 0.86 | 0.82 | 0.82 | 0.78 | 0.84 | 0.84 | 0.81 | 0.81 | 0.74 |
| 0.78 | 0.78 | 0.8 | 0.74 | 0.78 | 0.75 | 0.79 | 0.85 | 0.75 | 0.74 | 0.71 | 0.88 | 0.82 | 0.76 | 0.85 |
| 0.83 | 0.9 | 0.8 | 0.85 | 0.81 | 0.77 | 0.78 | 0.82 | 0.84 | 0.85 | 0.84 | 0.82 | 0.85 | 0.82 | 0.85 |
| 0.77 | 0.78 | 0.81 | 0.87 | 0.83 | 0.73 | 0.75 | 0.78 | 0.78 | 0.81 | 0.79 | 0.65 | 0.64 | 0.78 | 0.75 |
| 0.89 | 0.8 | 0.8 | 0.77 | 0.74 | 0.71 | 0.75 | 0.88 | 0.81 | 0.82 | 0.78 | 0.82 | 0.73 | 0.84 | 0.82 |

求统计平均值、中位数、众数、最大值、最小值、方差、偏度、峰度等.

**【操作过程】**

**方法 1.** 找出统计函数命令分别求值.

在 EXCEL 软件中输入原始数据(见表 5-17),然后选择空单元格,分别计算要求的统计量.方法是点击菜单栏"插入→函数",出现以下对话框(见图 5-22),选择类别中选中"统计"(见图 5-23),在"统计"函数中寻找相应的命令,并选择数据范围,输入格式是:

| | |
|---|---|
| 平均值 | ＝AVERAGE(A1:O8) |
| 中位数 | ＝MEDIAN(A1:O8) |
| 众数 | ＝MODE(A1:O8) |
| 最大值 | ＝MAX(A1:O8) |
| 最小值 | ＝MIN(A1:O8) |
| 方差 | ＝VAR(A1:O8) |
| 标准差 | ＝STDEV(A1:O8) |
| 偏度 | ＝SKEW(A1:O8) |
| 峰度 | ＝KURT(A1:O8) |

结果(见表 5-18).

表 5-17　原始数据

|  | A | B | C | D | E | F | G | H | I | J | K | L | M | N | O |
|---|---|---|---|---|---|---|---|---|---|---|---|---|---|---|---|
| 1 | 0.86 | 0.83 | 0.77 | 0.81 | 0.8 | 0.79 | 0.82 | 0.82 | 0.81 | 0.81 | 0.87 | 0.79 | 0.82 | 0.78 | 0.8 |
| 2 | 0.87 | 0.81 | 0.77 | 0.78 | 0.78 | 0.77 | 0.77 | 0.77 | 0.71 | 0.95 | 0.78 | 0.81 | 0.8 | 0.77 | 0.76 |
| 3 | 0.8 | 0.82 | 0.84 | 0.79 | 0.9 | 0.82 | 0.79 | 0.82 | 0.79 | 0.86 | 0.76 | 0.78 | 0.83 | 0.75 | 0.82 |
| 4 | 0.83 | 0.81 | 0.81 | 0.83 | 0.89 | 0.81 | 0.86 | 0.82 | 0.82 | 0.78 | 0.84 | 0.84 | 0.81 | 0.81 | 0.74 |
| 5 | 0.78 | 0.78 | 0.8 | 0.74 | 0.78 | 0.75 | 0.79 | 0.85 | 0.75 | 0.74 | 0.71 | 0.88 | 0.82 | 0.76 | 0.85 |
| 6 | 0.83 | 0.9 | 0.8 | 0.85 | 0.81 | 0.77 | 0.8 | 0.82 | 0.84 | 0.85 | 0.84 | 0.82 | 0.85 | 0.82 | 0.85 |
| 7 | 0.77 | 0.78 | 0.81 | 0.87 | 0.83 | 0.73 | 0.8 | 0.78 | 0.81 | 0.79 | 0.65 | 0.64 | 0.78 | 0.75 |  |
| 8 | 0.89 | 0.8 | 0.8 | 0.77 | 0.74 | 0.71 | 0.75 | 0.88 | 0.81 | 0.82 | 0.8 | 0.82 | 0.73 | 0.84 | 0.82 |

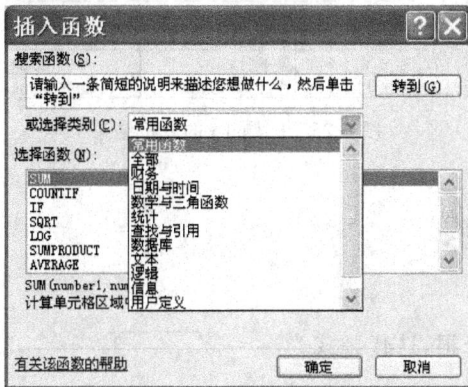

图 5-22　插入函数对话框

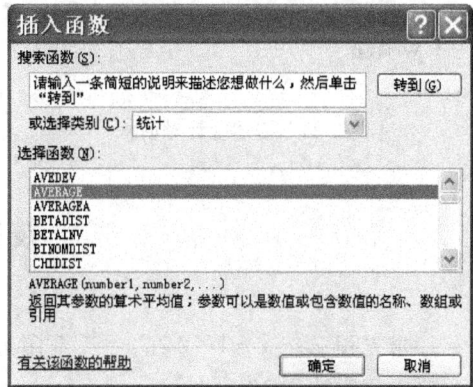

图 5-23　选择类别"统计"

表 5-18　问题 16 的结果

| 钢的 Si 含量 | |
|---|---|
| 平均值 | 0.802 |
| 中位数 | 0.81 |
| 众　数 | 0.82 |
| 最大值 | 0.95 |
| 最小值 | 0.64 |
| 方　差 | 0.002231261 |
| 标准差 | 0.04723622 |
| 偏　度 | −0.254767543 |
| 峰　度 | 1.578758393 |

**方法 2.** 利用已安装的数据处理等工具.

【操作过程】

在单元格 A1 中输入钢的 Si 含量,A2:A121 区域内输入 120 个原始数据,然后从菜单上选"工具→数据分析",在弹出对话框中选择"描述统计",弹出描述统计对话框(见图 5-24).

在输入区域填入 ＄A＄1:＄A＄121,表示第 A 列第 1 行至第 121 行是需要分析的原始数据,因第一行是表头,故在对话框的"标志位于第一行(L)"上打上√,输出区域定位于C1,点击确定,得到分析结果(见图5-25).

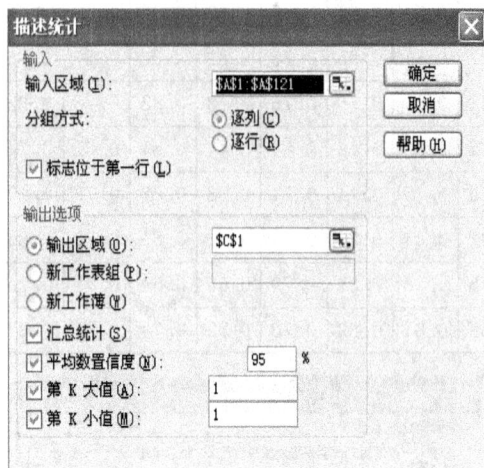

图 5-24 描述统计对话框

| | A | B | C | D |
|---|---|---|---|---|
| 1 | 钢Si含量 | | 钢Si含量 | |
| 2 | 0.86 | | | |
| 3 | 0.87 | | 平均 | 0.802 |
| 4 | 0.8 | | 标准误差 | 0.004312057 |
| 5 | 0.83 | | 中位数 | 0.81 |
| 6 | 0.78 | | 众数 | 0.82 |
| 7 | 0.83 | | 标准差 | 0.04723622 |
| 8 | 0.77 | | 方差 | 0.002231261 |
| 9 | 0.89 | | 峰度 | 1.578758393 |
| 10 | 0.83 | | 偏度 | -0.254767543 |
| 11 | 0.81 | | 区域 | 0.31 |
| 12 | 0.82 | | 最小值 | 0.64 |
| 13 | 0.81 | | 最大值 | 0.95 |
| 14 | 0.78 | | 求和 | 96.24 |
| 15 | 0.9 | | 观测数 | 120 |
| 16 | 0.78 | | 最大(1) | 0.95 |
| 17 | 0.8 | | 最小(1) | 0.64 |
| 18 | 0.77 | | 置信度(95.0%) | 0.008538304 |

图 5-25 问题 16 的分析结果

# 技能训练

1.求方程 $x^3-x-1=0$ 在 $x=1.5$ 附近的一个根,迭代公式为 $x_k=\sqrt[3]{x_{k-1}+1}$ $(k=1,2,\cdots)$,要求精度达到 $10^{-9}$.

2.用二分法求方程 $x^3+18x-30=0$ 的根.

3.表5-19为近两个世纪的美国人口统计数据(以百万为单位),试计算这些年份人口的增长率.

表 5-19 近两个世纪的美国人的统计数据

| 年 | 1790 | 1800 | 1810 | 1820 | 1830 | 1840 | 1850 |
|---|---|---|---|---|---|---|---|
| 人口(百万) | 3.9 | 5.3 | 7.2 | 9.6 | 12.9 | 17.1 | 23.2 |
| 年 | 1860 | 1870 | 1880 | 1890 | 1900 | 1910 | 1920 |
| 人口(百万) | 31.4 | 38.6 | 50.2 | 62.9 | 76.0 | 92.0 | 106.5 |
| 年 | 1930 | 1940 | 1950 | 1960 | 1970 | 1980 | 1990 |
| 人口(百万) | 123.2 | 131.7 | 150.7 | 179.3 | 204.0 | 226.5 | 251.4 |
| 年 | 2000 | | | | | | |
| 人口(百万) | 281.4 | | | | | | |

4.用定积分的定义计算 $\int_0^\pi \sin x \mathrm{d}x$ 的值.(分割 30 等份)

5.我国五次人口普查的数据如表5-20所示.

表 5-20 我国五次人口普查的数据

| 普查年份 | 1953 | 1964 | 1982 | 1990 | 2000 |
|---|---|---|---|---|---|
| 人口数(亿) | 5.9435 | 6.9458 | 10.0818 | 11.3368 | 12.6583 |

试根据上表数据分别用一次函数和二次函数回归我国人口增长情况,并预测 2010 年我国的人口数.

6.血压与年龄问题:为了了解血压随着年龄的增长而升高的关系,调查了 30 个成年人的血压(收缩压)如表 5-21 所示.我们希望用这组数据确定血压与年龄的大致线性关系,试确定此关系式.

表 5-21 血压与年龄的关系数据

| 序号 | 血压 | 年龄 | 序号 | 血压 | 年龄 | 序号 | 血压 | 年龄 |
|---|---|---|---|---|---|---|---|---|
| 1 | 144 | 39 | 11 | 162 | 64 | 21 | 136 | 36 |
| 2 | 215 | 47 | 12 | 150 | 56 | 22 | 142 | 50 |
| 3 | 138 | 45 | 13 | 140 | 59 | 23 | 120 | 39 |
| 4 | 145 | 47 | 14 | 110 | 34 | 24 | 120 | 21 |
| 5 | 162 | 65 | 15 | 128 | 42 | 25 | 160 | 44 |
| 6 | 142 | 46 | 16 | 130 | 48 | 26 | 158 | 53 |
| 7 | 170 | 67 | 17 | 135 | 45 | 27 | 144 | 63 |
| 8 | 124 | 42 | 18 | 114 | 18 | 28 | 130 | 29 |
| 9 | 158 | 67 | 19 | 116 | 20 | 29 | 125 | 25 |
| 10 | 154 | 56 | 20 | 124 | 19 | 30 | 175 | 69 |

7.财政收入与国民收入、工业总产值、农业总产值、总人口、就业人口、固定资产投资因素有关.表 5-22 列出了 1952—1981 年的原始数据.试构造预测模型.

表 5-22 1952—1981 年财政收入与各项因素的关系数据

| 年 份 | 国民收入 (亿元) | 工业总产值 (亿元) | 农业总产值 (亿元) | 总人口 (万人) | 就业人口 (万人) | 固定资产 投资(亿元) | 财政收入 (亿元) |
|---|---|---|---|---|---|---|---|
| 1952 | 598 | 349 | 461 | 57482 | 20729 | 44 | 184 |
| 1953 | 586 | 455 | 475 | 58796 | 21364 | 89 | 216 |
| 1954 | 707 | 520 | 491 | 60266 | 21832 | 97 | 248 |
| 1955 | 737 | 558 | 529 | 61465 | 22328 | 98 | 254 |
| 1956 | 825 | 715 | 556 | 62828 | 23018 | 150 | 268 |
| 1957 | 837 | 798 | 575 | 64653 | 23711 | 139 | 286 |
| 1958 | 1028 | 1235 | 598 | 65994 | 26600 | 256 | 357 |
| 1959 | 1114 | 1681 | 509 | 67207 | 26173 | 338 | 444 |
| 1960 | 1079 | 1870 | 444 | 66207 | 25880 | 380 | 506 |
| 1961 | 757 | 1156 | 434 | 65859 | 25590 | 138 | 271 |

续表

| 年 份 | 国民收入<br>(亿元) | 工业总产值<br>(亿元) | 农业总产值<br>(亿元) | 总人口<br>(万人) | 就业人口<br>(万人) | 固定资产<br>投资(亿元) | 财政收入<br>(亿元) |
|---|---|---|---|---|---|---|---|
| 1962 | 677 | 964 | 461 | 67295 | 25110 | 66 | 230 |
| 1963 | 779 | 1046 | 514 | 69172 | 26640 | 85 | 266 |
| 1964 | 943 | 1250 | 584 | 70499 | 27736 | 129 | 323 |
| 1965 | 1152 | 1581 | 632 | 72538 | 28670 | 175 | 393 |
| 1966 | 1322 | 1911 | 687 | 74542 | 29805 | 212 | 466 |
| 1967 | 1249 | 1647 | 697 | 76368 | 30814 | 156 | 352 |
| 1968 | 1187 | 1565 | 680 | 78534 | 31915 | 127 | 303 |
| 1969 | 1372 | 2101 | 688 | 80671 | 33225 | 207 | 447 |
| 1970 | 1638 | 2747 | 767 | 82992 | 34432 | 312 | 564 |
| 1971 | 1780 | 3156 | 790 | 85229 | 35620 | 355 | 638 |
| 1972 | 1833 | 3365 | 789 | 87177 | 35854 | 354 | 658 |
| 1973 | 1978 | 3684 | 855 | 89211 | 36652 | 374 | 691 |
| 1974 | 1993 | 3696 | 891 | 90859 | 37369 | 393 | 655 |
| 1975 | 2121 | 4254 | 932 | 92421 | 38168 | 462 | 692 |
| 1976 | 2052 | 4309 | 955 | 93717 | 38834 | 443 | 657 |
| 1977 | 2189 | 4925 | 971 | 94974 | 39377 | 454 | 723 |
| 1978 | 2475 | 5590 | 1058 | 96259 | 39856 | 550 | 922 |
| 1979 | 2702 | 6065 | 1150 | 97542 | 40581 | 564 | 890 |
| 1980 | 2791 | 6592 | 1194 | 98705 | 41896 | 568 | 826 |
| 1981 | 2927 | 6862 | 1273 | 100072 | 73280 | 496 | 810 |

8.某校 60 名学生的一次考试成绩如下:

| 93 | 75 | 83 | 93 | 91 | 85 | 84 | 82 | 77 | 76 | 77 | 95 | 94 | 89 | 91 |
|---|---|---|---|---|---|---|---|---|---|---|---|---|---|---|
| 88 | 86 | 83 | 96 | 81 | 79 | 97 | 78 | 75 | 67 | 69 | 68 | 84 | 83 | 81 |
| 75 | 66 | 85 | 70 | 94 | 84 | 83 | 82 | 80 | 78 | 74 | 73 | 76 | 70 | 86 |
| 76 | 90 | 89 | 71 | 66 | 86 | 73 | 80 | 94 | 79 | 78 | 77 | 63 | 53 | 55 |

计算平均值、最大值、最小值、方差、偏度、峰度、各数据求和.

# 5.4 EXCEL 自定义函数

EXCEL 有很多内置函数,其运用快捷、方便,有较强大的数据计算与分析的功能.但为了简化工作,满足个性化的需求,还需要创建自己的函数,也称自定义函数,自定义函数会添加到内置函数中,与内置函数用法一致.创建自己的函数可以通过 EXCEL 中 Visual Basic 编辑器实现.

**问题 17**　已知函数 $y=\left(1+\dfrac{1}{x}\right)^{x}$，完成下列工作：

(1)自定义函数，取函数名为 ex.

(2)调用该函数，求 $x=1,10,10^{2},10^{3},\cdots,10^{10}$ 的函数值.

【操作过程】

(1)先打开 EXCEL 工作簿，用鼠标点击"工具→宏→Visual Basic 编辑器"命令（或者直接按"Alt＋F11"组合键），进入 Visual Basic 编辑状态. 再在 Visual Basic 编辑中，用鼠标点击"插入→模块"命令，插入一个新模块（见图 5-26）.

在模块 1 中输入程序：

```
Function ex (x As Range) As Double
'寻找函数极限
        ex = (1 + 1 / x) ^ x
End Function
```

图 5-26　在 Visual Basic 编辑状态下，插入新模块

说明：(1)Function … End Function 是固定格式.(2)ex 为函数名，(x As Range)为参数列表，$x$ 为变量，Range 为单元格范围（也可 Double 数据类型）；若多个变量，可表示为(x As Range,y As Range,z As Range)，As Double 返回值.(3) 符号 ' 表示注释.(4)ex＝(1+1/x)^x 为函数体.

然后用鼠标点击"文件→保存"将模块程序保存在 EXCEL 工作簿中，取名 jx，这样自定义函数就完成了. 关闭 Visual Basic 编辑窗口，退出 EXCEL 工作簿.

值得注意的是第一次运用自定义函数 ex 时必须作以下设置：

①重新打开名为 jx 的 EXCEL 工作簿，出现对话框（见图 5-27），关闭该对话框.

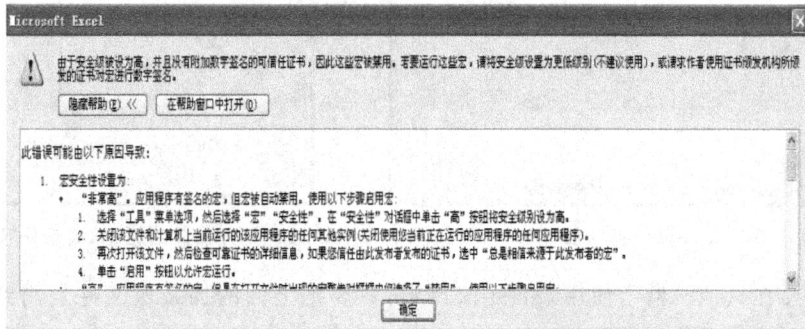

图 5-27　重新打开名为 jx 的 EXCEL 工作簿时出现对话框

②用鼠标点击"工具→宏→安全性"，出现对话框（见图 5-28），接着用鼠标选中第 3 项"中. 您可以选择是否运行可能不安全的宏"，按"确定"并退出 EXCEL 工作簿.

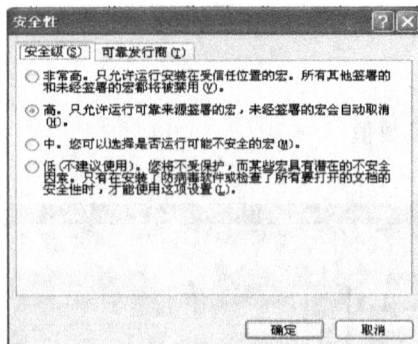

图 5-28 点击"工具→宏→安全性"
后出现的对话框

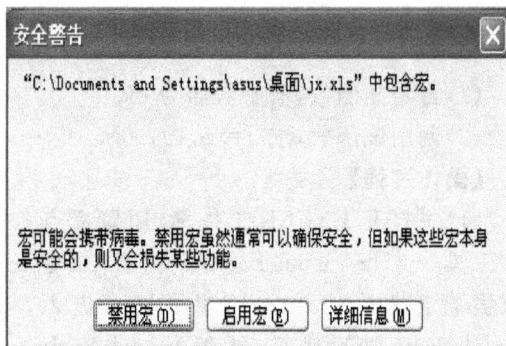

图 5-29 再重新打开名为 jx 的 EXCEL
工作簿后出现的对话框

③再重新打开名为 jx 的 EXCEL 工作簿,出现对话框(见图 5-29),按"启用宏".这样就可以在 jx 的 EXCEL 工作簿中进行工作了.

说明:通常,自定义的函数只能在当前工作簿使用,如果该函数需要在其他工作簿中使用,则选择菜单"文件→另存为"命令,打开"另存为"对话框,选择保存类型为"Mircosoft EXCEL 加载宏",然后输入一个文件名,如"jx"单击"确定"后文件就被保存为加载宏(见图 5-30).然后选择菜单"工具→加载宏"命令,打开"加载宏"对话框,勾选"可用加载宏"列表框中的"jx"复选框即可,单击"确定"按钮后(见图 5-31),就可以在本机上的所有工作簿中使用该自定义函数了.

图 5-30 文件被保存为加载宏

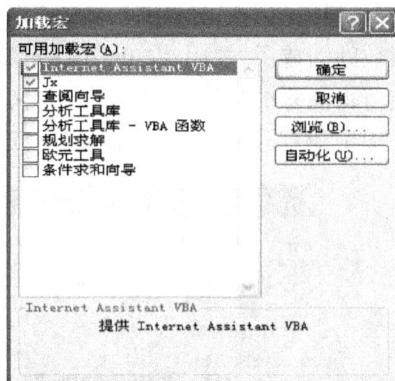

图 5-31 打开加载对话框,勾选选项后单击确定

如果想要在其他机器上使用该自定义函数,只要把上面的加载宏文件复制到其他电脑上加载宏的默认保存位置即可.

(2)sheet1 工作表各单元格设置如下:

A2:=1

A3:=A2 * 10,单元格区域(A4:A12)通过填充柄复制公式实现.

B2:=ex(A2),单元格区域(B3:B 12)通过填充柄复制公式实现.

结果(见表 5-23).

表 5-23　问题 17(2)的结果

| | A | B |
|---|---|---|
| 1 | X | Y |
| 2 | 1 | 2 |
| 3 | 10 | 2.59374246 |
| 4 | 100 | 2.704813829 |
| 5 | 1000 | 2.716923932 |
| 6 | 10000 | 2.718145927 |
| 7 | 100000 | 2.718268237 |
| 8 | 1000000 | 2.718280469 |
| 9 | 10000000 | 2.718281694 |
| 10 | 100000000 | 2.718281798 |
| 11 | 1000000000 | 2.718282052 |
| 12 | 10000000000 | 2.718282053 |

说明：每次打开 jx 文件,都要按"启用宏".

**问题 18**　用牛顿迭代法,求方程 $x^3 + 1.1x^2 + 0.9x - 1.4 = 0$ 实根的近似值,计算迭代次数为 6 的保留 9 位有效数字的近似值(取初始值 $x_0 = 1$).

【操作过程】

(1)在 Visual Basic 编辑窗口中,插入模块 2 中输入程序:

```
Function nddd(x As Range) As Double
'牛顿迭代法(函数)
        nddd = x * (x * (x + 1.1) + 0.9) - 1.4
End Function
Function nddd1(x As Range) As Double
'牛顿迭代法(函数导数)
        nddd1 = x * (3 * x + 2.2) + 0.9
End Function
```

(2)sheet1 工作表各单元格设置如下:

A2：＝1

A3：＝B2,单元格区域(A4:A7)通过填充柄复制公式实现.

B2：＝A2－nddd(A2)/nddd1(A2),单元格区域(B3:B7)通过填充柄复制公式实现.

结果(见表 5-24).

表 5-24　问题 18 的结果

|  | A | B |
|---|---|---|
| 1 | x0 | x * |
| 2 | 1 | 0.737704918 |
| 3 | 0.737704918 | 0.674168812 |
| 4 | 0.674168812 | 0.670667576 |
| 5 | 0.670667576 | 0.670657311 |
| 6 | 0.670657311 | 0.670657311 |
| 7 | 0.670657311 | 0.670657311 |

**问题 19**　根据最新修订的《中华人民共和国个人所得税法（修正案）》规定：个人工资、薪金所得应当缴纳个人所得税.从 2006 年 1 月 1 日起,应纳税所得额的计算为:工资、薪金所得以每月收入额减去 1600 元后的余额（注:这里未考虑社会保险、医疗保险、住房公积金）,每个人纳税税率如表 5-25 所示.

表 5-25　个人纳税税率

| 级　数 | 全月应纳税所得额（超过 1600 元的数额） | 税率（%） |
|---|---|---|
| 1 | 不超过 500 元的部分 | 5 |
| 2 | 超过 500 元到 2000 元的部分 | 10 |
| 3 | 超过 2000 元到 5000 元的部分 | 15 |

完成下面问题:

若某公司有 10 名员工,某月税前实际领到工资分别为 2020,2206,2800,3123,4300,1980,6800,5120,7800,4000（单位:元）,则应交纳税款分别是多少元？

**解**　设某月税前实际领到工资 $x$ 元.则纳税数学模型:

$$y = \begin{cases} 0, & 0 \leqslant x \leqslant 1600 \\ (x-1600) \times 5\%, & 1600 < x \leqslant 2100 \\ 500 \times 5\% + (x-2100) \times 10\%, & 2100 < x \leqslant 3600 \\ 500 \times 5\% + 1500 \times 10\% + (x-3600) \times 15\%, & 3600 < x \leqslant 6600 \end{cases}$$

【操作过程】

(1)在 Visual Basic 编辑窗口中,插入模块 3 中输入程序:

```
Function ns(x As Double)
If x <= 1600 Then
    ns = 0
ElseIf x <= 2100 Then
    ns = (x - 1600) * 0.05
ElseIf x <= 3600 Then
    ns = 500 * 0.05 + (x - 2100) * 0.1
ElseIf x <= 6600 Then
ns = 500 * 0.05 + 1500 * 0.1 + (x - 3600) * 0.15
```

```
Else
    ns = "无定义"
End If
End Function
```

(2)sheet1 工作表各单元格设置如下：

B2 至 B11 分别输入税前实际领到工资.

C2：＝ns(B2)，然后从 C3 起通过填充柄复制公式至 C11.

结果(见表 5-26).

**表 5-26　问题 19 的结果**

| | A | B | C |
|---|---|---|---|
| 1 | 序号 | 税前实际领到工资 | 应交纳税款 |
| 2 | 1 | 2020 | 21 |
| 3 | 2 | 2206 | 35.6 |
| 4 | 3 | 2800 | 95 |
| 5 | 4 | 3123 | 127.3 |
| 6 | 5 | 4300 | 280 |
| 7 | 6 | 1980 | 19 |
| 8 | 7 | 6800 | 无定义 |
| 9 | 8 | 5120 | 403 |
| 10 | 9 | 7800 | 无定义 |
| 11 | 10 | 4000 | 235 |

# 技能训练

1.用自定义函数方法：已知 $p(x)=x^3+18-30$，求 $x=2,4,8$ 的函数值.

2.用自定义函数方法：已知方程 $x^3+18x-30=0$，用牛顿迭代法，求方程的根.（要求计算迭代次数为 6 的保留 9 位有效数字的近似值）

3.用自定义函数方法：当 $x=3,2,1,0,-1,-2,-3$ 时，计算分段函数 $y=\begin{cases} x+\sin x, & x>0 \\ e^x\cos x, & x\leqslant 0 \end{cases}$ 的值.

▶ 第三篇

数学建模培训

# 第6章 微分方程模型

微分方程在数学建模中有着广泛的应用.本章将简要介绍微分方程的基本概念,以及常用微分方程模型与实验.

## 6.1 微分方程概念简介

函数是客观事物的内部联系在数量方面的反应,利用函数关系又可以对客观事物的规律性进行研究,因此如何寻找函数关系,在实践中具有重要意义.但在很多实际问题下,往往不能直接找到所需的函数关系,但是根据问题所提供的情况,可以列出要找的函数及其导数的关系式,这样的关系式就称为微分方程.

### 6.1.1 引 例

#### 1. 衰变模型

镭是一种放射性物质,因不断放射出各种射线而逐渐减少其质量,这种现象称为放射性物质的衰变.实验表明:衰变速度与现存物质的质量成正比.

设已知某块镭的质量在时刻 $t=t_0$ 时为 $R_0$,试确定这块镭在时刻 $t$ 的质量 $R$.

**解** 设 $R$ 是镭在时刻 $t$ 的质量.由于 $R$ 随时间而减少,故镭的衰变速度 $\dfrac{\mathrm{d}R}{\mathrm{d}t}$ 应为负值.于是,按照衰变规律,可列出方程

$$\begin{cases} \dfrac{\mathrm{d}R}{\mathrm{d}t} = -kR \\ R\,|_{\,t=t_0} = R_0 \end{cases}$$

其中比例常数 $k>0$,称为衰变常数.

#### 2. 冷却模型

牛顿冷却定律:物体的温度随时间的变化率与物体跟周围环境的温差成正比.

若记 $T$ 为物体的温度,$T_m$ 为周围环境的温度,则物体温度随时间的变化率为 $\dfrac{\mathrm{d}T}{\mathrm{d}t}$,牛顿的冷却定律可用公式表示为

$$\frac{\mathrm{d}T}{\mathrm{d}t} = -k(T - T_m),$$

其中 $k$ 是正比例系数.

设有一瓶热水,水温原来是 $100\,^{\circ}\mathrm{C}$,空气的温度是 $20\,^{\circ}\mathrm{C}$,经 $20\mathrm{h}$ 以后,瓶内水温降到 $60\,^{\circ}\mathrm{C}$,求瓶内水温的变化规律.

**解** 设物体温度 $T$ 与时间 $t$ 的函数关系为 $T = T(t)$

$$\begin{cases} \dfrac{dT}{dt} = -k(T-20) \\ T(0) = 100 \\ T(20) = 60 \end{cases}$$

其中比例常数 $k > 0$.

### 6.1.2 微分方程有关概念

从以上两个例子可以看出,两个不同的实际问题,最终都转化成了包含变量与它们的导数(或微分)之间的关系式,这些关系式称为微分方程.下面给出微分方程的一般定义.

**定义 6.1** 含有未知函数的导数(或微分)的方程,称为微分方程.

在微分方程中,如果自变量的个数只有一个,则称该微分方程为常微分方程;如果自变量的个数为两个或两个以上,则称该微分方程为偏微分方程.

下列方程都是微分方程:

$$y' = xy \qquad\qquad\qquad 称常微分方程$$
$$y'' + 2y' - 3y = e^x \qquad\qquad 称常微分方程$$
$$\frac{\partial z}{\partial x} = x + y \qquad\qquad\qquad 称偏微分方程$$

值得注意的是:微分方程中可以不显含自变量或未知函数,但一定要出现未知函数的导数(或微分).

**定义 6.2** 微分方程中出现的未知函数导数的最高阶数,称为微分方程的阶.

例如 $y' = xy$ 为一阶微分方程,$y'' + 2y' - 3y = e^x$ 为二阶微分方程.

$n$ 阶微分方程的一般形式是

$$F(x, y, y', \cdots, y^{(n)}) = 0 \qquad\qquad\qquad (6\text{-}1)$$

这里 $F(x, y, y', \cdots, y^{(n)})$ 是 $x, y, y', \cdots, y^{(n)}$ 的已知函数,$y$ 是未知函数,$x$ 是自变量.需要指出的是,在式(6-1)中,$x, y, y', \cdots, y^{(n-1)}$ 诸变量都可以不出现,但一定要含有 $y^{(n)}$.

**定义 6.3** 设函数 $y = \varphi(x)$ 在某区间上有直到 $n$ 阶的导数,如果把 $y = \varphi(x)$ 及其相应的导数代入微分方程(6-1)使其成为恒等式,即

$$F(x, \varphi(x), \varphi'(x), \cdots, \varphi^{(n)}(x)) \equiv 0$$

则称函数 $y = \varphi(x)$ 为微分方程(6-1)中在该区间上的解.

例如,可以直接验证:函数 $y = x^2$,$y = cx^2$($c$ 为任意常数),都是 $xy' = 2y$ 的解.我们把含有 $n$ 个独立的任意常数 $c_1, c_2, \cdots, c_n$ 的解

$$y = \varphi(x, c_1, c_2, \cdots, c_n)$$

称为 $n$ 阶方程中(6-1)的通解;而把不包含任意常数的解 $y = \varphi(x)$,称为微分方程的特解.

例如,函数 $y = x^2$ 是 $xy' = 2y$ 的特解,$y = cx^2$($c$ 为任意常数)是 $xy' = 2y$ 的通解.

**定义 6.4** 通解中的任意常数是根据实际问题所满足的条件来确定的.把用来确定任意常数的条件称为微分方程的初始条件.

例如,函数 $y = cx^2$($c$ 为任意常数)是 $xy' = 2y$ 的通解,当 $y(1) = 1$ 时,得 $y = x^2$ 是 $xy' = 2y$ 的特解,把 $y(1) = 1$ 称为初始条件.

**定义 6.5**　如果微分方程对于未知函数及方程中出现的未知函数的各阶导数都是一次幂,则称该微分方程为线性微分方程.否则,称为非线性微分方程.如:$xy' = y$ 是线性微分方程,而

$$(y')^2 - yy' + 1 = 0$$

是非线性微分方程.

一般地,$n$ 阶线性微分方程所具有的形式为

$$y^{(n)} + a_1(x)y^{(n-1)} + \cdots + a_{n-1}y' + a_n(x)y = f(x)$$

这里 $a_i(x)(i = 1,2,\cdots,n),f(x)$ 均是给定区间上的已知函数.

在上述方程中,如果 $f(x) \equiv 0$,则

$$y^{(n)} + a_1(x)y^{(n-1)} + \cdots + a_{n-1}y' + a_n(x)y = 0$$

那么,称该方程为 $n$ 阶齐次线性微分方程,简称齐次线性微分方程;否则,称为 $n$ 阶非齐次线性微分方程,简称非次线性微分方程.

**问题 1**　MATLAB 验证函数 $y = c_1 e^x + c_2 e^{2x}(c_1,c_2$ 为任意常数) 为微分方程 $y'' - 3y' + 2y = 0$ 的解.

【MATLAB命令】

```
syms c1 c2 x
y = c1 * exp(x) + c2 * exp(2 * x);
y1 = diff(y,x,1);
y2 = diff(y,x,2);
g = y2 - 3 * y1 + 2 * y;
simplify(g)
```

【输出结果】

```
ans = 0
```

因此:函数 $y = c_1 e^x + c_2 e^{2x}(c_1,c_2$ 为任意常数) 是微分方程 $y'' - 3y' + 2y = 0$ 的解.

# 技能训练

1.指出下列微分方程的阶数:

(1)$y'' + 8y = \cos x$

(2)$x(y')^2 - 2yy' + x = 0$

(3)$y^3 y'' + 1 = 0$

2.在下列各题中,用 MATLAB 验证左边的函数是否为右边相应的微分方程的解(其中 $c,c_1,c_2$ 是任意常数).

(1)$y = c \cos x + \sin x$　　　　　　　　$y \sin x + y' \cos x = 1$

(2)$y = (c_1 + c_2 x)e^x$　　　　　　　　$y'' - 2y' + y = 0$

(3)$y = c_1 x^2 + c_2 x^3 + 0.5x$　　　　$x^2 y'' - 4xy' + 6y = x$

[提示:diff(f,x,n)表示 MATLAB 软件求 $n$ 阶导数.]

# 6.2 常用微分方程模型

微分方程有着深刻而生动的实际背景,它从生产实践与科学技术中产生,已成为现代科学技术中分析问题与解决问题的一个强有力的工具.本节介绍常用的微分方程模型,对于微分方程模型的求解,则用 MATLAB 软件实现.

## 6.2.1 MATLAB 求解微分方程

**1. 求微分方程通解**

调用格式为:y=dsolve(' 微分方程 ','x')

**2. 求满足初始条件的微分方程特解**

调用格式为:y=dsolve(' 微分方程 ',' 初始条件 ','x')

**3. 求解微分方程组通解,此时默认变量为 $t$**

调用格式为:[x,y]=dsolve(' 微分方程1',' 微分方程2')

**4. 求满足初始条件的微分方程组的解,此时默认变量为 $t$**

调用格式为:[x,y]=dsolve(' 微分方程1',' 微分方程2',' 初始条件1',' 初始条件2')

**问题 2** 分两种情况求解微分方程 $\dfrac{\mathrm{d}y}{\mathrm{d}x}=\dfrac{4y}{x}+x\sqrt{y}$:

(1)未给初始条件;

(2)给定初始条件 $y(\mathrm{e})=\dfrac{1}{4}\mathrm{e}^4$。

【MATLAB 命令】

```
y = dsolve('Dy = 4 * y/x + x * sqrt(y)','x');
[y,how] = simple(y)
```

【输出结果】

```
y =
1/4 * x^4 * (2 * C1 + log(x))^2
how =
factor
```

【MATLAB 命令】

```
y = dsolve('Dy = 4 * y/x + x * sqrt(y)','y(exp(1)) = 1/4 * exp(4)','x');
[y,how] = simple(y)
```

【输出结果】

```
y =
[1/4 * x^4 * (log(x) - 2)^2]
[    1/4 * x^4 * log(x)^2]
```

how =

factor

**问题 3**  求二阶微分方程的解

$y'' = \cos x - y, y(0) = 0$

【MATLAB 命令】

y = dsolve('D2y = cos(x) − y', 'y(0) = 0', 'x');

[y, how] = simple(y)

【输出结果】

y =

1/2 * sin(x) * x + C2 * sin(x)

how =

combine

**问题 4**  求微分方程组的解

$$\begin{cases} f' = f + g \\ g' = f - g \\ f(0) = 0 \\ g(0) = 1 \end{cases}$$

【MATLAB 命令】

[f, g] = dsolve('Df = f + g', 'Dg = f − g', 'f(0) = 0', 'g(0) = 1');

[f, how] = simple(f)

[g, how] = simple(g)

【输出结果】

f =

−1/4 * 2^(1/2) * (exp(−2^(1/2) * t) − exp(2^(1/2) * t))

how =

factor

g =

1/4 * (2 + 2^(1/2) * exp(−2 * 2^(1/2) * t) − 2^(1/2) + 2 * exp(−2 * 2^(1/2) * t)) * exp(2^(1/2) * t)

how =

simplify

**问题 5**  对于引例中的衰变模型,其微分方程模型是:

$$\begin{cases} \dfrac{dR}{dt} = -kR \\ R\big|_{t=t_0} = R_0 \end{cases}, \text{用 MATLAB 求镭质量的变化规律.}$$

【MATLAB 命令】

R = dsolve('DR = − k * R', 'R(t0) = R0', 't');          % 微分方程的特解

R = simplify(R)

【输出结果】

R = R0 * exp( - k * ( - t0 + t))

于是,这块镭在时刻 $t$ 的质量:$R = R_0 e^{-k(t-t_0)}$.

**问题 6** 对于引例中的冷却模型,其微分方程模型是:

$$\begin{cases} \dfrac{\mathrm{d}T}{\mathrm{d}t} = -k(T-20) \\ T(0) = 100 \\ T(20) = 60 \end{cases}, \text{用 MATLAB 求解}.$$

【MATLAB 命令】

T = dsolve('DT = - k * (T - 20)','T(0) = 100','t')

【输出结果】

T = 20 + 80 * exp( - k * t)

上述结果表示瓶内水温的变化规律:$T = 20 + 80 e^{-kt}$.

由条件 $T(20) = 60$,求出 $k$ 的值.

【MATLAB 命令】

```
syms k
T = 60;
t = 20;
s = - T + 20 + 80 * exp( - k * t);
k = solve(s)                          % 解方程求出 k 的值
vpa(k,6)                              % 保留六位有效数字
```

【输出结果】

0.346574e - 1

所以 $k$ 约为 0.0347.

于是,瓶内水温的变化规律 $T = 80 e^{-0.0347t} + 20$.

### 6.2.2 微分方程模型

**问题 7** 人口模型

严格来说,讨论人口问题应属于离散性模型.但在人口基数很大的情况下,突然增加或减少的只是单一的个体或少数几个个体,相对于全体数量而言,这种改变是极其微小的,因此我们近似地假设人口随时间连续变化甚至是可微的.

在自然界和人类社会的现实生活中,有大量的现象遵循着一条基本的规律:某个量随时间的变化率正比于它自身.比如,银行存款增加的速度正比于本金、人口的增长速度正比于人口总数.

英国人口学家马尔萨斯(Malthus,1766—1834)的人口指数增长模型如下.

**解** 设时刻 $t$ 人口总数为 $x(t)$,则单位时间内人口的增长速度为

$$\frac{x(t+\Delta t) - x(t)}{\Delta t}$$

根据人口的增长速度正比于人口总数,有

$$\frac{x(t+\Delta t)-x(t)}{\Delta t}=rx(t) \quad (r \text{ 为比例系数即人口增长率})$$

令 $\Delta t \to 0$ 得到 $x(t)$ 满足微分方程:

$$\frac{\mathrm{d}x}{\mathrm{d}t}=rx$$

这就是著名的马尔萨斯人口方程.若假设 $t=t_0$ 时的人口总数为 $x_0$,则用 MATLAB 求出该方程的特解为

$$x=x_0 \mathrm{e}^{r(t-t_0)}$$

$r>0$ 时,上式表示人口将按指数规律随时间无限增长,称为指数增长模型.
但我们注意到

$$\lim_{t\to+\infty} x_0 \mathrm{e}^{r(t-t_0)} =+\infty$$

显然这是不符合长期人口发展的实际.

荷兰数学、生物学家弗尔哈斯特(Verhulst,1837)提出一个修改方案

$$\frac{\mathrm{d}x}{\mathrm{d}t}=rx-bx^2 \quad (0<b\ll r)$$

其中 $r,b$ 称为"生命系数".由于 $b\ll r$,因此当 $x$ 不太大时,$-bx^2$ 这一项相对于 $rx$ 可以忽略不计;而当 $x$ 很大时,$-bx^2$ 这一项所起的作用就不容忽视了,它降低了人口的增长速度.

于是,人口模型为

$$\begin{cases} \dfrac{\mathrm{d}x}{\mathrm{d}t}=rx-bx^2 \\ x\big|_{t=t_0}=x_0 \end{cases}$$

用 MATLAB 求出该方程的特解为

$$x=\frac{rx_0}{bx_0+(r-bx_0)\mathrm{e}^{-r(t-t_0)}}$$

我们注意到

$$\lim_{t\to+\infty} x = \lim_{t\to+\infty} \frac{rx_0}{bx_0+(r-bx_0)\mathrm{e}^{-r(t-t_0)}} = \frac{r}{b} \quad (\text{总人口数})$$

这就是说,随着时间的推移,人口总数最终将趋于一个确定的极限值 $\dfrac{r}{b}$.

若令 $\dfrac{r}{b}=x_m$,则 $x=\dfrac{rx_0}{bx_0+(r-bx_0)\mathrm{e}^{-r(t-t_0)}}$ 可改写为

$$x=\frac{x_m}{1+(\frac{x_m}{x_0}-1)\mathrm{e}^{-r(t-t_0)}} \tag{6-2}$$

这个模型称为逻辑斯蒂模型(Logistic 模型),也称阻滞增长模型.

**例 6-1** 已知以百万为单位的某种动物在 1890 年时为 13,1940 年是为 50,1990 年时为 122,试预测 2040 年的动物数.

**解** 因为 $x\big|_{t=0}=13, x\big|_{t=1}=50, x\big|_{t=2}=122$,所以从(6-2)式中求得 $t_0=0, x_0=13$,$x_m=195.7, r=1.57$.于是这类动物的繁殖函数是 $x=\dfrac{195.7}{1+14.05\mathrm{e}^{-1.57t}}$.

当 $t = 3$ 时，$x = \dfrac{195.7}{1 + 14.05\mathrm{e}^{-1.57 \times 3}} \approx 174$（百万）

所以 2040 年的动物总数量是 174 百万只．

**问题 8** 国民生产总值模型

1999 年我国的国民生产总值（GDP）为 80423 亿元，如果我国能保持每年 8% 的相对增长率，问到 2010 年我国的 GDP 是多少？

**解** 记 $t = 0$ 代表 1999 年，并设第 $t$ 年我国的 GDP 为 $p(t)$．由题意知，从 1999 年起，$p(t)$ 的相对增长率为 8%，即

$$\dfrac{\dfrac{\mathrm{d}p(t)}{\mathrm{d}t}}{p(t)} = 8\%，且 \ p(0) = 80423$$

或 $\dfrac{\mathrm{d}p(t)}{\mathrm{d}t} = 0.08p(t)$，且 $p(0) = 80423$

MATLAB 求出该方程的特解为

$$p(t) = 80423\mathrm{e}^{0.08t}$$

将 $t = 2010 - 1999 = 11$ 代入上式，得 2010 年我国的 GDP 的预测值为

$$p(t) = 80423\mathrm{e}^{0.08 \times 11} = 193891.787 \ 亿元．$$

**问题 9** 含盐量模型

设有一桶，内盛盐水 100L，其中含盐 50g，现在以浓度为 2g/L 的盐水流入桶中，其流速为 3L/min，假使流入桶内的新盐水和原有盐水，因搅拌而能在顷刻间成为均匀的溶液，此溶液又以 2L/min 的流速流出，求 30min 时，桶内所存盐水的含盐量．

**解** 设 $t$ min 时桶内所存盐水的含盐量 $y = y(t)$

因为任意时刻 $t$ 流入盐的速率为

$$v_1(t) = 3 \times 2 = 6(\mathrm{g/min})$$

任意时刻 $t$ 排出盐的速率为

$$v_2(t) = 2 \times \dfrac{y}{100 + (3 - 2)t} = \dfrac{2y}{100 + t}(\mathrm{g/min})$$

从而桶内盐的变化率为

$$\dfrac{\mathrm{d}y}{\mathrm{d}t} = v_1(t) - v_2(t) = 6 - \dfrac{2y}{100 + t}$$

即

$$\dfrac{\mathrm{d}y}{\mathrm{d}t} + \dfrac{2y}{100 + t} = 6 \qquad y\big|_{t=0} = 50$$

MATLAB 求出该方程的特解为

$$y = 2(100 + t) - \dfrac{150000}{(100 + t)^2}$$

因此，当 $t = 30$ 时，桶内所存盐水的含盐为

$$y\big|_{t=30} = 260 - \dfrac{1500000}{130^2} \approx 171(\mathrm{g})$$

实际问题中，许多过程都可以模拟成一个"桶"，各种不同的溶液流入，又不断地流出．比如，将人体看作一个"桶"，从静脉注入某种药物，经过人体内部的变化排泄出来，含药量的变

化情况如何；湖水污染问题，如果只考虑含污染物的水流入湖泊和湖泊中的流出对湖水污染程度的影响．

**问题 10**　下落速度模型

考虑质量为 $m$ 的竖直落体，它只受重力 $g$ 和与速度成正比的空气阻力的影响．假设重力和质量恒定不变．为便于计算，我们取向下的方向为正方向．

**解**　牛顿第二运动定律：物体所收的作用力等于它的动量随时间的变化率；或者，对于质量恒定的物体有

$$F = m\frac{\mathrm{d}v}{\mathrm{d}t}$$

其中 $F,v$ 分别表示 $t$ 时刻作用在物体上的净力和物体的速度．所以有

$$mg - kv = m\frac{\mathrm{d}v}{\mathrm{d}t} \text{ 或者 } \frac{\mathrm{d}v}{\mathrm{d}t} + \frac{k}{m}v = g$$

MATLAB 求出该方程的通解为

$$v = ce^{-\frac{k}{m}t} + \frac{mg}{k}$$

即物体运动方程．

# 技能训练

1．解微分方程．

(1) $\dfrac{\mathrm{d}y}{\mathrm{d}x} = xy^2 + y$

(2) $\begin{cases} \dfrac{\mathrm{d}y}{\mathrm{d}x} = xy^2 + y \\ y(0) = 1 \end{cases}$

(3) $\begin{cases} y'' = 3y' - 2y + x \\ y(0) = 1 \\ y'(0) = 0 \end{cases}$

(4) $\begin{cases} \dfrac{\mathrm{d}x}{\mathrm{d}t} = 2x - 3y + 3z \\ \dfrac{\mathrm{d}y}{\mathrm{d}t} = 4x - 5y + 3z \\ \dfrac{\mathrm{d}z}{\mathrm{d}t} = 4x - 4y + 2z \end{cases}$

2．你用 1000 元开了一个账户，并且计划每年加入 1000 元．账户中的所有资金赚得 10% 的年利息，且是连续复利．如果新加的存款也是连续地存入你的账户，你的账户在时间 $t$（年）的元数目将满足初值问题

$$\frac{\mathrm{d}x}{\mathrm{d}t} = 1000 + 0.10x \qquad x(0) = 1000$$

(1) 求时刻 $t$ 的函数 $x$．

(2) 为使你的账户中的总金额达到 10 万元，大约需多少年？

3．一个煮熟了的鸡蛋有 98℃，把它放在 18℃ 的水池里．5min 之后，鸡蛋的温度是 38℃．假定没有感到水变热，鸡蛋到达 20℃ 需多长时间？

4．当一次谋杀发生后，尸体的温度从原来的 37℃，按照牛顿冷却定律开始变凉，假设两个小时后尸体的温度变为 35℃，并且假定周围空气的温度保持 20℃ 不变．

（1）求出自打谋杀发生后尸体的温度 $H$ 是如何作为时间 $t$（以 h 为单位）的函数随时间变化的.

（2）画出温度－时间曲线.

（3）最终尸体的温度将如何?用图像和代数两种方式表示出这最终结果.

（4）如果尸体被发现时的温度是 30℃,时间是下午 4 点整,那么谋杀是何时发生的?

5. 一只游船上有 800 人,一名游客不慎患传染病,12h 后有 3 人发病,由于船上不能及时隔离,问经过 60h 和 72h,患此传染病的人数是多少?（适合 Logistic 模型）

6. 据统计,2002 年北京的年人均收入为 12464 元.中国政府提出到 2020 年,中国的新小康目标为年人均收入为 3000 美元.若按 1 美元 ＝ 8.2 元（人民币）计,北京每年应保持多高的年平均相对增长率才能实现新小康.

7. 环境污染问题:某水塘原有 50000t 清水（不含有害杂质）,从时间 $t = 0$ 开始,含有害杂质 5% 的水流入该水塘. 流入的速度为 2t/min,在塘中充分混合（不考虑沉淀）后又以 2t/min 的速度流出水塘.问经过多长时间塘中有害物质的浓度达到 4%?

# 6.3　微分方程在数学建模中的应用

**问题 11**　江河污染物的降解

一般说来,江河自身对污染物都有一定的自然净化能力,即污染物在水环境中通过物理降解、化学降解和生物降解等,可使水中污染物的浓度逐渐降低.这种变化的规律可以通过建立微分方程来描述.

**解**　设 $t$ 时刻河水中污染物的浓度为 $N(t)$,如果反映某江河自然净化能力的降解系数为 $k(0 < k < 1)$,则经过 $\Delta t$ 时刻后,污染物浓度的变化速度为

$$\frac{\Delta N}{\Delta t} = - kN$$

令 $\Delta t \to 0$,得微分方程

$$\frac{\mathrm{d}N}{\mathrm{d}t} = - kN$$

MATLAB 求得通解

$$N(t) = Ce^{-kt}$$

其中的 $C$ 与 $k$ 是两个参数.

就以长江水质变化的部分数据为例说明这两个参数的确定方法（节选自 2005 年全国大学生数学建模竞赛试题）.

在通常情况下,可以认为长江干流的自然净化能力是近似均匀的,根据检测可知,主要污染物氨氮的降解系数通常介于 0.1～0.5（单位:1/ 天）之间.根据《长江年鉴》中公布的相关资料,2005 年 9 月长江中游两个观测点氨氮浓度的测量数据如下:

湖南岳阳城陵矶 0.41(mg/L)　　　　　　江西九江河西水厂 0.06(mg/L)

已知从湖南岳阳城陵矶到江西九江河西水厂的长江河段全长 500km,该河段长江水的平均流速为 0.6m/s.如果我们把江水流经湖南岳阳城陵矶观测点的时间设定为 $t_0 = 0$,则江

水到达江西九江河西水厂观测点所需要的时间为

$$t_1 = \frac{1000 \times 500}{0.6 \times 3600 \times 24} \approx 9.6451（天）$$

于是,得到上述微分方程满足的两个定解条件

$$N(0) = 0.41$$

$$N(9.6451) = 0.06$$

将上述条件代入微分方程得参数

$$C = 0.41, k \approx 0.2$$

得到了近似描述长江干流污染物浓度在自然净化作用下随时间变化所遵循的规律是

$$N(t) = 0.41\mathrm{e}^{-0.2t}.$$

另一方面,还可以根据计算结果,初步判断该河段长江水质受污染的程度.假设长江干流氨氮降解系数的自然值是 0.3,而根据现有资料计算的结果只有 0.2,这就说明除了上游的污水之外,该河段必存在另外的污染源,这为进一步的治理提供了理论上的依据.

**问题 12**  饮酒驾车

给出体重约 70kg 的某人在短时间内喝下 2 瓶啤酒后,隔一定时间测得他的血液中酒精含量(mg/100mL)的数据如表 6-1 所示;请建立饮 1 瓶啤酒后血液中酒精含量或浓度与时间的关系式的数学模型.

表 6-1  饮酒后时间与血液中酒精含量的关系

| 时间 $t$(h) | 0.25 | 0.5 | 0.75 | 1 | 1.5 | 2 | 2.5 | 3 | 3.5 | 4 | 4.5 | 5 |
|---|---|---|---|---|---|---|---|---|---|---|---|---|
| 酒精含量 $y$(mg/100mL) | 30 | 68 | 75 | 82 | 82 | 77 | 68 | 68 | 58 | 51 | 50 | 41 |
| 时间 $t$(h) | 6 | 7 | 8 | 9 | 10 | 11 | 12 | 13 | 14 | 15 | 16 | |
| 酒精含量 $y$(mg/100mL) | 38 | 35 | 28 | 25 | 18 | 15 | 12 | 10 | 7 | 7 | 4 | |

**解**  把人体内酒精的吸收、代谢、排除过程分成两个"室",胃为第一室,血液为第二室,酒精先进入胃,然后被吸收进入血液,由循环到达体液内,再通过代谢、分解及排泄、出汗、呼气等方式排除.

假设胃里的酒被吸收进入血液的速度与胃中的酒量 $x(t)$ 成正比,比例常数为 $k_1$, $C_1(t)$ 为第一室(胃)所含酒精含量;血液中酒被排出的速度与血液内的酒量 $y(t)$ 成正比,比例常数为 $k_2$, $C_2(t)$ 为第二室(血液)所含酒精含量,$V$ 为血液体积,则可以建立如下微分方程模型:

$$\begin{cases} x'(t) = -k_1 x(t) \\ y'(t) = k_1 x(t) - k_2 y(t) \\ x(0) = Ng_0 \\ y(0) = 0 \end{cases}$$

$$C(t) = \frac{y(t)}{V}$$

这是线性常系数微分方程组,式中 $g_0$ 是短时间内喝入胃中的一瓶啤酒酒精量,$Ng_0$ 总酒精量($N$ 表示瓶数).MATLAB 求解得

$$\begin{cases} x(t) = Ng_0 e^{-k_1 t} \\ y(t) = \dfrac{Ng_0 k_1}{k_1 - k_2}(e^{-k_2 t} - e^{-k_1 t}) \end{cases}$$

而　　$C(t) = \dfrac{y(t)}{V} = \dfrac{Ng_0 k_1}{V(k_1 - k_2)}(e^{-k_2 t} - e^{-k_1 t})$

令　　$a_1 = \dfrac{Ng_0 k_1}{V(k_1 - k_2)}$, $a_2 = k_2$, $a_3 = k_1$,

得　　$C(t) = a_1(e^{-a_2 t} - e^{-a_3 t})$　　（这里的 $N = 2$）

为短时间内喝下 2 瓶啤酒时,饮酒后血液中酒精含量与时间的关系式的数学模型.

喝下 1 瓶啤酒时,饮酒后血液中酒精含量与时间的数学模型为:

$$C(t) = \frac{a_1}{2}(e^{-a_2 t} - e^{-a_3 t}).$$

# 第7章 数据拟合方法

在解决实际问题的生产（或工程）实践和科学实验过程中,通常需要通过研究某些变量之间的函数模型来帮助人们认识事物的内在规律和本质属性,而这些变量之间的未知函数模型又常常隐含在从试验、观测得到的一组数据之中.因此,能否根据一组试验观测数据找到变量之间相对准确的函数模型就成为解决实际问题的关键.本章主要介绍利用观测得到的数据建立一个近似函数模型的方法与实验.

## 7.1 数据拟合

### 7.1.1 引 例

为研究某地区某一天气温随时间的变化规律,测得一组数据如表 7-1 所示.

表 7-1 时间与温度的测量数据

| $t$(h) | 10 | 11 | 12 | 13 | 14 | 15 | 16 | 17 | 18 | 19 | 20 | 21 |
|---|---|---|---|---|---|---|---|---|---|---|---|---|
| $y$(℃) | 22 | 23.2 | 24.8 | 24.9 | 25.8 | 25.4 | 24.5 | 23.6 | 22.6 | 21.7 | 21.3 | 20.9 |
| $t$(h) | 22 | 23 | 0 | 1 | 2 | 3 | 4 | 5 | 6 | 7 | 8 | 9 |
| $y$(℃) | 20.5 | 20.3 | 19.8 | 19.5 | 19.2 | 19 | 18.9 | 18.6 | 18.2 | 17.9 | 18.7 | ? |

表中的数据反映了温度随时间变化的函数关系,它是一种离散关系.若需要推断 9h 的温度值,就是要找到一个函数模型 $y = f(t)$ 来近似反映表 7-1 中的变量关系,这样 $y = f(9)$ 就是问题结果.

如何来确定一元函数 $y = f(t)$ 呢?

首先将这些离散数据分布在直角坐标系下,由此可发现温度与时间之间呈现什么规律.这种数据分布在直角坐标系下的图形被称为散点图.

根据散点图 7-1,温度 $y$ 随时间 $t$ 呈 5 次多项式变化,有 6 个待定常数.然后利用某种准则来确定待定参数,从而得到数据的近似函数模型.

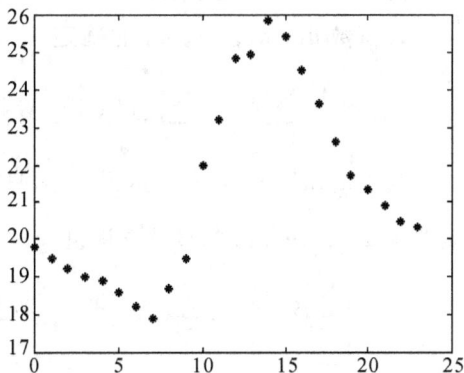

图 7-1 散点图

### 7.1.2 曲线拟合

曲线拟合是指根据平面上 $n$ 个点 $(x_i, y_i)$,$(i = 1, 2, \cdots, n)$,$x_i$ 互不相同,寻求一个函数 $y =$

$f(x)$,使曲线 $y=f(x)$ 在某种准则下与所有数据点最为接近.函数 $y=f(x)$ 称拟合函数,常用准则称为最小二乘准则.

# 7.2  最小二乘法拟合

## 7.2.1  最小二乘准则

最小二乘准则:寻求函数 $y=f(x)$,使 $n$ 个点 $(x_i,y_i)$,$(i=1,2,\cdots,n)$ 与曲线 $y=f(x)$ 的距离的平方和最小,即使 $d=\sum_{i=1}^{n}\delta_i^2=\sum_{i=1}^{n}[f(x_i)-y_i]^2$ 达到最小. 如图 7-2 所示,其中 $\delta_i=f(x_i)-y_i$ 为拟合函数 $y=f(x)$ 在 $x_i$ 处的偏差.

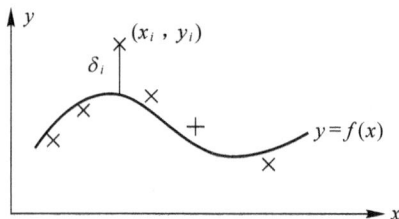

图 7-2  最小二乘准则示意

与最小二乘准则相对应的曲线拟合称为最小二乘法,也称最小二乘拟合.最小二乘拟合分为线性最小二乘拟合和非线性最小二乘拟合.

## 7.2.2  线性最小二乘拟合

拟合函数 $y=f(x)$ 形式一般可由线性无关的函数系(例如幂函数系 $\{1,x,x^2,\cdots,x^n\}$、三角函数系 $\{1,\cos x,\sin x,\cos 2x,\sin 2x,\cdots,\cos mx,\sin mx\}$ 等等)$\varphi_1(x),\varphi_2(x),\cdots,\varphi_m(x)$ 来线性表示:

$$f(x)=a_1\varphi_1(x)+a_2\varphi_2(x)+\cdots+a_m\varphi_m(x)$$

由于 $f(x)$ 的待定系数 $a_1,a_2,\cdots,a_m$ 全部以线性形式出现,故称之为线性最小二乘拟合.

**1. 系数 $a_1,a_2,\cdots,a_m$ 的确定**

$$d=\sum_{i=1}^{n}\delta_i^2=\sum_{i=1}^{n}[f(x_i)-y_i]^2=\sum_{i=1}^{n}\Big[\sum_{k=1}^{m}a_k\varphi_k(x_i)-y_i\Big]^2$$

为求 $a_1,a_2,\cdots,a_m$ 使 $d$ 达到最小,只需利用极值的必要条件 $\frac{\partial d}{\partial a_k}=0(k=1,2,\cdots,m)$,得到关于 $a_1,a_2,\cdots,a_m$ 的线性方程组

$$\begin{cases}\sum_{i=1}^{n}\varphi_1(x_i)\Big[\sum_{k=1}^{m}a_k\varphi_k(x_i)-y_i\Big]=0\\ \cdots\\ \sum_{i=1}^{n}\varphi_m(x_i)\Big[\sum_{k=1}^{m}a_k\varphi_k(x_i)-y_i\Big]=0\end{cases}$$

记　　　$R = \begin{bmatrix} \varphi_1(x_1) & \cdots & \varphi_m(x_1) \\ \vdots & \ddots & \vdots \\ \varphi_1(x_n) & \cdots & \varphi_m(x_n) \end{bmatrix}_{n \times m}, A = (a_1, \cdots, a_m)^T, y = (y_1, \cdots, y_n)^T$

则上述方程组可表示为

$$R^T R A = R^T y$$

当 $R^T R$ 可逆时,上述线性方程组有唯一解时

$$A = (R^T R)^{-1} R^T y$$

也就是参数 $a_1, a_2, \cdots, a_m$ 的值.

　　比如拟合函数 $y = f(x) = a + bx$,系数 $a, b$ 是根据偏差平方和最小来确定的,即求使 $d$

$$= \sum_{i=1}^{n} \delta_i^2 = \sum_{i=1}^{n} [f(x_i) - y_i]^2 = \sum_{i=1}^{n} [(a + bx_i) - y_i]^2 \text{ 最小的 } a, b \text{ 值}.$$

它必须满足 $\dfrac{\partial d}{\partial a} = 0, \dfrac{\partial d}{\partial b} = 0$,也就是 $\begin{cases} an + b\sum\limits_{i=1}^{n} x_i = \sum\limits_{i=1}^{n} y_i \\ a\sum\limits_{i=1}^{n} x_i + b\sum\limits_{i=1}^{n} x_i^2 = \sum\limits_{i=1}^{n} x_i y_i \end{cases}$

记　　　$R = \begin{bmatrix} 1 & x_1 \\ 1 & x_2 \\ \vdots & \vdots \\ 1 & x_{n-1} \\ 1 & x_n \end{bmatrix}_{n \times 2}, A = (a, b)^T, y = (y_1, y_2, \cdots, y_n)^T$

则上述方程组可表示为

$$R^T R A = R^T y$$

　　当 $R^T R$ 可逆时,上述线性方程组有唯一解时

$$A = (R^T R)^{-1} R^T y.$$

**2. 函数 $\varphi_1(x), \varphi_2(x), \cdots, \varphi_m(x)$ 的选取**

　　函数选取的常用方法是:(1) 若能通过机理分析,知道 $y$ 与 $x$ 之间应该有什么样的函数模型,则 $\varphi_1(x), \varphi_2(x), \cdots, \varphi_m(x)$ 就容易确定. 比如人口模型中的 Malthus 模型和 Logistic 模型等.(2) 若无法知道 $y$ 与 $x$ 之间的关系,可将已知数据作散点图,直观地判断应该用什么样的曲线去拟合,常用的拟合曲线有直线 $y = a_1 + a_2 x$,多项式 $y = a_1 + a_2 x + \cdots + a_{n+1} x^n$,双曲线 $y = \dfrac{x}{a_1 x + a_0}$,指数曲线 $y = a_1 e^{a_2 x}$($a_1, a_2$ 为待定常数)等.

### 7.2.3　非线性最小二乘拟合

　　拟合函数 $y = f(x)$ 为任意非线性函数,$f(x)$ 的待定系数不是以线性形式出现,称之为非线性最小二乘拟合. 在有可能的情况下,一般将非线性拟合函数转化为线性拟合函数求解,这样便于系数确定. 常用非线性函数有双曲线、指数曲线等.

　　对于双曲线、指数曲线等非线性函数可以通过以下变换使之转换为线性函数来处理.

**1. 指数型:$y = a_1 e^{a_2 x}$($a_1, a_2$ 为待定常数)**

　　两边取对数 $\ln y = \ln a_1 + a_2 x$,令 $\ln y = Y, \ln a_1 = A$,得线性函数 $Y = A + a_2 x$,则 $A, a_2$

可有线性最小二乘法求出.

**2. 对数型：$y = a_1 + a_2 \ln x$**

令 $\ln x = X$，得线性函数 $y = a_1 + a_2 X$.

**3. 幂函数型：$y = \alpha x^\beta$**

两边取对数 $\ln y = \ln \alpha + \beta \ln x$，令 $\ln y = Y, \ln \alpha = A, \ln x = X$，得线性函数 $Y = A + \beta X$.

**4. 双曲型：$y = \dfrac{x}{a_1 x + a_0}$**

$y = \dfrac{x}{a_1 x + a_0}$ 变化为 $\dfrac{1}{y} = a_1 + \dfrac{a_0}{x}$，令 $\dfrac{1}{y} = Y, \dfrac{1}{x} = X$，得线性函数 $Y = a_1 + a_2 X$.

**5. 多项式型：$y = a_1 + a_2 x + \cdots + a_{n+1} x^n$**

令 $x^i = x_i (i = 1, 2, \cdots, n)$ 得线性表达式 $y = a_1 + a_2 x_1 + \cdots + a_{n+1} x_n$.

### 7.2.4 MATLAB 实现多项式拟合和最小二乘意义下的超定方程组的方法

利用最小二乘法进行曲线拟合时，要用求偏导数的方法确定拟合系数，人工计算时计算量大且计算的精度不高. 现用数学软件 MATLAB 在计算机上求拟合系数.

**1. 多项式 $y = a_{n+1} x^n + \cdots + a_2 x + a_1$**

调用格式为：$y = [a_{n+1}, \cdots, a_2, a_1]$

**2. 多项式拟合**

调用格式为：$a = \mathrm{polyfit}(x, y, n)$

其中输入参数 $x, y$ 为已知数据，是长度相等的数组，$n$ 为拟合多项式的次数，输出参数 $a$ 为拟合多项式的系数矩阵 $[a_{n+1}, \cdots, a_2, a_1]$.

**3. 多项式在 $x$ 处的值 $y$**

调用格式为：$y = \mathrm{polyval}(a, x)$

**4. 在最小二乘意义下，解超定方程组（方程的个数大于未知数的个数）**

调用格式为：$A = R \backslash y$

**问题 1** 已知九个散点的坐标如下：$(1, 10), (3, 5), (4, 4), (5, 2), (6, 1), (7, 1), (8, 2),$ $(9, 3), (10, 4)$，试用这些数据拟合一个二次函数，并作图比较.

**解 方法 1.** 用多项式拟合的命令

【MATLAB 命令 1】

```
x = [1,3:10];
y = [10,5,4,2,1,1,2,3,4];
a = polyfit(x,y,2)
x1 = linspace(1,10,2000);
y1 = polyval(a,x1);
plot(x,y,'ko',x1,y1,'k','linewidth',2);          % linewidth 线宽设置
xlabel('x 轴');
ylabel('y 轴');
```

【输出结果 1】

a =

    0.2676    − 3.6053    13.4597

对应的二次函数为：$y = 0.2676x^2 − 3.6053x + 13.4597$，图像如图 7-3 所示.

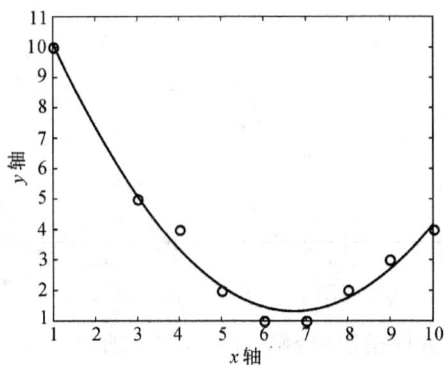

图 7-3 问题 1 的散点图和拟合函数图

**方法 2.** 用解超定方程组的方法
【MATLAB 命令 2】

```
clear
x = [1,3;10]';
y = [10,5,4,2,1,1,2,3,4]';
R = [x.^2, x, ones(size(x))];
a = (R\y)'
x1 = linspace(1,10,1000);
y1 = polyval(a,x1);
plot(x,y,'ko',x1,y1,'k','linewidth',2);
xlabel('x轴 ');
ylabel('y轴 ');
```

【输出结果 2】
同上

**问题 2** 已知 8 个散点的坐标如下：$(1,15.3)$，$(2,20.5)$，$(3,27.4)$，$(4,36.6)$，$(5,49.1)$，$(6,65.6)$，$(7,87.8)$，$(8,117.6)$，利用最小二乘法选择函数加以拟合.

**解** 在坐标平面上描出数据表中的点
【MATLAB 命令】

```
clear
x = [1;8];
y = [15.3,20.5,27.4,36.6,49.1,65.6,87.8,117.6];
plot(x,y,'k * ','linewidth',2);
```

【输出结果】(见图 7-4)

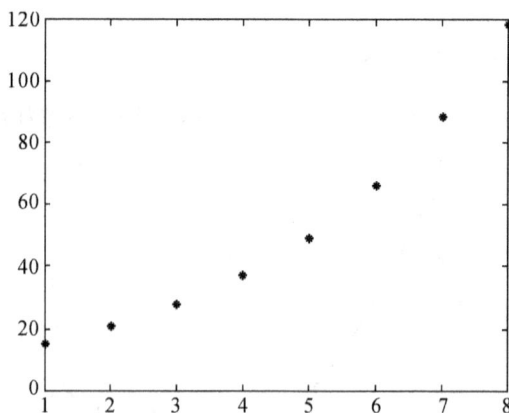

图 7-4　问题 2 散点图

根据散点的分布情况,选择指数型函数 $y = a_1 e^{a_2 x}$ 加以拟合,两边取对数得 $\ln y = a_2 x + \ln a_1$,令 $Y = \ln y, A1 = a_2, A2 = \ln a_1$,于是有线性函数 $Y = A1 x + A2$.

【MATLAB 命令】

```
clear
x = [1:8]';
y = log([15.3,20.5,27.4,36.6,49.1,65.6,87.8,117.6]');
R = [x, ones(size(x))];
a = (R\y)'
a1 = exp(a(2))
a2 = a(1)
```

【输出结果】

```
a =
    0.2912      2.4369
a1 =
    11.4371
a2 =
    0.2912
```

于是拟合成指数函数:$y = 11.4371 e^{0.2912x}$.

用图像验证所得拟合指数函数与散点的分布吻合情况.

【MATLAB 命令】

```
x1 = [1:8];
y1 = [15.3,20.5,27.4,36.6,49.1,65.6,87.8,117.6];
x2 = linspace(1,8,1000);
y2 = a1 * exp(a2 * x2);
plot(x1,y1,'ko',x2,y2,'k','linewidth',2);
```

【输出结果】(见图 7-5)

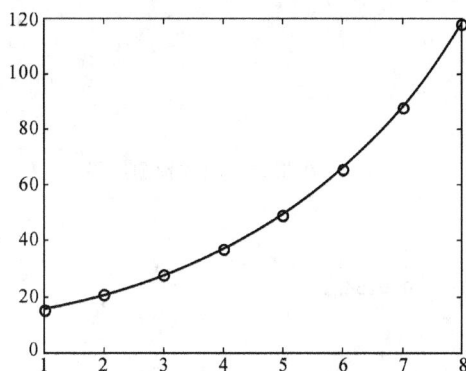

图 7-5 问题 2 的散点图和拟合函数图

从图中可知,拟合效果好.值得注意的是,实际问题中拟合效果好差,主要看与实际吻合程度,并且结合图像和计算偏差的平方和.

**问题 3** 某一时期银行的定期税后利率如表 7-2 所示:

表 7-2 银行定期税后利率

| X(年) | 0.5 | 1 | 2 | 3 | 5 |
|---|---|---|---|---|---|
| Y(利率) | 1.664% | 1.8% | 1.944% | 2.16% | 2.304% |

预计 4 年定期的税后利率.

**解** 可认为已知 5 个散点的坐标 $(0.5, 0.01664)$,$(1, 0.018)$,$(2, 0.01944)$,$(3, 0.0216)$,$(5, 0.02304)$,求 4 年定期的税后利率.

分别可用 1 次、2 次、3 次、4 次多项式拟合,找出拟合效果最好就行.

【MATLAB 命令】

```
clear
x = [0.5,1,2,3,5];
y = [0.01664,0.018,0.01944,0.0216,0.02304];
for n = [1,2,3,4]
fprintf('拟合多项式次数 % d\n',n)
a = polyfit(x,y,n)
x1 = linspace(0.2,5.2,1000);
y1 = polyval(a,x1);
subplot(2,2,n)
plot(x,y,'ko',x1,y1,'k','linewidth',2);
title('拟合多项式');
y2 = polyval(a,x);
pc = sum((y - y2).^2)                    % 偏差的平方和
y_4 = polyval(a,4)
end
```

【输出结果】(见图 7-6)

拟合多项式次数 1

```
a =
    0.0014    0.0165
pc =
    1.3580e-006
y_4 =
    0.0222                    %一次拟合多项式预测结果
拟合多项式次数 2
a =
    -0.0002    0.0026    0.0154
pc =
    2.3342e-007
y_4 =
    0.0224
拟合多项式次数 3
a =
    -0.0001    0.0003    0.0016    0.0159
pc =
    1.7554e-007
y_4 =
    0.0227
拟合多项式次数 4
a =
    -0.0002    0.0015    -0.0047    0.0075    0.0139
pc =
    9.6296e-034
y_4 =
    0.0241
```

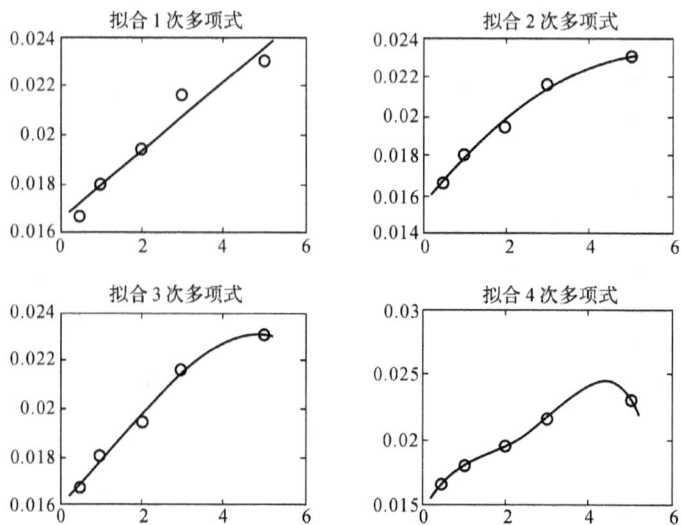

图 7-6  问题 3 的散点图和拟合函数图

从数值结果来看都可行,但从以上四个图像观察,发现前 3 个图像变化比较稳定;第 4 个图在 3.5～5 之间波动较大,这种情况对于现实中银行利率的问题不大可能出现.

**问题 4**　已知 10 个散点的坐标如下:$(0.24,0.23)$,$(0.65,-0.26)$,$(0.95,-1.10)$,$(1.24,-0.45)$,$(1.73,0.27)$,$(2.01,0.10)$,$(2.23,-0.29)$,$(2.52,0.24)$,$(2.77,0.56)$,$(2.99,1.00)$,利用最小二乘法选择函数加以拟合.

**解**　在坐标平面上描出数据表中的点

【MATLAB 命令】

```
clear
x=[0.24,0.65,0.95,1.24,1.73,2.01,2.23,2.52,2.77,2.99];
y=[0.23,-0.26,-1.10,-0.45,0.27,0.10,-0.29,0.24,0.56,1.00];
plot(x,y,'k*','linewidth',2);
```

【输出结果】(见图 7-7)

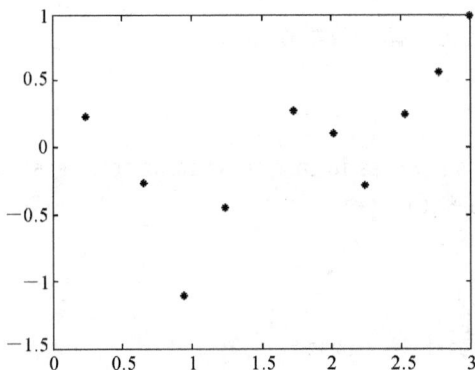

图 7-7　问题 4 的散点图

根据散点的分布情况,所求函数可用 $y=\cos x$,$y=\ln x$,$y=e^x$ 的线性组合表示,因此选拟合函数为
$$y=a\ln x+b\cos x+ce^x$$
其中 $a,b,c$ 为待定参数.

【MATLAB 命令】

```
clear
x=[0.24,0.65,0.95,1.24,1.73,2.01,2.23,2.52,2.77,2.99]';
y=[0.23,-0.26,-1.10,-0.45,0.27,0.10,-0.29,0.24,0.56,1.00]';
R=[log(x),cos(x),exp(x)];
a=(R\y)'
x1=[0.24:0.1:2.99];
f=a(1).*log(x1)+a(2).*cos(x1)+a(3).*exp(x1);
plot(x1,f,'k','linewidth',2)
```

【输出结果】

```
a=
    -1.0410    -1.2613    0.0307
```

对应的函数是：$y = -1.0410\ln x - 1.2613\cos x + 0.0307\mathrm{e}^x$.

其对应的函数图像如图 7-8 所示.

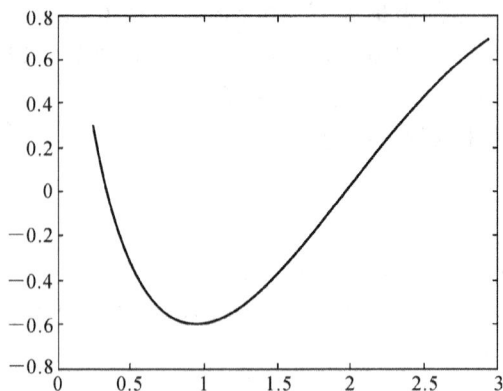

图 7-8　问题 4 的拟合函数图

**问题 5**　引例：浓度变化规律的数学模型求解

【MATLAB 命令】

```
t = [1:16];
y = [4 6.4 8 8.4 9.28 9.5 9.7 9.86 10 10.2 10.32 10.42 10.5 10.55 10.58 10.6];
plot(t,y,'k*','linewidth',2)
p = polyfit(t,y,2)
```

【输出结果】（见图 7-9）

```
p =    -0.0445    1.0711    4.3252
```

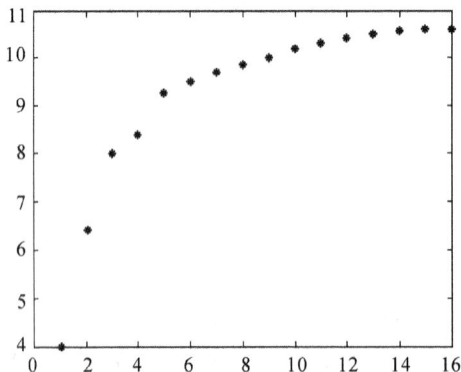

图 7-9　问题 5 的散点图

从而得到某化合物的浓度 $y$ 与时间 $t$ 的拟合函数：

$$y = -0.0445t^2 + 1.0711t + 4.3252$$

对函数的精度如何检测呢？仍然以图形来检测，将散点与拟合曲线画在一个画面上.

【MATLAB 命令】

```
xi = linspace(1,16,1000);
yi = polyval(p,xi);
plot(t,y,'ko',xi,yi,'k','linewidth',2)
```

【输出结果】(见图 7-10)

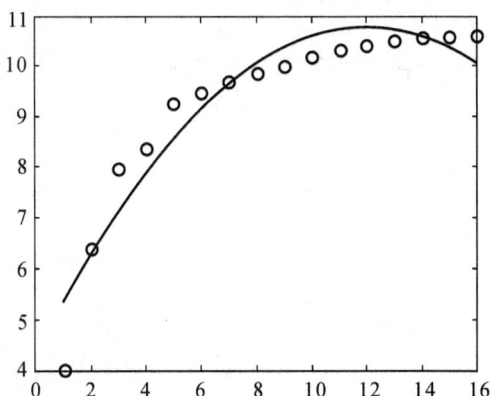

图 7-10　问题 5 的散点图和拟合函数图

由此看出上述曲线拟合是比较吻合的.

## 7.2.5　MATLAB 实现非线性最小二乘拟合

**非线性最小二乘拟合**

调用格式为:$[x, \text{norm}, \text{res}] = \text{lsqcurvefit}('\text{fun}', x0, x, y)$

其中等号左边 x 为返回所求参数,形式是数组;norm 为偏差平方和;res 为偏差,形式是数组.等号右边 fun 为 MATLAB 中自定义函数文件,x0 为迭代初值,x,y 分别为自变量、函数的已知数据.

**问题 6　血药浓度的变化规律**

实验表明,对某人用快速静脉注射方式一次注入该药物 300mg 后,在一定时刻 $t$(h)采集血药,测得血药浓度 $c$(ug/mL)如表 7-3 所示.

表 7-3　时间与血药浓度对应数据

| $t$(h) | 0.25 | 0.5 | 1 | 1.5 | 2 | 3 | 4 | 6 | 8 |
|---|---|---|---|---|---|---|---|---|---|
| $c$(ug/mL) | 19.21 | 18.15 | 15.36 | 14.10 | 12.89 | 9.32 | 7.45 | 5.24 | 3.01 |

求血药浓度随时间的变化规律.

**解**　根据药物动力学原理,血药浓度变化规律 $c(t) = c_0 e^{-kt}$,其中 $t = 0$ 血药浓度为 $c_0$,$k > 0$ 常数.

应用最小二乘拟合求参数 $k, c_0$.

**方法 1.** 转化为线性最小二乘拟合

先将非线性函数转化为线性函数:
$$c(t) = c_0 e^{-kt}$$

两边取对数　　　$\ln c(t) = \ln c_0 - k t$

令　　$y = \ln c(t), a_1 = -k, a_2 = \ln c_0$

问题化为由数据 $(t_i, y_i)(i = 1, 2, \cdots, 9)$ 拟合一条直线:$y = a_1 t + a_2$

这里 $k = -a_1, c_0 = e^{a_2}$.

【MATLAB命令】

```
t = [0.25 0.5 1 1.5 2 3 4 6 8];
c = [19.21 18.15 15.36 14.10 12.89 9.32 7.45 5.24 3.01];
y = log(c);
a = polyfit(t,y,1)
k = -a(1)
c0 = exp(a(2))
t1 = [0.25:0.1:8];
y = c0 * exp(-k * t1);
plot(t,c,'k * ',t1,y,'k','linewidth',2)
```

【输出结果】(见图 7-11)

```
a =
    -0.2347    2.9943
k =
    0.2347
c0 =
    19.9709
y =
    Columns 1 through 5
    18.8327    17.7594    15.7929    14.0441    12.4889
    Columns 6 through 9
    9.8761    7.8100    4.8840    3.0542
```

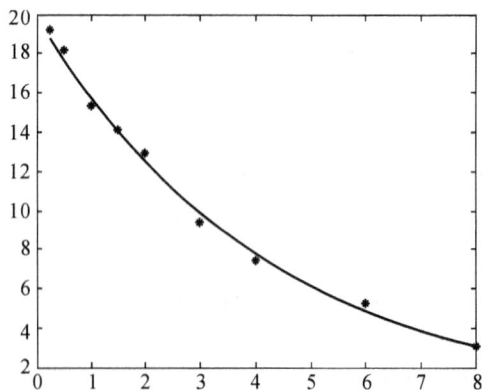

图 7-11   问题 6 方法 1 的散点图和拟合函数图

于是血药浓度变化规律：$c(t) = 19.9709\mathrm{e}^{-0.2347t}$.

**方法 2.** 用非线性最小二乘拟合

函数模型 $c(t) = c_0\mathrm{e}^{-kt}$ 中的参数 $c_0, k$ 确定,可直接用非线性最小二乘拟合. 由已知数据求出使 $\sum_{i=1}^{n}[c_0\mathrm{e}^{-kt} - c_i]^2$ 最小的待定系数 $c_0, k$.

【MATLAB命令】

```
function f = fun(x,t)              % 自定义函数文件 fun.m
```

```
f = x(1) * (exp( - x(2) * t));          % x(1) = c₀, x(2) = k.
```

在新建的 M 文件窗口中输入以下命令并运行：

```
x0 = [1,1];                             %初值可改变
t = [0.25,0.5,1,1.5,2,3,4,6,8];
c = [19.21,18.15,15.36,14.10,12.89,9.32,7.45,5.24,3.01];
[x,norm,res] = lsqcurvefit('fun',x0,t,c)
t1 = [0.25:0.01:8];
f = fun (x,t1);
plot(t,c,'b * ',t1,f,'k')
```

【输出结果】(见图 7-12)

```
x =                                     %  即 c₀ = 20.2413, k = 0.2420.
    20.2413      0.2420
norm =                                  %  偏差平方和,即 res * res'.
    1.0659
res =
    Columns 1 through 6
      - 0.1568      - 0.2152      0.5311      - 0.0198      - 0.4143      0.4745
    Columns 7 through 9
      0.2394      - 0.5006      - 0.0889
```

血药浓度变化规律：$c(t) = 20.2413e^{-0.2420t}$.

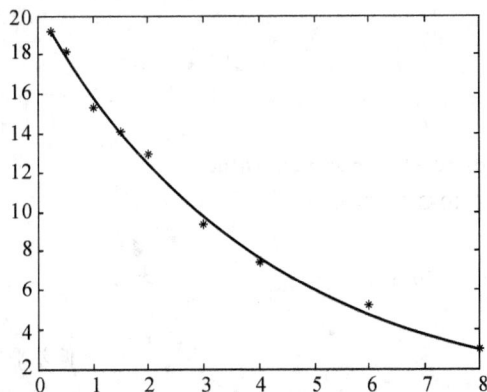

图 7-12　问题 6 方法 2 的散点图和拟合函数图

实验表明：x0 取 $(2,1),(2,4),(2,5)$ 等迭代初值均能求到参数.

**问题 7**　用下面一组数据拟合函数 $c(t) = a + be^{-0.02kt}$ 中的参数 $a, b, k$.

表 7-4　已知数据

| $t_j$ | 100 | 200 | 300 | 400 | 500 | 600 | 700 | 800 | 900 | 1000 |
|---|---|---|---|---|---|---|---|---|---|---|
| $C_j \times 10^3$ | 4.54 | 4.99 | 5.35 | 5.65 | 5.90 | 6.10 | 6.26 | 6.39 | 6.50 | 6.59 |

【MATLAB 命令】

创建自定义函数文件 fun10.m

```
function f = fun10(x,t)
f = x(1) + x(2) * exp( - 0.02 * x(3) * t);        % 其中 x(1) = a；x(2) = b；x(3) = k.
```

创建 M 文件 fun100.m

```
t = 100:100:1000;
c = 10^( - 3) * [4.54,4.99,5.35,5.65,5.90,6.10,6.26,6.39,6.50,6.59];
[x,norm,res] = lsqcurvefit('fun10',x0,t,c)        % 非线性最小二乘拟合
t1 = 100:1:1000;
f = fun10(x,t1);
plot(t,c,'b * ',t1,f,'k','linewidth',2)
```

在新建的 M 文件窗口中输入以下命令并运行：

```
% 第 1 步
clear,clc,clf
x0 = [1, - 1,2];                                   % 用实验方法取初值 x0 = [1, - 1,2]
fun100
% 第 2 步
for n = 1:2
x0 = [x(1),x(2),x(3)];                             % 此时的 x0 是上一步结果
fun100
end
vpa(x,6)
```

【输出结果】

```
Optimization terminated: relative function value
changing by less than OPTIONS.TolFun.
x =
     0.0068    - 0.0027    0.1006
norm =
     5.5866e - 008                                 % 偏差平方和,即 res * res′
res =
     1.0e - 003 *
     Columns 1 through 6
       0.0805    0.0348    0.0054    - 0.0242    - 0.0530    - 0.0721
     Columns 7 through 10
      - 0.0842    - 0.0933    - 0.1043    - 0.1134
```

拟合效果如图 7-13 所示.

Optimization terminated：relative function value changing by less than OPTIONS.TolFun.

x =

  0.0070  − 0.0030  0.1013

norm =

  6.0392e − 011

res =

  1.0e − 005 ∗

  Columns 1 through 6

   0.0045  − 0.1572  0.4581  0.3584  − 0.2248  − 0.2858

  Columns 7 through 10

   − 0.0035  0.2927  0.1506  0.0171

Optimization terminated：first − order optimality less than OPTIONS.TolFun,and no negative/zero curvature detected in trust region model.

x =

  0.0070  − 0.0030  0.1012

norm =

  5.6531e − 011

res =

  1.0e − 005 ∗

  Columns 1 through 6

   − 0.0291  − 0.2119  0.3913  0.2860  − 0.2982  − 0.3573

  Columns 7 through 10

   − 0.0711  0.2302  0.0937  − 0.0338

ans =

[0.698504e − 2, − 0.299408e − 2,0.101227]

即  $a = 0.00698504, b = −0.00299408, k = 0.101227.$

拟合函数为：$c(t) = 0.00698504 − 0.00299408e^{−0.101227t}.$

拟合效果如图 7-14 所示.

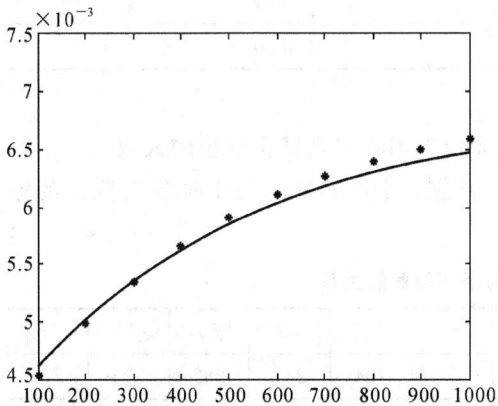

图 7-13　问题 7 第 1 步输出拟合效果图　　　　图 7-14　问题 7 第 2 步输出拟合效果图

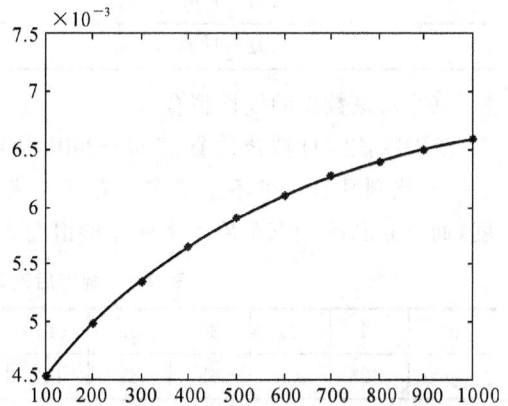

# 技能训练

1.在某次实验中,需要观察水分的渗透速度,测得时间 $t$ 与重量 $w$ 的数据如下:

表 7-5　时间与重量的数据

| $t$ | 1 | 2 | 4 | 8 | 16 | 32 | 64 |
|---|---|---|---|---|---|---|---|
| $w$ | 4.22 | 4.20 | 3.85 | 4.59 | 3.44 | 3.02 | 2.59 |

试根据数据点的分布情况,选择适当的函数加以拟合.

2.已知七个散点的坐标如下:$(0,0.3)$,$(0.2,0.45)$,$(0.3,0.47)$,$(0.52,0.5)$,$(0.64,0.38)$,$(0.7,0.33)$,$(1.0,0.24)$,试用这些数据拟合一个三次多项式函数,并作图比较.

3.我国五次人口普查的数据如表 7-6 所示:

表 7-6　我国五次人口普查数据

| 普查年份 | 1953 | 1964 | 1982 | 1990 | 2000 |
|---|---|---|---|---|---|
| 人口数(亿) | 5.9435 | 6.9458 | 10.0818 | 11.3368 | 12.6583 |

试根据上表数据用二次函数拟合我国人口增长情况,并预测 2010 年我国的人口数.

4.表 7-7 展示了西班牙裔学生在给定学年获得博士学位的人数.设 $x=0$ 表示 1970—1971 学年,$x=1$ 表示 1971—1972,等等.

表 7-7　西班牙裔学生在给定学年获博士学位人数

| 学　年 | 获博士人数 |
|---|---|
| 1976—1977 | 520 |
| 1980—1981 | 460 |
| 1984—1985 | 680 |
| 1988—1989 | 630 |
| 1990—1991 | 730 |
| 1991—1992 | 810 |
| 1992—1993 | 830 |

(1)求该数据的线性拟合.

(2)用该线性拟合预测 2000—2001 学年西班牙裔美国人将获博士学位的人数.

5.当刹闸后汽车还走了多少距离? 考虑以下数据,其中 $x$ 是以每小时英里数计的速度,而 $y$ 是刹闸到汽车停下来所需的滑行距离.

表 7-8　刹闸后汽车速度与滑行距离的关系

| $x$ | 20 | 25 | 30 | 35 | 40 | 45 | 50 | 55 | 60 | 65 | 70 | 75 |
|---|---|---|---|---|---|---|---|---|---|---|---|---|
| $y$ | 32 | 47 | 65 | 87 | 112 | 140 | 171 | 204 | 241 | 282 | 325 | 376 |

构建刹闸距离和速度间关系的模型.

6.给出体重约 70kg 的某人在短时间内喝下 2 瓶啤酒后,隔一定时间测得他的血液中酒精含量(mg/100mL)的数据如表 7-9 所示:请建立饮酒后血液中酒精含量或浓度与时间的关系式的数学模型.

表 7-9 饮酒后时间与血液中酒精含量的关系

| 时间 $t$(h) | 0.25 | 0.5 | 0.75 | 1 | 1.5 | 2 | 2.5 | 3 | 3.5 | 4 | 4.5 | 5 |
|---|---|---|---|---|---|---|---|---|---|---|---|---|
| 酒精含量 $y$(mg/100mL) | 30 | 68 | 75 | 82 | 82 | 77 | 68 | 68 | 58 | 51 | 50 | 41 |
| 时间 $t$(h) | 6 | 7 | 8 | 9 | 10 | 11 | 12 | 13 | 14 | 15 | 16 | |
| 酒精含量 $y$(mg/100mL) | 38 | 35 | 28 | 25 | 18 | 15 | 12 | 10 | 7 | 7 | 4 | |

提示:由药物代谢动力学方法得到机理(饮酒后血液中酒精含量)数学模型 $C(t) = a_1(e^{-a_2 t} - e^{-a_3 t})$.

# 7.3 数据拟合方法在数学建模中的应用

**问题 8** 马尔萨斯人口预报

200 多年前英国人口学家马尔萨斯(Malthus,1766—1834)在调查了英国 100 年人口统计资料的基础上,提出了著名的人口指数增长模型 $x(t) = x_0 e^{rt}$,其中 $x(t)$ 为时刻 $t$ 人口,$r$ 为人口(相对)增长率(常数).

表 7-10 给出的近两个世纪的美国人口统计数据(以百万为单位),试对马尔萨斯模型作一下检验,预测 2010 年美国的人口.

表 7-10 近两个世纪的美国人口统计数据

| 年 | 1790 | 1800 | 1810 | 1820 | 1830 | 1840 | 1850 |
|---|---|---|---|---|---|---|---|
| 人口(百万) | 3.9 | 5.3 | 7.2 | 9.6 | 12.9 | 17.1 | 23.2 |
| 年 | 1860 | 1870 | 1880 | 1890 | 1900 | 1910 | 1920 |
| 人口(百万) | 31.4 | 38.6 | 50.2 | 62.9 | 76.0 | 92.0 | 106.5 |
| 年 | 1930 | 1940 | 1950 | 1960 | 1970 | 1980 | 1990 |
| 人口(百万) | 123.2 | 131.7 | 150.7 | 179.3 | 204.0 | 226.5 | 251.4 |
| 年 | 2000 | | | | | | |
| 人口(百万) | 281.4 | | | | | | |

用 1790 年至 2000 年数据进行拟合.
【MATLAB 命令】

```
function f = fun11 (x,t)
f = x(1) * (exp(x(2) * t));
```

在新建的 M 文件窗口中输入以下命令并运行:

```
clear,clf,clc
t = [0,1,2,3,4,5,6,7,8,9,10,11,12,13,14,15,16,17,18,19,20,21];
y = [3.9,5.3,7.2,9.6,12.9,17.1,23.2,31.4,38.6,50.2,62.9,76.0,92.0,106.5,123.2,131.7,
```

150.7,179.3,204.0,226.5,251.4,281.4];

```
    x0 = [1,1];
    [x,norm,res] = lsqcurvefit('fun11',x0,t,y)
    t1 = 0:0.1:21;
    f = fun11(x,t1);
    plot(t,y,'b * ',t1,f,'k')
```

【输出结果】

Optimization terminated: relative function value
changing by less than OPTIONS. TolFun.

x =

    14.9936    0.1422

norm =

    2.2639e + 003

res =

    Columns 1 through 5

    11.0936    11.9853    12.7273    13.3730    13.5843

    Columns 6 through 10

    13.4323    11.9990    9.1789    8.1812    3.7314

    Columns 11 through 15

    − 0.7255    − 4.3225    − 9.3670    − 11.2370    − 13.3767

    Columns 16 through 20

    − 5.0908    − 4.7394    − 11.0301    − 10.0111    − 2.8611

    Columns 21 through 22

    6.4208    15.8272

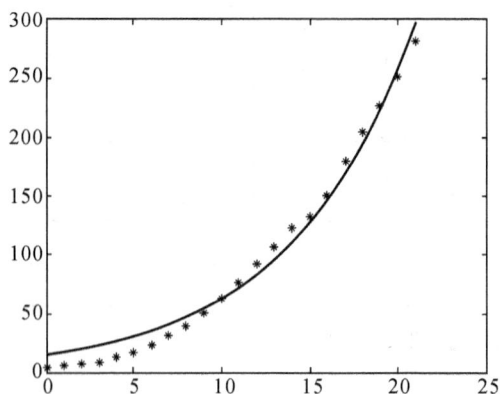

图 7-15    1790—2000 年人口数据拟合效果图

观察图 7-15 发现总体拟合效果不好,从偏差 res 值同样可看到.
事实上,采用分段拟合效果就比较好.
用 1790 年至 1890 年数据进行拟合.

【MATLAB 命令】

```
clear,clf,clc
```

```
t = [0,1,2,3,4,5,6,7,8,9,10];
y = [3.9,5.3,7.2,9.6,12.9,17.1,23.2,31.4,38.6,50.2,62.9];
x0 = [1,1];
[x,norm,res] = lsqcurvefit('fun11',x0,t,y)
t1 = 0:0.1:10;
f = fun11(x,t1);
plot(t,y,'b*',t1,f,'k')
```

【输出结果】

```
Optimization terminated: relative function value
changing by less than OPTIONS.TolFun.
x =
    4.7754      0.2598
norm =
    9.8616
res =
    Columns 1 through 5
     0.8754     0.8922     0.8292     0.8112     0.5999
    Columns 6 through 10
     0.4050    -0.5018    -1.9679    -0.4362    -0.7141
    Column 11
     1.2670
```

于是 1790 年至 1890 年人口预测用模型 $x(t) = 4.7754e^{0.2598t}$，效果较好，如图 7-16 所示．

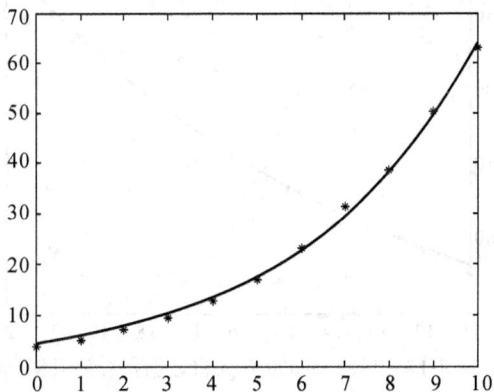

图 7-16　1790—1890 年人口数据拟合效果图

用 1900 年至 2000 年数据进行拟合．

【MATLAB 命令】

```
clear,clc,clf
t = [11,12,13,14,15,16,17,18,19,20,21];
y = [76.0,92.0,106.5,123.2,131.7,150.7,179.3,204.0,226.5,251.4,281.4];
x0 = [1,1];
[x,norm,res] = lsqcurvefit('fun11',x0,t,y)
```

```
t1 = [11:0.1:21];
f = fun11(x,t1) ;
plot(t,y,'b * ',t1,f,'k')
```

【输出结果】

```
Optimization terminated: relative function value
changing by less than OPTIONS.TolFun.
x =
    20.9929      0.1244
norm =
    192.8107
res =
    Columns 1 through 5
    6.5086      1.4411     - 0.6778     - 3.3562      4.0233
    Columns 6 through 10
    3.0069     - 5.2267     - 6.8617     - 3.2406      1.4416
    Column 11
    4.9435
```

于是 1900—2000 年人口预测用模型 $x(t) = 20.9929\mathrm{e}^{0.1244\,t}$,效果较好,如图 7-17 所示.

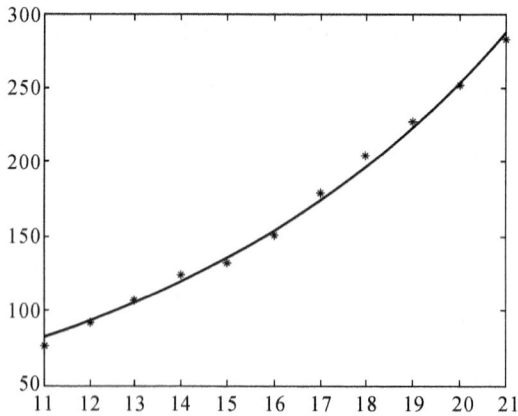

图 7-17　1900—2000 年人口数据拟合效果图

在命令窗口中输入:

```
f = fun11(x,22)
```

输出结果:

```
f =
    324.2845
```

这说明 2010 年美国人口将达到约 324.2845 百万.同时可见马尔萨斯人口预报在短期时间内预测是有效的.

# 技能训练

表 7-11 给出的近两个世纪的美国人口统计数据（以百万人为单位）：

**表 7-11　近两个世纪的美国人口统计数据**

| 年 | 1790 | 1800 | 1810 | 1820 | 1830 | 1840 | 1850 |
|---|---|---|---|---|---|---|---|
| 人口（百万） | 3.9 | 5.3 | 7.2 | 9.6 | 12.9 | 17.1 | 23.2 |
| 年 | 1860 | 1870 | 1880 | 1890 | 1900 | 1910 | 1920 |
| 人口（百万） | 31.4 | 38.6 | 50.2 | 62.9 | 76.0 | 92.0 | 106.5 |
| 年 | 1930 | 1940 | 1950 | 1960 | 1970 | 1980 | 1990 |
| 人口（百万） | 123.2 | 131.7 | 150.7 | 179.3 | 204.0 | 226.5 | 251.4 |
| 年 | 2000 | | | | | | |
| 人口（百万） | 281.4 | | | | | | |

用非线性拟合的方法，使用 1790—2000 年的数据，确定 Logistic 阻滞增长模型 $x(t) = \dfrac{x_m}{1 + \left(\dfrac{x_m}{x_0} - 1\right) \mathrm{e}^{-rt}}$ 中的参数 $x_m, r$，并用此模型预测 2010 年美国的人口.

# 第 8 章    数据统计与回归分析

随着计算机技术的发展和普及,数据信息越来越大量和频繁地进入人们的日常生活;从超市收款台处成千上万顾客的购物记录,到生产车间工艺过程和产品检验的情况报表;从政府机关收集的人口、交通、教育、卫生等方面的统计数字,到经常见诸报刊的关于市民的收入、支出、偏好、见解等的抽样调查结果.这些杂乱、浩瀚的数据如不及时地加以有效地整理和分析,既不能发挥它们应有的作用,还会给人们造成越来越大的负担.本章主要介绍常用统计量的计算和回归分析方法.

## 8.1    常用统计量

### 8.1.1    常用统计量概念

在数理统计中,将研究对象的全体称为总体或母体,记为 $X$,而把组成总体的每个元素称为个体.从总体中随机地抽出若干个个体进行观察或实验,称为随机抽样观察,从总体中抽出的若干个个体称为样本,一般记为 $X_1, X_2, \cdots, X_n$,而一次具体的观察结果记为 $x_1, x_2, \cdots, x_n$,它是完全确定的但又随着每次抽样观察而改变的一组数值.样本是进行分析和推断的起点,但实际上往往并不直接利用样本进行推断,而需要对样本进行一番"加工"和"提炼",将分散于样本中的信息集中起来,这就是统计量的概念.常用的统计量有样本均值、样本方差、偏度与峰度等,这些统计量又称为数字特征.

**1. 描述集中趋势的统计量**

描述样本数据集中趋势的统计量有样本均值、中位数等.样本均值的计算公式为

$$\overline{X} = \frac{1}{n} \sum_{i=1}^{n} X_i$$

中位数是将样本数据由小到大排序后,若有奇数个数,则为中间的那个数值;若偶数个数则为中间两个数的平均值.

**2. 描述离中趋势的统计量**

描述样本数据离中趋势的统计量包括极差、方差、标准差等.极差亦称全距,是样本数据的最大值与最小值之差,计算公式为

$$R = \max_i(X_i) - \min_i(X_i)$$

方差表示样本数据的平均离散情况,其计算公式为

$$s^2 = \frac{1}{n-1} \sum_{i=1}^{n} (X_i - \overline{X})^2$$

方差的算术平方根称为标准差,即

$$s = \sqrt{\frac{1}{n-1}\sum_{i=1}^{n}(X_i - \overline{X})^2}$$

**3.描述样本数据形态的统计量**

描述样本数据形态的统计量有偏度与峰度.偏度反映样本数据分布的对称性,偏度的计算公式为

$$g_1 = \frac{1}{s^3}\sum_{i=1}^{n}(X_i - \overline{X})^3$$

当 $g_1 > 0$ 时称为右偏态,说明均值右边的数据比均值左边的数据更多;当 $g_1 < 0$ 时称为左偏态,情况相反;当 $g_1$ 接近于零时,可以认为分布是对称的.

峰度反映样本数据偏离正态分布的情况,其计算公式为

$$g_2 = \frac{1}{s^4}\sum_{i=1}^{n}(X_i - \overline{X})^4$$

正态分布的峰度为 3,当样本数据的峰度大于 3 时,表示分布有沉重的尾巴,说明样本中有较多远离均值的数据,因而峰度可用作衡量偏离正态分布的尺度之一.

## 8.1.2　MATLAB 实现统计量计算

计算样本的数字特征的 MATLAB 命令如表 8-1 所示.

**表 8-1　MATLAB 命令**

| 名　称 | 命　令 | 说　明 |
|---|---|---|
| 样本均值 | mean(X) | 求矩阵 X 的每一列数据的均值 |
| 中位数 | median(X) | 求矩阵 X 的每一列数据的中位数 |
| 极差 | range(X) | 求矩阵 X 的每一列数据的极差 |
| 方差 | var(X) | 求矩阵 X 的每一列数据的方差 |
| 标准差 | std(X) | 求矩阵 X 的每一列数据的标准差 |
| 峰度值 | kurtosis(X) | 求矩阵 X 的每一列数据的峰度值 |
| 偏度系数 | skewness(X) | 求矩阵 X 的每一列数据的偏度系数 |
| 直方图 | hist(data, k) | 绘制数组 data 的直方图 |

**问题 1**　为了设计合适的公共汽车门的高度,汽车制造厂随机抽查 100 名成年男子测量身高,得如下身高数据(单位:cm):

| | | | | | | | | | | | | | | |
|---|---|---|---|---|---|---|---|---|---|---|---|---|---|---|
| 182 | 183 | 168 | 176 | 166 | 174 | 172 | 174 | 167 | 169 | 168 | 171 | 171 | 181 | 175 |
| 170 | 172 | 178 | 181 | 164 | 173 | 184 | 171 | 180 | 170 | 183 | 168 | 181 | 178 | 171 |
| 176 | 178 | 178 | 175 | 171 | 184 | 169 | 171 | 174 | 178 | 173 | 175 | 182 | 168 | 169 |
| 172 | 179 | 172 | 171 | 187 | 173 | 177 | 168 | 176 | 185 | 172 | 182 | 175 | 185 | 191 |
| 169 | 175 | 174 | 175 | 182 | 183 | 169 | 182 | 170 | 180 | 178 | 172 | 169 | 185 | 171 |
| 176 | 169 | 172 | 184 | 183 | 174 | 178 | 179 | 172 | 172 | 173 | 166 | 175 | 165 | 182 |
| 173 | 174 | 159 | 176 | 182 | 179 | 183 | 167 | 180 | 166 | | | | | |

求出身高数据的平均值、中位数、方差、标准差、峰度以及偏度系数,绘出数据的频数直

方图.若车门的高度是按成年男子与车门顶碰头的机会不超过 1‰ 设计,求车门的最低高度是多少?

**分析** 设统计总体是成年男子身高,在总体中抽取样本容量为 100 的子样,则平均值、中位数、方差、标准差、峰度以及偏度系数是样本的数字特征,调用 MATLAB 命令可求出样本的数字特征.又为了方便,可将数据单独保存为一个文件.

**解** (1)在 M 文件编辑器中将数据赋给变量 sg,并保存为 M 文件"sg.m".

sg = [182 183 …… 166];

(2)设计程序并保存为 M 文件"exp1.m".

```
sg                        % 调用 M 文件"sg.m"
x = sg;
T = [mean(x),median(x),var(x),std(x),kurtosis(x),skewness(x)]
                % 分别计算平均值、中位数、方差、标准差、峰度以及偏度系数
hist(sg,10)        % 绘制数组 sg 的直方图
```

程序运行结果:

```
T =
    175.0000    174.0000    36.0000    6.0000    2.5526    0.1574
```

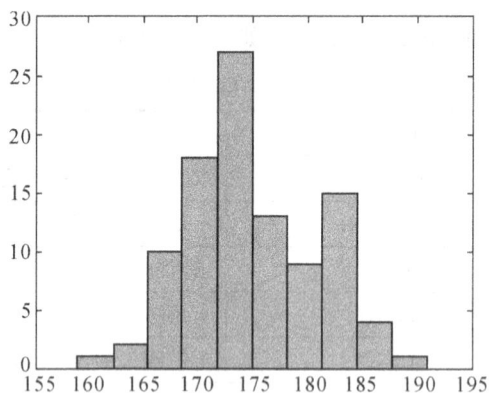

图 8-1 问题 1 数据频数直方图

结果表明,成年男子身高近似服从正态分布 $N(175, 6^2)$,再输入命令:

norminv(1 − 0.01,175,6)

‰ 人身高平均值为175,标准偏差为6,则车门高度不超过 188.9581cm 的概率为99%.

程序运行结果:

```
ans =
    188.9581
```

这表明车门的最低高度是 188.9581cm.

说明:结果表明,成年男子身高的平均值175cm、中位数为 174cm、方差为 36.0、标准差为 6.0cm、峰度为 2.5526、偏度系数为 0.1574.由频数直方图 8-1 可以看出成年男子身高近似服从正态分布.

# 8.2　回归分析

回归分析是处理变量之间的相关关系的一种数学方法,它是最常用的数理统计方法之一.如何由实验数据或历史数据来确定变量之间的相关关系和相关程度,怎样建立回归模型以及应用模型进行预测和控制等,这些是回归分析的主要内容.回归分析一般分为线性回归分析与非线性回归分析或一元回归与多元回归.

## 8.2.1　一元线性回归及 MATLAB 实现

### 1. 一元线性回归模型

$$\begin{cases} y = \beta_0 + \beta_1 x + \varepsilon \\ E\varepsilon = 0, D\varepsilon = \sigma^2 \end{cases}$$

其中 $\beta_0$, $\beta_1$ 是固定的未知参数,也称为回归系数,$x$ 称回归变量,$\varepsilon$ 为随机误差,$\varepsilon$ 是均值为 0,方差为 $\sigma^2$ 的随机变量.

记 $Y = E(y)$,则 $Y = \beta_0 + \beta_1 x$,称为 $Y$ 对 $x$ 的回归直线方程.

**注**　回归系数可根据观测数据,用一元线性回归模型、由最小二乘法来确定,关于假设检验、估计等相关理论略.

### 2. 一元线性回归 MATLAB 实现

在 MATLAB 统计工具箱中使用命令 regress()实现一元线性回归,调用格式有以下两种.

(1)确定回归系数的点估计值,使用命令:

b=regress (Y, X).

(2)求回归系数的点估计和区间估计、并检验回归模型,使用命令:

[b, bint, r, rint, stats]=regress(y, $\boldsymbol{X}$, alpha)

其中,因变量数据向量 $Y$ 和自变量数据矩阵 $\boldsymbol{X}$ 按以下排列方式输入

$$\boldsymbol{X} = \begin{bmatrix} 1 & x_{11} \\ 1 & x_{21} \\ \vdots & \vdots \\ 1 & x_{n1} \end{bmatrix}, \quad y = \begin{bmatrix} y_1 \\ y_2 \\ \vdots \\ y_n \end{bmatrix}$$

alpha 为显著性水平(默认为 0.05),输出向量 b,bint 为回归系数估计值和它们的置信区间,r,rint 为残差及其置信区间,stats 是用于检验回归模型的统计量,有 3 个数值,第一个是 $R^2$,其中 $R$ 是相关系数,第二个是 $F$ 统计量值,第三个是与统计量 $F$ 对应的概率 $P$,当 $P < a$ 时拒绝 $H_0$,回归模型成立.

当要画出残差及其置信区间时,使用命令:rcoplot (r, rint).

**问题 2**　某种合金强度与碳含量有关,研究人员在生产试验中收集了该合金的强度 $y$ 与碳含量 $x$ 的数据(见表 8-2).试建立 $y$ 与 $x$ 的函数关系模型,并检验模型的可信度,检查数据中有无异常点.

表 8-2　某种合金的强度 $y$ 与碳含量 $x$ 的关系数据

| $x$ | 0.10 | 0.11 | 0.12 | 0.13 | 0.14 | 0.15 | 0.16 | 0.17 | 0.18 | 0.20 | 0.21 | 0.23 |
|---|---|---|---|---|---|---|---|---|---|---|---|---|
| $y$ | 42.0 | 41.5 | 45.0 | 45.5 | 45.0 | 47.5 | 49.0 | 55.0 | 50.0 | 55.0 | 55.5 | 60.5 |

**分析** 本问题是确定合金强度与碳含量之间的相关关系,已经给出一组统计观测数据,通过作数据的散点图,观察散点图的形状,可知可建立一元线性回归模型.设回归模型为 $y = \beta_0 + \beta_1 x$,调用回归命令 regress() 求解.模型的可信度可用可决系数的大小表示,因此计算出可决系数 $R^2$ 即可.

**解** 根据分析,设计程序并保存为 M 文件"exp2".

【MATLAB 命令】

```
x1 = 0.1:0.01:0.18;
x2 = [x1 0.2 0.21 0.23]';
y = [42.0 41.5 45.0 45.5 45.0 47.5 49.0 55.0 50.0 55.0 55.5 60.5]';
x = [ones(12,1) x2]
% 作数据的散点图
plot(x2,y,'*')
% 回归分析
[b,bint,r,rint,stats] = regress(y,x);
b,bint,stats,
% 作残差分析图
rcoplot(r,rint)
% 预测及作回归线图
z = b(1) + b(2) * x2;
plot(x2,y,'*',x2,z,'r')
```

【输出结果】

```
b =
    27.0269
    140.6194
bint =
    22.3226    31.7313
    111.7842   169.4546
stats =
    0.9219   118.0670    0.0000
```

残差图如图 8-2 所示,散点图及回归线图如图 8-3 所示.

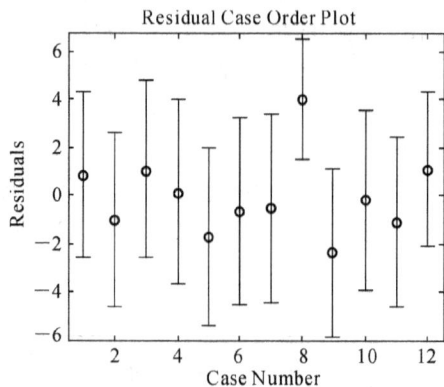

图 8-2  残差图

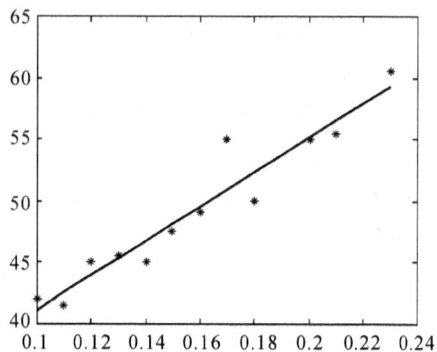

图 8-3  散点图和回归线图

说明：结果表明，参数估计值 $\hat{\beta}_0 = 27.0269, \hat{\beta}_1 = 140.6194$；$\hat{\beta}_0$ 的置信区间为 $[22.3226,$ $31.7313]$，$\hat{\beta}_1$ 的置信区间为 $[111.7842, 169.4546]$；可决系数 $R^2 = 0.9219$ 接近常数 $1$，且 $F = 118.0670, p = 0.000 < 0.05$，故回归模型 $y = 27.0269 + 140.6194x$ 成立.

又从残差图 8-2 可看出，除第 8 个数据外，其余数据的残差离零点都较近，且残差的知心区间均包含零点，这说明回归模型 $y = 27.0269 + 140.6194x$ 能较好地拟合数据，而第 8 个数据可视为异常点. 从图 8-3 也可看出，回归线能较好地表示散点图的形状，只有第 8 个数据点离回归线较远. 为什么出现异常点，则要对实验过程进行分析，进一步查明原因.

## 8.2.2　多元线性回归及 MATLAB 实现

### 1. 多元线性回归模型

有多个自变量的线性回归模型称为多元线性回归模型. 假定 $y$ 是一个可观测的随机变量，$x_1, x_2, \cdots, x_k$ 为 $k$ 个自变量，且有

$$\begin{cases} y = \beta_0 + \beta_1 x_1 + \beta_2 x_2 + \cdots + \beta_k x_k + \varepsilon \\ \varepsilon \sim N(0, \sigma^2) \end{cases}$$

式中：$\beta_0, \beta_1, \beta_2, \cdots, \beta_k$ 为未知参数，$\varepsilon$ 为随机误差，且 $\varepsilon \sim N(0, \sigma^2)$. 称此式为 $k$ 元线性回归模型.

**注**　回归系数可根据观测数据，用多元线性回归模型、由最小二乘法来确定，关于假设检验、估计等相关理论略.

### 2. 多元线性回归 MATLAB 实现

与一元线性回归一样，在 MATLAB 统计工具箱中使用命令 regress() 实现多元线性回归，调用格式有以下两种.

(1) 确定回归系数的点估计值，使用命令：

　　b＝regress (Y, X).

(2) 求回归系数的点估计和区间估计、并检验回归模型，使用命令：

　　[b, bint, r, rint, stats]＝regress(y, X, alpha)

其中，因变量数据向量 $Y$ 和自变量数据矩阵 $X$ 按以下排列方式输入

$$X = \begin{bmatrix} 1 & x_{11} & \cdots & x_{k1} \\ 1 & x_{12} & \cdots & x_{k2} \\ \vdots & \vdots & \ddots & \vdots \\ 1 & x_{1n} & \cdots & x_{kn} \end{bmatrix}, \quad Y = \begin{bmatrix} y_1 \\ y_2 \\ \vdots \\ y_n \end{bmatrix}$$

alpha 为显著性水平（默认为 $0.05$），输出向量 $b$，bint 为回归系数估计值和它们的置信区间，$r$，rint 为残差及其置信区间，stats 是用于检验回归模型的统计量，有 3 个数值，第一个是 $R^2$，其中 $R$ 是相关系数，第二个是 $F$ 统计量值，第三个是与统计量 $F$ 对应的概率 $P$，当 $P < a$ 时拒绝 $H_0$，回归模型成立.

当要画出残差及其置信区间时，使用命令：rcoplot (r, rint).

**问题 3**　某厂生产的一种商品的销售量 $y$ 与竞争对手的价格 $x_1$ 和本厂的价格 $x_2$ 有关，其销售纪录如表 8-3 所列. 根据这些数据建立 $y$ 与 $x_1$ 和 $x_2$ 的关系式，对得到的模型和系数进行检验.

表 8-3　销售记录

| 序　号 | 1 | 2 | 3 | 4 | 5 | 6 | 7 | 8 | 9 | 10 |
|---|---|---|---|---|---|---|---|---|---|---|
| $x_1$(元/件) | 120 | 140 | 190 | 130 | 155 | 175 | 125 | 145 | 180 | 150 |
| $x_2$(元/件) | 100 | 110 | 90 | 150 | 210 | 150 | 250 | 270 | 300 | 250 |
| $y$/件 | 102 | 100 | 120 | 77 | 46 | 93 | 26 | 69 | 65 | 85 |

**分析**　为了确定一种商品的销售量与价格之间的关系,分别作出 $y$ 与 $x_1$ 及 $y$ 与 $x_2$ 的散点图,散点图显示它们之间近似线性关系,因此可设定 $y$ 与 $x_1$ 和 $x_2$ 的关系为二元线性回归模型:$y = \beta_0 + \beta_1 x_1 + \beta_2 x_2$,调用命令[b,bint,r,rint,s]=regress(y,X,alpha),计算出参数的估计.

**解**　设计程序并保存为 m 文件"exp3.m"

【MATLAB 命令】

```
% 输入数据并作散点图(见图 8-4)
x1 = [120 140 190 130 155 175 125 145 180 150]';
x2 = [100 110 90 150 210 150 250 270 300 250]';
y = [102 100 120 77 46 93 26 69 65 85]';
plot(x1,y,'o',x2,y,'*r')
% 作二元线性回归
x = [ones(10,1) x1 x2];
[b,bint,r,rint,stats] = regress(y,x);
b,bint,stats,
% 作残差分析图(见图 8-5)
rcoplot(r,rint)
```

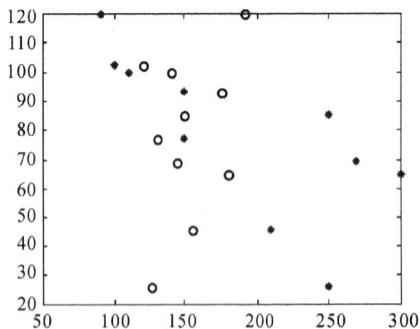

图 8-4　问题 3 散点图

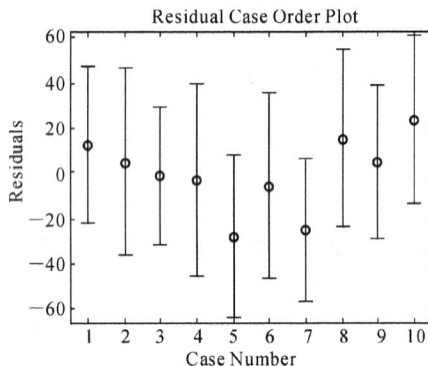

图 8-5　问题 3 残差分析图

【输出结果】

```
b =
    66.5176
     0.4139
    -0.2698
bint =
    -32.5060    165.5411
     -0.2018      1.0296
     -0.4611     -0.0785
```

```
stats =
    0.6527    6.5786    0.0247
```

说明：结果表明线性回归方程为 $\hat{y} = 66.5176 + 0.4139x_1 - 0.2698x_2$，可决系数 $R^2 = 0.6527$，$p = 0.0247 < 0.05$，故回归模型成立.

### 8.2.3　回归分析在数学建模中的应用

2004 年全国数学建模竞赛中 B 题"电力市场的输电阻塞管理"的第一个问题是这样的：

某电网有 8 台发电机组、6 条主要线路，表 8-4 和表 8-5 中的方案 0 给出了各机组的当前出力和各线路上对应的有功潮流值，方案 1～32 给出了围绕方案 0 的一些实验数据，试用这些数据确定各线路上的有功潮流关于各发电机组出力的近似表达式.

表 8-4　各机组出力方案　　　　　　　　　　　（单位：兆瓦，记作 MW）

| 方案/机组 | 1 | 2 | 3 | 4 | 5 | 6 | 7 | 8 |
|---|---|---|---|---|---|---|---|---|
| 0 | 120 | 73 | 180 | 80 | 125 | 125 | 81.1 | 90 |
| 1 | 133.02 | 73 | 180 | 80 | 125 | 125 | 81.1 | 90 |
| 2 | 129.63 | 73 | 180 | 80 | 125 | 125 | 81.1 | 90 |
| 3 | 158.77 | 73 | 180 | 80 | 125 | 125 | 81.1 | 90 |
| 4 | 145.32 | 73 | 180 | 80 | 125 | 125 | 81.1 | 90 |
| 5 | 120 | 78.596 | 180 | 80 | 125 | 125 | 81.1 | 90 |
| 6 | 120 | 75.45 | 180 | 80 | 125 | 125 | 81.1 | 90 |
| 7 | 120 | 90.487 | 180 | 80 | 125 | 125 | 81.1 | 90 |
| 8 | 120 | 83.848 | 180 | 80 | 125 | 125 | 81.1 | 90 |
| 9 | 120 | 73 | 231.39 | 80 | 125 | 125 | 81.1 | 90 |
| 10 | 120 | 73 | 198.48 | 80 | 125 | 125 | 81.1 | 90 |
| 11 | 120 | 73 | 212.64 | 80 | 125 | 125 | 81.1 | 90 |
| 12 | 120 | 73 | 190.55 | 80 | 125 | 125 | 81.1 | 90 |
| 13 | 120 | 73 | 180 | 75.857 | 125 | 125 | 81.1 | 90 |
| 14 | 120 | 73 | 180 | 65.958 | 125 | 125 | 81.1 | 90 |
| 15 | 120 | 73 | 180 | 87.258 | 125 | 125 | 81.1 | 90 |
| 16 | 120 | 73 | 180 | 97.824 | 125 | 125 | 81.1 | 90 |
| 17 | 120 | 73 | 180 | 80 | 150.71 | 125 | 81.1 | 90 |
| 18 | 120 | 73 | 180 | 80 | 141.58 | 125 | 81.1 | 90 |
| 19 | 120 | 73 | 180 | 80 | 132.37 | 125 | 81.1 | 90 |
| 20 | 120 | 73 | 180 | 80 | 156.93 | 125 | 81.1 | 90 |
| 21 | 120 | 73 | 180 | 80 | 125 | 138.88 | 81.1 | 90 |
| 22 | 120 | 73 | 180 | 80 | 125 | 131.21 | 81.1 | 90 |
| 23 | 120 | 73 | 180 | 80 | 125 | 141.71 | 81.1 | 90 |
| 24 | 120 | 73 | 180 | 80 | 125 | 149.29 | 81.1 | 90 |
| 25 | 120 | 73 | 180 | 80 | 125 | 125 | 60.582 | 90 |
| 26 | 120 | 73 | 180 | 80 | 125 | 125 | 70.962 | 90 |
| 27 | 120 | 73 | 180 | 80 | 125 | 125 | 64.854 | 90 |
| 28 | 120 | 73 | 180 | 80 | 125 | 125 | 75.529 | 90 |
| 29 | 120 | 73 | 180 | 80 | 125 | 125 | 81.1 | 104.84 |
| 30 | 120 | 73 | 180 | 80 | 125 | 125 | 81.1 | 111.22 |
| 31 | 120 | 73 | 180 | 80 | 125 | 125 | 81.1 | 98.092 |
| 32 | 120 | 73 | 180 | 80 | 125 | 125 | 81.1 | 120.44 |

表 8-5　各线路的有功潮流值(各方案与表 8-4 相对应)　　　　　(单位:MW)

| 方案\线路 | 1 | 2 | 3 | 4 | 5 | 6 |
|---|---|---|---|---|---|---|
| 0 | 164.78 | 140.87 | −144.25 | 119.09 | 135.44 | 157.69 |
| 1 | 165.81 | 140.13 | −145.14 | 118.63 | 135.37 | 160.76 |
| 2 | 165.51 | 140.25 | −144.92 | 118.7 | 135.33 | 159.98 |
| 3 | 167.93 | 138.71 | −146.91 | 117.72 | 135.41 | 166.81 |
| 4 | 166.79 | 139.45 | −145.92 | 118.13 | 135.41 | 163.64 |
| 5 | 164.94 | 141.5 | −143.84 | 118.43 | 136.72 | 157.22 |
| 6 | 164.8 | 141.13 | −144.07 | 118.82 | 136.02 | 157.5 |
| 7 | 165.59 | 143.03 | −143.16 | 117.24 | 139.66 | 156.59 |
| 8 | 165.21 | 142.28 | −143.49 | 117.96 | 137.98 | 156.96 |
| 9 | 167.43 | 140.82 | −152.26 | 129.58 | 132.04 | 153.6 |
| 10 | 165.71 | 140.82 | −147.08 | 122.85 | 134.21 | 156.23 |
| 11 | 166.45 | 140.82 | −149.33 | 125.75 | 133.28 | 155.09 |
| 12 | 165.23 | 140.85 | −145.82 | 121.16 | 134.75 | 156.77 |
| 13 | 164.23 | 140.73 | −144.18 | 119.12 | 135.57 | 157.2 |
| 14 | 163.04 | 140.34 | −144.03 | 119.31 | 135.97 | 156.31 |
| 15 | 165.54 | 141.1 | −144.32 | 118.84 | 135.06 | 158.26 |
| 16 | 166.88 | 141.4 | −144.34 | 118.67 | 134.67 | 159.28 |
| 17 | 164.07 | 143.03 | −140.97 | 118.75 | 133.75 | 158.83 |
| 18 | 164.27 | 142.29 | −142.15 | 118.85 | 134.27 | 158.37 |
| 19 | 164.57 | 141.44 | −143.3 | 119 | 134.88 | 158.01 |
| 20 | 163.89 | 143.61 | −140.25 | 118.64 | 133.28 | 159.12 |
| 21 | 166.35 | 139.29 | −144.2 | 119.1 | 136.33 | 157.59 |
| 22 | 165.54 | 140.14 | −144.19 | 119.09 | 135.81 | 157.67 |
| 23 | 166.75 | 138.95 | −144.17 | 119.15 | 136.55 | 157.59 |
| 24 | 167.69 | 138.07 | −144.14 | 119.19 | 137.11 | 157.65 |
| 25 | 162.21 | 141.21 | −144.13 | 116.03 | 135.5 | 154.26 |
| 26 | 163.54 | 141 | −144.16 | 117.56 | 135.44 | 155.93 |
| 27 | 162.7 | 141.14 | −144.21 | 116.74 | 135.4 | 154.88 |
| 28 | 164.06 | 140.94 | −144.18 | 118.24 | 135.4 | 156.68 |
| 29 | 164.66 | 142.27 | −147.2 | 120.21 | 135.28 | 157.65 |
| 30 | 164.7 | 142.94 | −148.45 | 120.68 | 135.16 | 157.63 |
| 31 | 164.67 | 141.56 | −145.88 | 119.68 | 135.29 | 157.61 |
| 32 | 164.69 | 143.84 | −150.34 | 121.34 | 135.12 | 157.64 |

看到这个问题,容易想到该问题就是要找出各线路上的有功潮流与 8 台发电机组出力之间的函数关系.这是数学的一个函数拟合问题,如果进一步数学化就是:

设 6 条线路上有功潮流为 $y_j$,$j=1,2,\cdots,6$,8 台发电机组出力为 $x_i$,$i=1,2,\cdots,8$,该问题变为寻找函数关系表达式

$$y_j = f_j(x_1, x_2, \cdots, x_8),\ j=1,2,\cdots,6$$

可采用回归分析完成.

【MATLAB 命令】

```
x =［133.02    73      180      80      125      125      81.1      90
129.63     73      180      80      125      125      81.1      90
158.77     73      180      80      125      125      81.1      90
145.32     73      180      80      125      125      81.1      90
120     78.596     180      80      125      125      81.1      90
120     75.45      180      80      125      125      81.1      90
120     90.487     180      80      125      125      81.1      90
120     83.848     180      80      125      125      81.1      90
120     73      231.39      80      125      125      81.1      90
120     73      198.48      80      125      125      81.1      90
120     73      212.64      80      125      125      81.1      90
120     73      190.55      80      125      125      81.1      90
120     73      180     75.857      125      125      81.1      90
120     73      180     65.958      125      125      81.1      90
120     73      180     87.258      125      125      81.1      90
120     73      180     97.824      125      125      81.1      90
120     73      180      80     150.71      125      81.1      90
120     73      180      80     141.58      125      81.1      90
120     73      180      80     132.37      125      81.1      90
120     73      180      80     156.93      125      81.1      90
120     73      180      80      125     138.88      81.1      90
120     73      180      80      125     131.21      81.1      90
120     73      180      80      125     141.71      81.1      90
120     73      180      80      125     149.29      81.1      90
120     73      180      80      125      125     60.582      90
120     73      180      80      125      125     70.962      90
120     73      180      80      125      125     64.854      90
120     73      180      80      125      125     75.529      90
120     73      180      80      125      125     81.1     104.84
120     73      180      80      125      125     81.1     111.22
120     73      180      80      125      125     81.1     98.092
120     73      180      80      125      125     81.1     120.44］;
```

% 围绕方案 0 的 32 组实验数据(6 条线路的潮流值)

```
y =［165.81    140.13     -145.14     118.63     135.37     160.76
165.51     140.25     -144.92     118.7     135.33     159.98
```

```
    167.93    138.71    -146.91    117.72    135.41    166.81
    166.79    139.45    -145.92    118.13    135.41    163.64
    164.94    141.5     -143.84    118.43    136.72    157.22
    164.8     141.13    -144.07    118.82    136.02    157.5
    165.59    143.03    -143.16    117.24    139.66    156.59
    165.21    142.28    -143.49    117.96    137.98    156.96
    167.43    140.82    -152.26    129.58    132.04    153.6
    165.71    140.82    -147.08    122.85    134.21    156.23
    166.45    140.82    -149.33    125.75    133.28    155.09
    165.23    140.85    -145.82    121.16    134.75    156.77
    164.23    140.73    -144.18    119.12    135.57    157.2
    163.04    140.34    -144.03    119.31    135.97    156.31
    165.54    141.1     -144.32    118.84    135.06    158.26
    166.88    141.4     -144.34    118.67    134.67    159.28
    164.07    143.03    -140.97    118.75    133.75    158.83
    164.27    142.29    -142.15    118.85    134.27    158.37
    164.57    141.44    -143.3     119       134.88    158.01
    163.89    143.61    -140.25    118.64    133.28    159.12
    166.35    139.29    -144.2     119.1     136.33    157.59
    165.54    140.14    -144.19    119.09    135.81    157.67
    166.75    138.95    -144.17    119.15    136.55    157.59
    167.69    138.07    -144.14    119.19    137.11    157.65
    162.21    141.21    -144.13    116.03    135.5     154.26
    163.54    141       -144.16    117.56    135.44    155.93
    162.7     141.14    -144.21    116.74    135.4     154.88
    164.06    140.94    -144.18    118.24    135.4     156.68
    164.66    142.27    -147.2     120.21    135.28    157.65
    164.7     142.94    -148.45    120.68    135.16    157.63
    164.67    141.56    -145.88    119.68    135.29    157.61
    164.69    143.84    -150.34    121.34    135.12    157.64];
x0 = [120    73    180    80    125    125    81.1    90]';
%方案0的8台机组出力
y0 = [164.78    140.87    -144.25    119.09    135.44    157.69]';
%方案0的6条线路的潮流值
yp = zeros(6,1);
err = zeros(6,1);
X = [ones(32,1),x];
alpha = 0.05;
for i = 1:6    %考虑6条线路分别进行回归分析
    Y = y(:,i);    %获得第i条线路潮流值
[b,bint,r,rint,stats] = regress(Y,X,alpha);    %回归函数
fprintf('第%2d条线路回归方程参数:\n',i);
    fprintf('系数:');
```

```
for k = 1:9    fprintf('% 8.5f',b(k));    end;    fprintf('\n');
fprintf('统计量值 R^2 = % 8.4f, F = % 8.4f, p = % 8.5f\n', stats(1), st ats(2), stats(3));
temp = b(2:9);
yp(i) = b(1) + sum(temp. * x0);    % 计算方案 0 中对第 i 条线路潮流预测值
err(i) = abs(yp(i) - y0(i))/abs(y0(i)) * 100;    % 计算预测相对误差的百分比
        end
        fprintf('方案 0 的原始值,预测值,相对误差百分比:\n');
        for i = 1:6
            fprintf('%8.4f    % 8.4f    % 8.4f\n',y0(i),yp(i),err(i));
        end
```

## 【输出结果】

第 1 条线路回归方程参数:

系数: 110. 29651 0. 08284 0. 04828 0. 05297 0. 11993 − 0. 02544 0. 12201 0. 12158 − 0. 00123

统计量值 R^2 = 0. 9995, F = 5861. 5194, p = 0. 00000

第 2 条线路回归方程参数:

系数: 131. 22892 − 0. 05456 0. 12785 − 0. 00003 0. 03328 0. 08685 − 0. 11244 − 0. 01893 0. 09873

统计量值 R^2 = 0. 9996, F = 7228. 6778, p = 0. 00000

第 3 条线路回归方程参数:

系数: − 108. 87316 − 0. 06954 0. 06165 − 0. 15662 − 0. 00992 0. 12449 0. 00212 − 0. 00251 − 0. 20139

统计量值 R^2 = 0. 9999, F = 22351. 7413, p = 0. 00000

第 4 条线路回归方程参数:

系数: 77. 48168 − 0. 03446 − 0. 10241 0. 20516 − 0. 02083 − 0. 01183 0. 00595 0. 14492 0. 07655

统计量值 R^2 = 0. 9999, F = 25582. 5797, p = 0. 00000

第 5 条线路回归方程参数:

系数: 132. 97447 0. 00053 0. 24329 − 0. 06455 − 0. 04113 − 0. 06522 0. 07034 − 0. 00426 − 0. 00891

统计量值 R^2 = 0. 9996, F = 6971. 8004, p = 0. 00000

第 6 条线路回归方程参数:

系数: 120. 66328 0. 23781 − 0. 06017 − 0. 07787 0. 09298 0. 04690 0. 00008 0. 16593 0. 00069

统计量值 R^2 = 0. 9998, F = 17454. 5479, p = 0. 00000

方案 0 的原始值,预测值,相对误差百分比:

| | | |
|---|---|---|
| 164. 7800 | 164. 7120 | 0. 0413 |
| 140. 8700 | 140. 8238 | 0. 0328 |
| − 144. 2500 | − 144. 2051 | 0. 0312 |
| 119. 0900 | 119. 0412 | 0. 0410 |
| 135. 4400 | 135. 3803 | 0. 0441 |
| 157. 6900 | 157. 6206 | 0. 0440 |

# 技能训练

1.在某厂生产的某种型号的细轴中任取 20 个,测得其直径数据如下(单位:mm):

13.26　13.63　13.13　13.47　13.40　13.56　13.35　13.56　13.38　13.20
13.48　13.58　13.57　13.37　13.48　13.46　13.51　13.29　13.42　13.69

求以上数据的样本均值与样本方差.

2.同时观察道路三个不同位置单位时间通过的车辆数,每一小时观察一次共 12 小时得到数据如表 8-6 所示:

表 8-6　三个不同位置每小时通过车辆数　　　　　　　　　　　　(单位:辆)

| 时间(h) | 位置 1 | 位置 2 | 位置 3 |
|---|---|---|---|
| 1 | 11 | 11 | 9 |
| 2 | 7 | 13 | 11 |
| 3 | 14 | 17 | 20 |
| 4 | 11 | 13 | 9 |
| 5 | 43 | 51 | 69 |
| 6 | 38 | 46 | 76 |
| 7 | 61 | 132 | 186 |
| 8 | 75 | 135 | 180 |
| 9 | 38 | 88 | 115 |
| 10 | 28 | 38 | 55 |
| 11 | 12 | 12 | 14 |
| 12 | 18 | 17 | 30 |

求各位置数据的最大值和平均值.

3.零售商为了解每周的广告费与销售额之间的关系,记录了如表 8-7 所示统计资料:

表 8-7　每周的广告费与销售额之间的关系数据

| 广告费 $X$(万元) | 40 | 20 | 25 | 20 | 30 | 50 | 40 | 20 | 50 | 40 | 25 | 50 |
|---|---|---|---|---|---|---|---|---|---|---|---|---|
| 销售额 $Y$(百万元) | 385 | 400 | 395 | 365 | 475 | 440 | 490 | 420 | 560 | 525 | 480 | 510 |

画出散点图,并在 $Y$ 对 $X$ 回归为线性的假定下,用最小二乘法算出一元回归方程.

4.考察温度 $x$ 对产量 $y$ 的影响,测得下列 10 组数据,如表 8-8 所示:

表 8-8　温度 $x$ 对产量 $y$ 的影响数据

| 温度(℃) | 20 | 25 | 30 | 35 | 40 | 45 | 50 | 55 | 60 | 65 |
|---|---|---|---|---|---|---|---|---|---|---|
| 产量(kg) | 13.2 | 15.1 | 16.4 | 17.1 | 17.9 | 18.7 | 19.6 | 21.2 | 22.5 | 24.3 |

求 $y$ 关于 $x$ 的线性回归方程,检验回归效果是否显著,并预测 $x=42$℃时产量的估值及预测区间(置信度 95%).

5. 某销售公司将其连续 18 个月的库存占用资金情况、广告投入的费用、员工薪酬以及销售额等方面的数据作了汇总,如表 8-9 所示. 该公司的管理人员试图根据这些数据找到销售额与其他 3 个变量之间的关系,以便进行销售额预测并为未来的工作决策提供参考依据.

(1)试建立销售额的回归模型;

(2)如果未来某月库存资金额为 150 万元,广告投入预算为 45 万元,员工薪酬总额为 27 万元,试根据建立的回归模型预测该月的销售额.

表 8-9　占用资金、广告收入、员工薪酬及销售额数据　　　　　　　(单位:万元)

| 月份 | 库存金额($x_1$) | 广告投入($x_2$) | 员工薪酬总额($x_3$) | 销售额($y$) |
|---|---|---|---|---|
| 1 | 75.2 | 30.6 | 21.1 | 1090.4 |
| 2 | 77.6 | 31.3 | 21.4 | 1133 |
| 3 | 80.7 | 33.9 | 22.9 | 1242.1 |
| 4 | 76 | 29.6 | 21.4 | 1003.2 |
| 5 | 79.5 | 32.5 | 21.5 | 1283.2 |
| 6 | 81.8 | 27.9 | 21.7 | 1012.2 |
| 7 | 98.3 | 24.8 | 21.5 | 1098.8 |
| 8 | 67.7 | 23.6 | 21 | 826.3 |
| 9 | 74 | 33.9 | 22.4 | 1003.3 |
| 10 | 151 | 27.7 | 24.7 | 1554.6 |
| 11 | 90.8 | 45.5 | 23.2 | 1199 |
| 12 | 102.3 | 42.6 | 24.3 | 1483.1 |
| 13 | 115.6 | 40 | 23.1 | 1407.1 |
| 14 | 125 | 45.8 | 29.1 | 1551.3 |
| 15 | 137.8 | 51.7 | 24.6 | 1601.2 |
| 16 | 175.6 | 67.2 | 27.5 | 2311.7 |
| 17 | 155.2 | 65 | 26.5 | 2126.7 |
| 18 | 174.3 | 65.4 | 26.8 | 2256.5 |

# 第9章 大专数学建模竞赛优秀论文

现代计算机技术的支持,使得数学理论的应用显得如虎添翼,也使得数学建模活动进入了一个更高水平的新阶段.许多杰出的应用成果都与计算机技术紧密相连.在这方面,CT机、导弹的制导、气象预报、计算机模拟核试验、国民经济的投入产出分析等等,都是数学建模与计算机结合,成功解决实际问题的典型事例.

## 9.1 饮酒驾车的数学模型

摘要:"饮酒驾车"是 2004 年全国大学生数学建模竞赛题.本节采用药物代谢动力学方法,结合微分方程、非线性数据拟合结合初值迭代查找、方程求解、求极值、级数等技术数学,并借助 MATLAB 程序,较准确地求出了短时间饮一瓶啤酒情形下,血液中酒精含量与时间的关系式为:$C(t) = 57.1403(e^{-0.1852t} - e^{-2.0118t})$,较长时间饮一瓶啤酒情形下,血液中酒精含量与时间的关系式为分段函数:

$$C(t) = \frac{57.1403}{2} \times 3 \times \left(\frac{1-e^{-0.1852t}}{0.1852} - \frac{1-e^{-2.0118t}}{2.0118}\right), (0 < t < 2);$$

$$C(t) = \frac{57.1403}{2} \times 3 \times \left[\frac{1-e^{-0.1852\times2}}{0.1852}e^{-0.1852(t-2)} - \frac{1-e^{-2.0118\times2}}{2.0118}e^{-2.0118(t-2)}\right], (t > 2).$$

第一次喝下 1 瓶啤酒,过 $T$ h,再喝下 1 瓶啤酒时,血液中酒精含量与时间($t = 14 - T$)的关系式:$C(t) = 57.1403[e^{-0.1852t}(1+e^{-0.1852T}) - e^{-2.0118t}(1+e^{-2.0118T})]$;并用上面三个模型完整地对饮酒驾车问题给出解答:

1. 大李在中午 12 点喝了一瓶啤酒,下午 6 点检查时($t = 6$h),酒精含量约 18.8083mg/100mL 小于 20mg/100mL,故符合新的驾车标准;假设晚上 8 点晚饭时大李第二次喝酒,到凌晨 2 点,大李身上的酒精含量约 23.0829mg/100mL 大于 20mg/100mL,故被定为饮酒驾车.

2.(1)饮酒后 11.6004h 之后,才能驾车.

(2)开始饮酒后经过 12.6239h 之后,才能驾车.

3.(1)血液中的酒精含量达到最高所用时间为 1.3044h,与喝多少酒没有关系.

(2)喝 1 瓶啤酒为例,血液中的酒精含量达到最高所用时间 $t$ 与喝酒所用时间 $T$ 有关,当 $T = 1,2,3,4,5$ 等,对应时间 $t = 1.4114, 2.4114, 3.4114, 4.4114, 5.4114$ 等.

4. 若每日饮 1 瓶啤酒,$t = 6$h 后驾车,血液中酒精含量可用级数表示,此时级数收敛于 19.03161 小于 20ml/100mL,说明如果天天喝酒,还能开车.

### 9.1.1　建模前期工作

**问题提出**

由问题给出的条件和数据,试建立饮酒后血液中酒精含量的数学模型,并用此数学模型解决:

1. 大李在中午 12 点喝了一瓶啤酒,下午 6 点检查时符合新的驾车标准,紧接着他在吃晚饭时又喝了一瓶啤酒,为了保险起见他待到凌晨 2 点才驾车回家,又一次遭遇检查时却被定为饮酒驾车,这让他既懊恼又困惑,为什么喝同样多的酒,两次检查结果会不一样呢?

2. 在喝了 3 瓶啤酒或者半斤低度白酒后多长时间内驾车就会违反上述标准,在以下情况下回答:

(1) 酒是在很短时间内喝的;

(2) 酒是在较长一段时间(比如 2h)内喝的.

3. 怎样估计血液中的酒精含量在什么时间最高.

4. 根据你的模型论证:如果天天喝酒,是否还能开车?

**模型假设**

1. 假设只考虑饮入的酒全部进入胃肠(含肝脏),再经过胃肠渗透到体液中.

2. 假设酒精进入血液后瞬间混合均匀.

3. 假设大李在下午 6 点接受检查,之后由于停车、等待等因素耽误了一定的时间,这里假设大李晚上 8 点吃晚饭时又喝了一瓶啤酒.

**符号说明**

$x(t)$ 为 $t$ 时刻胃肠中的酒量,$C_1(t)$ 为胃肠中所含酒精含量(或浓度),$y(t)$ 为 $t$ 时刻血液中的酒量,$C_2(t)$ 为血液中所含酒精含量(或浓度),$V$ 为血液体积.

### 9.1.2　问题建模

**1. 问题 1 求解**

把人体内酒精的吸收、代谢、排除过程分成两个"室",胃为第一室,血液为第二室,酒精先进入胃,然后被吸收进入血液,由循环到达体液内,在通过代谢、分解及排泄、出汗、呼气等方式排除.

假设胃里的酒被吸收进入血液的速度与胃中的酒量 $x(t)$ 成正比,比例常数为 $k_1$,$C_1(t)$ 为第一室(胃)所含酒精含量;血液中酒被排出的速度与血液内的酒量 $y(t)$ 成正比,比例常数为 $k_2$,$C_2(t)$ 为第二室(血液)所含酒精含量,$V$ 为血液体积,则可以建立如下微分方程模型:其中 $x_1(t)$,$y_1(t)$ 分别是第一次饮酒胃中酒量与血液内的酒量。

(1) 短时间内快速饮酒模型(Ⅰ)

$$\begin{cases} x'_1(t) = -k_1 x_1(t) \\ y'_1(t) = k_1 x_1(t) - k_2 y_1(t) \\ x_1(0) = Ng_0 \\ y_1(0) = 0 \end{cases}$$

$$C(t) = \frac{y_1(t)}{V}$$

这是线性常系数微分方程组,式中 $g_0$ 是短时间内喝入胃中的一瓶酒酒精量,$Ng_0$ 为总酒精量($N$ 表示瓶数).求解得

$$\begin{cases} x_1(t) = Ng_0 e^{-k_1 t} \\ y_1(t) = \dfrac{Ng_0 k_1}{k_1 - k_2}(e^{-k_2 t} - e^{-k_1 t}) \end{cases}$$

而 $C(t) = \dfrac{y_1(t)}{V} = \dfrac{Ng_0 k_1}{V(k_1 - k_2)}(e^{-k_2 t} - e^{-k_1 t})$

令 $a_1 = \dfrac{Ng_0 k_1}{V(k_1 - k_2)}$(这里的 $N = 2$),$a_2 = k_2$,$a_3 = k_1$,得

$$C(t) = a_1(e^{-a_2 t} - e^{-a_3 t})$$

为短时间内喝下 2 瓶啤酒时,饮酒后血液中酒精含量与时间的关系式的数学模型.

下面用最小二乘法确定求得系数 $a_1, a_2, a_3$.

由已知数据求出使 $\sum\limits_{i=1}^{n}[a_1(e^{-a_2 t} - e^{-a_3 t}) - y_i]^2$ 最小的待定系数 $a_1, a_2, a_3$.用非线性最小二乘拟合结合迭代方法求出较优的参数:$a_1 = 114.2806$,$a_2 = k_2 = 0.1852$,$a_3 = k_1 = 2.0118$.如图 9-1 所示.

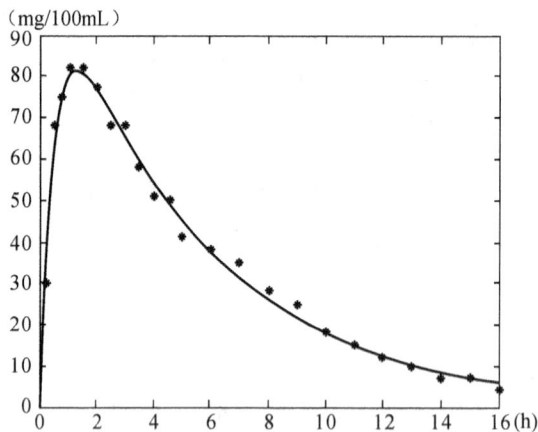

图 9-1　拟合效果图

数学模型为:$C(t) = 114.2806(e^{-0.1852t} - e^{-2.0118t})$

以上是在短时间内喝下 2 瓶啤酒时,饮酒后血液中酒精含量与时间的关系式,在 $V$ 为体液的体积不变的情况下,喝下 1 瓶啤酒时,$C(t) = 57.1403(e^{-0.1852t} - e^{-2.0118t})$

通过计算分析可知:大李在中午 12 点喝了一瓶啤酒,下午 6 点检查时($t = 6$h),酒精含量约 18.8083mg/100mL 小于 20mg/100mL,故符合新的驾车标准;

(2)假设在晚上 8 点晚饭时大李第二次喝酒,此时胃里和血液已有酒精,所以在第二次喝酒时,胃里的酒精量 $x(0)$ 为第二次喝 $Ng_0$ 总酒精量($N$ 表示瓶数,这里 $N = 2$)+第一次喝酒后在胃里残留的酒精量 $x(T)$($T = 8$)之和.其中 $x_2(t)$,$y_2(t)$ 分别是第二次饮酒胃中酒量与血液内的酒量.

$$
\begin{cases}
x'_2(t) = -k_1 x_2(t) \\
y'_2(t) = k_1 x_2(t) - k_2 y_2(t) \\
x_2(0) = x_1(T) + Ng_0 \\
y_2(0) = y_1(T)
\end{cases}
$$

$$
C(t) = \frac{y(t)}{V}
$$

解得
$$
\begin{cases}
x_2(t) = Ng_0(1 + e^{-k_1 T})e^{-k_1 t} \\
y_2(t) = \dfrac{Ng_0 k_1}{k_1 - k_2}[e^{-k_2 t}(1 + e^{-k_2 T}) - e^{-k_1 t}(1 + e^{-k_1 T})]
\end{cases}
$$

而 $C(t) = \dfrac{y_2(t)}{V} = \dfrac{Ng_0 k_1}{V(k_1 - k_2)}[e^{-k_2 t}(1 + e^{-k_2 T}) - e^{-k_1 t}(1 + e^{-k_1 T})]$

令 $a_1 = \dfrac{Ng_0 k_1}{V(k_1 - k_2)}, a_2 = k_2, a_3 = k_1, T = 8$ 得

这里的 $N = 2$,

$$C(t) = a_1[e^{-a_2 t}(1 + e^{-a_2 T}) - e^{-a_3 t}(1 + e^{-a_3 T})]$$

$$C(t) = 114.2806[e^{-0.1852 t}(1 + e^{-0.1852 T}) - e^{-2.0118 t}(1 + e^{-2.0118 T})]$$

以上是在短时间内喝下 2 瓶啤酒时,饮酒后血液中酒精含量与时间的关系式,所以第一次喝下 1 瓶啤酒,过 $T$h,再喝下 1 瓶啤酒时,此时酒精含量与时间($t = 14 - T$)的关系式:

$$C(t) = 57.1403[e^{-0.1852 t}(1 + e^{-0.1852 T}) - e^{-2.0118 t}(1 + e^{-2.0118 T})]$$

假设晚上 8 点晚饭时大李第二次喝酒,到凌晨 2 点,大李身上的酒精含量约 $23.0829$mg/100mL 大于 $20$mg/100mL,故被定为饮酒驾车(实际上大李在晚上 $7.0333$ 时之后第二次喝酒的话到凌晨 2 点,大李身上的酒精含量就会大于 $20$mg/100mL,故被定为饮酒驾车).

**2. 问题 2 求解**

(1) 与问题 1 考虑一样,用模型(Ⅰ)求解. 设酒是在很短时间内喝的,在喝了 3 瓶啤酒后 $t$h 内驾车就会违反上述标准.

有关系式 $C(t) = 57.1403 \times 3(e^{-0.1852 t} - e^{-2.0118 t}) \geqslant 20$

解得:$t \leqslant 11.6004$

即饮酒后 $11.6004$ 小时之后,才能驾车.

(2) 设酒是在较长一段时间($0 < t < T$h)内喝的. 在喝了 3 瓶啤酒后 $t$h 内驾车就会违反上述标准.

假设饮酒期间 $0 < t < T$,酒精进入胃里的速度式匀速的,则酒精进入胃里的速率为 $f(t) = \dfrac{Ng_0}{T}$,认为饮酒以后,无酒精进入胃里,$f(t) = 0$.

建立微分方程模型如下:

$$
\begin{cases}
x'(t) = -k_1 x(t) + f(t) \\
y'(t) = k_1 x(t) - k_2 y(t) \\
x(0) = 0, y(0) = 0
\end{cases}
$$

$$
f(t) = \begin{cases}
\dfrac{Ng_0}{T} & (0 < t < T) \\
0 & (t \geqslant T)
\end{cases}
$$

酒精含量　　$C(t) = \dfrac{y(t)}{V}$

解得：
$$\begin{cases} x(t) = \dfrac{Ng_0}{Tk_1}(1 - e^{-k_1 t}) \\[3mm] y(t) = \dfrac{Ng_0 k_1}{T(k_1 - k_2)}(\dfrac{1 - e^{-k_2 t}}{k_2} - \dfrac{1 - e^{-k_1 t}}{k_1}) \end{cases} \qquad (0 < t < T)$$

酒精含量 $C(t) = \dfrac{y(t)}{V} = \dfrac{Ng_0 k_1}{VT(k_1 - k_2)}(\dfrac{1 - e^{-k_2 t}}{k_2} - \dfrac{1 - e^{-k_1 t}}{k_1})$　　$(0 < t < T)$

令 $a_1 = \dfrac{Ng_0 k_1}{V(k_1 - k_2)}$，$a_2 = k_2$，$a_3 = k_1$，这里的 $N = 2$，$T = 2$，得

$$C(t) = \dfrac{57.1403}{2} \times 3 \times (\dfrac{1 - e^{-0.1852t}}{0.1852} - \dfrac{1 - e^{-2.0118t}}{2.0118}) \quad (0 < t < 2)$$

这是一个单调递增函数，因此不考虑.

$$\begin{cases} x'(t) = -k_1 x(t) \\[2mm] y'(t) = k_1 x(t) - k_2 y(t) \\[2mm] x(0) = \dfrac{Ng_0}{Tk_1}(1 - e^{-k_1 T}) \\[3mm] y(0) = \dfrac{Ng_0 k_1}{T(k_1 - k_2)}(\dfrac{1 - e^{-k_2 T}}{k_2} - \dfrac{1 - e^{-k_1 T}}{k_1}) \end{cases} \qquad (t > T)$$

令 $X = t - T > 0$

解得：

$$\begin{cases} x(t) = \dfrac{Ng_0}{Tk_1}(1 - e^{-k_1 T}) e^{-k_1(t-T)} \\[3mm] y(t) = \dfrac{Ng_0 k_1}{T(k_1 - k_2)}[\dfrac{1 - e^{-k_2 T}}{k_2} e^{-k_2(t-T)} - \dfrac{1 - e^{-k_1 T}}{k_1} e^{-k_1(t-T)}] \end{cases} \qquad (t > T)$$

酒精含量 $C(t) = \dfrac{y(t)}{V} = \dfrac{Ng_0 k_1}{VT(k_1 - k_2)}[\dfrac{1 - e^{-k_2 T}}{k_2} e^{-k_2(t-T)} - \dfrac{1 - e^{-k_1 T}}{k_1} e^{-k_1(t-T)}]$　$(t > T)$

令 $a_1 = \dfrac{Ng_0 k_1}{V(k_1 - k_2)}$，$a_2 = k_2$，$a_3 = k_1$，得

这里的 $N = 2$，$T = 2$；

$$C(t) = \dfrac{57.1403}{2} \times 3 \times [\dfrac{1 - e^{-0.1852 \times 2}}{0.1852} e^{-0.1852(t-2)} - \dfrac{1 - e^{-2.0118 \times 2}}{2.0118} e^{-2.0118(t-2)}] \quad (t > 2)$$

按照要求有关系式：

$$C(t) = \dfrac{57.1403}{2} \times 3 \times [\dfrac{1 - e^{-0.1852 \times 2}}{0.1852} e^{-0.1852(t-2)} - \dfrac{1 - e^{-2.0118 \times 2}}{2.0118} e^{-2.0118(t-2)}] \geqslant 20$$

解得：$t \leqslant 12.6239$，所以司机应过 12.6239h 之后才能驾车.

**3. 问题 3 求解**

(1) 酒是在很短时间内喝的. 问题 1 求得数学模型为：

$$C(t) = \dfrac{Ng_0 k_1}{V(k_1 - k_2)}(e^{-k_2 t} - e^{-k_1 t})，令 C'(t) = 0，可得 t = \dfrac{\ln k_1 - \ln k_2}{k_1 - k_2} = 1.3059.$$

这里 $k_1 = 2.0118$，$k_2 = 0.1852$.

可见血液中的酒精含量达到最高所用时间为 1.3044h，与喝多少酒没有关系.

（2）酒是在较长一段时间（比如 2h）内喝的. 只有喝过后，过一段时间才会出现血液中的酒精含量最高，我们就喝 1 瓶啤酒为例，计算什么时间血液中的酒精含量达到最高. 用问题二求得数学模型为：

$$C(t) = \frac{Ng_0k_1}{VT(k_1-k_2)}\Big[\frac{1-e^{-k_2T}}{k_2}e^{-k_2(t-T)} - \frac{1-e^{-k_1T}}{k_1}e^{-k_1(t-T)}\Big] \quad (t>T)$$

令 $C'(t) = 0$，可得 $t = \dfrac{1}{k_1-k_2}\Big(\ln\dfrac{e^{-k_1T}-1}{e^{-k_2T}-1} - T(k_2-k_1)\Big)$

这里 $k_1 = 2.0118, k_2 = 0.1852$. $T$ 可取不同值.

可见血液中的酒精含量达到最高所用时间 $t$ 与喝酒所用时间 $T$ 有关，当 $T=1,2,3,4,5$ 等，对应时间 $t = 1.4114, 2.4114, 3.4114, 4.4114, 5.4114$ 等. 对于喝 $N$ 瓶啤酒，考虑同上.

### 4. 问题 4 求解

如果天天喝酒，设每天喝 $N=1$ 瓶，每日饮酒量为 $Ng_0$，每天只喝一次，是短时间内快速饮酒，饮酒后 6h 驾车，$T=24h$ 为间隔一天的时间再饮酒，按照与问题 1 的思路，得

第 1 天血液中的酒精含量满足的微分方程为：

$$\begin{cases} x'_1(t) = -k_1x_1(t) \\ y'_1(t) = k_1x_1(t) - k_2y_1(t) \\ x_1(0) = Ng_0 \\ y_1(0) = 0 \end{cases}$$

解得 $\begin{cases} x_1(t) = Ng_0e^{-k_1t} \\ y_1(t) = \dfrac{Ng_0k_1}{k_1-k_2}(e^{-k_2t} - e^{-k_1t}) \end{cases}$

则第 1 天饮酒后血液中的酒精含量：

$$C_1(t) = \frac{y_1(t)}{V} = \frac{Ng_0k_1}{V(k_1-k_2)}(e^{-k_2t} - e^{-k_1t})$$

24h 后再饮酒，则第 2 天血液中的酒精含量满足的微分方程为：

$$\begin{cases} x'_2(t) = -k_1x_2(t) \\ y'_2(t) = k_1x_2(t) - k_2y_2(t) \\ x_2(0) = Ng_0 + x_1(T) \\ y_2(0) = y_1(T) \end{cases}$$

解得 $\begin{cases} x_2(t) = Ng_0(1+e^{-k_1T})e^{-k_1t} \\ y_2(t) = \dfrac{Ng_0k_1}{k_1-k_2}[e^{-k_2t}(1+e^{-k_2T}) - e^{-k_1t}(1+e^{-k_1T})] \end{cases}$

则第 2 天饮酒后血液中的酒精含量：

$$C_2(t) = \frac{y_2(t)}{V} = \frac{Ng_0k_1}{V(k_1-k_2)}[e^{-k_2t}(1+e^{-k_2T}) - e^{-k_1t}(1+e^{-k_1T})]$$

24h 后再饮酒，第 3 天血液中的酒精含量满足的微分方程为：

$$\begin{cases} x'_3(t) = -k_1x_3(t) \\ y'_3(t) = k_1x_3(t) - k_2y_3(t) \\ x_3(0) = Ng_0 + x_2(T) \\ y_3(0) = y_2(T) \end{cases}$$

解得 $\begin{cases} x_3(t) = Ng_0(1 + e^{-k_1 T} + e^{-k_1 2T})e^{-k_1 t} \\ y_3(t) = \dfrac{Ng_0 k_1}{k_1 - k_2}[e^{-k_2 t}(1 + e^{-k_2 T} + e^{-k_2 2T}) - e^{-k_1 t}(1 + e^{-k_1 T} + e^{-k_1 2T})] \end{cases}$

则第 3 天饮酒后血液中的酒精含量:

$$C_3(t) = \frac{y_3(t)}{V} = \frac{Ng_0 k_1}{V(k_1 - k_2)}[e^{-k_2 t}(1 + e^{-k_2 T} + e^{-k_2 2T}) - e^{-k_1 t}(1 + e^{-k_1 T} + e^{-k_1 2T})]$$

……

24h 后再饮酒,第 $n$ 天饮酒后血液中的酒精含量满足的微分方程为:

$$\begin{cases} x'_n(t) = -k_1 x_n(t) \\ y'_n(t) = k_1 x_n(t) - k_2 y_n(t) \\ x_n(0) = Ng_0 + x_{n-1}(T) \\ y_n(0) = y_{n-1}(T) \end{cases}$$

$$C_n(t) = \frac{y_n(t)}{V}$$

则第 $n$ 天血液中的酒精含量:

$$\begin{aligned} C_n(t) &= \frac{Ng_0 k_1}{V(k_1 - k_2)}[e^{-k_2 t}(1 + e^{-k_2 T} + e^{-k_2 2T} + \cdots + e^{-k_2 (n-1)T}) \\ &\quad - e^{-k_1 t}(1 + e^{-k_1 T} + e^{-k_1 2T} + \cdots + e^{-k_1 (n-1)T})] \\ &= \frac{Ng_0 k_1}{V(k_1 - k_2)}[e^{-k_2 t}\frac{1 - (e^{-k_2 T})^n}{1 - e^{-k_2 T}} - e^{-k_1 t}\frac{1 - (e^{-k_1 T})^n}{1 - e^{-k_1 T}}] \end{aligned}$$

当 $n \to \infty$ 时,级数 $C_n(t)$ 收敛于 $\dfrac{Ng_0 k_1}{V(k_1 - k_2)}[e^{-k_2 t}\dfrac{1}{1 - e^{-k_2 T}} - e^{-k_1 t}\dfrac{1}{1 - e^{-k_1 T}}] =$

$57.1403(e^{-0.1852t} \times \dfrac{1}{1 - e^{-0.1852 \times 24}} - e^{-2.0118t} \times \dfrac{1}{1 - e^{-2.0118 \times 24}})$,

若每日饮 1 瓶酒后 $t = 6h$ 驾车,酒精含量收敛 19.03161 小于 20mg/100mL. 也就是说如果天天喝酒,还能开车.

### 9.1.3　模型评价

1. 本节的数学模型基于微分方程,用非线性拟合结合初值迭代查找的方法,比较精确地确定了酒精含量中的未知参数,从而模拟出酒精含量与时间的关系,与所给数据吻合程度较高.

2. 用数学软件描绘出关系图,直观效果良好.

### 9.1.4　参考文献

[1] 姜启源. 数学模型. 北京:高等教育出版社,2003.

[2] 求是科技. MATLAB 7.0 从入门到精通. 北京:人民邮电出版社,2006.

[3] 方信兵等. 酒精代谢的数学分析. 西安交通大学工程数学学报,2004(7).

[4] [美]R. 布朗森. 微分方程. 北京:科学出版社,2002.

# 9.2　输油管最佳布置方案

摘要:"输油管最佳布置方案"是 2010 年全国大学生数学建模竞赛题. 在问题 1 中, 我们就共用管线费用与非共用管线费用相同和不同两种情况分别建立了费尔马模型和广义费尔马模型. 对模型 1 求解可得 $l$ 与 $a$、$b$ 满足下面三种不同关系时管线建设费用最省方案 (本节中不妨设 $b > a$).

(1) 当 $0 < l \leqslant \sqrt{3}(b-a)$ 时, $P(0, a)$, 最省费用为 $k \cdot \left[a + \sqrt{l^2 + (a-b)^2}\right]$;

(2) 当 $\sqrt{3}(b-a) < l < \sqrt{3}(a+b)$ 时, $P\left(\dfrac{\sqrt{3}(a-b)+l}{2}, \dfrac{a+b}{2} - \dfrac{\sqrt{3}l}{6}\right)$, 最省费用为 $k \cdot \dfrac{a+b+\sqrt{3}l}{2}$;

(3) 当 $l \geqslant \sqrt{3}(a+b)$ 时, $P\left(\dfrac{al}{a+b}, 0\right)$, 最省费用为 $k \cdot \sqrt{l^2 + (a+b)^2}$.

模型 2 对模型 1 进行推广, 利用几何的"对称法"将原二元目标函数转化为关于变量 $y$ 的一元函数, 然后利用极值定理分别求得 $y$ 与 $x$, 最后结论如下:

(1) 当 $0 < l \leqslant \dfrac{(b-a)\sqrt{4-\lambda^2}}{\lambda}$ 时, $P(0, a)$, 最省费用为 $k_1 \cdot \left[\lambda a + \sqrt{l^2 + (a-b)^2}\right]$;

(2) 当 $\dfrac{(b-a)\sqrt{4-\lambda^2}}{\lambda} < l < \dfrac{(b+a)\sqrt{4-\lambda^2}}{\lambda}$ 时, $P\left(\dfrac{l}{2} - \dfrac{(b-a)\sqrt{4-\lambda^2}}{2\lambda}, a+b - \dfrac{\lambda l}{\sqrt{4-\lambda^2}}\right)$, 最省费用为 $k_1 \cdot \left[\dfrac{\lambda(a+b)}{2} + \dfrac{4l - \lambda^2 l}{2\sqrt{4-\lambda^2}}\right]$;

(3) 当 $l \geqslant \dfrac{(b+a)\sqrt{4-\lambda^2}}{\lambda}$ 时, $P\left(\dfrac{al}{a+b}, 0\right)$, 最省费用为 $k_1 \cdot \sqrt{l^2 + (a+b)^2}$.

在问题 2 中, 我们分有共用管线和没有共用管线两种情况来建立优化模型, 并用 LINGO 软件求解. 比较以上两种方案, 得最优方案为使用共用管线, 且 $P(5.4494, 1.8537)$, $Q(15, 7.36783)$, 此时最小费用 $F$ 为 282.6973 万元.

在问题 3 中, 我们也分有共用管线和没有共用管线两种情况来建立优化模型, 并用 LINGO 软件求解. 比较以上两种方案, 得最优方案为使用共用管线, 且 $P(6.733378, 0.138901)$, $Q(15, 7.2795)$ 最小费用 $F$ 为 251.969 万元.

最后我们对模型进行了改进, 建立了问题 1 的一般模型和问题 2、问题 3 的统一模型; 并引入施工费用、施工难度、施工工期、车站离城区距离 4 个目标函数, 将原来的单目标规划改进为多目标规划, 求解后发现所有的目标函数最优值唯一, 而最优解在一定施工精度条件下也可以认为是唯一的, 从而改进了原管线布置方案.

## 9.2.1　建模前期工作

### 问题提出

问题 1 要求我们针对位于铁路线同一侧的两家炼油厂之间距离以及它们到铁路线距离

的各种不同情形,考虑共用管线费用与非共用管线费用相同或不同两种情况,给出铺设管线费用最省的设计方案.

问题 2 在问题 1 的基础上考虑了城郊铺设管线费用的差别——在城区铺设管线费用加入拆迁和工程补偿等费用.在补偿费计算过程中又牵涉到根据工程咨询公司的资质不同对附加费进行权重估计.

问题 3 考虑更加实际的情况,假设由两家炼油厂出发的管线铺设费用不同,其实是对问题 2 的推广.

**模型假设**

1. 假设在城区施工时,管线的铺设是沿着所设计的方案进行,施工人员必须严格按照施工规范进行施工,不考虑遇到钉子户的情况.

2. 假设施工时,没有发生施工事故或纠纷,保证不产生预算外的费用.

3. 假设在所有管线价格均相同的情况下,质量、规格均相同.

**符号说明**

$L$:铁路线;

$A$:$A$ 厂所在点;

$B$:$B$ 厂所在点;

$P$:$A$、$B$ 两炼油厂成品油汇合点;

$M$:车站;

$S$:管线的总长度;

$S_{\min}$:最短管道总长度;

$k$:管线铺设费用,单位:万元 /km;

$\lambda$:共用管线与非共用管线建设费用之比($1 < \lambda < 2$);

$S_{非共用}$:非共用管线长度总和;

$S_{共用}$:共用管线长度总和;

$S_{郊}$:郊区的管道长度;

$S_{城}$:城区的管道长度;

$f_{拆}$:附加拆迁费用.

### 9.2.2　问题建模

**1.问题 1**

管线运输具有超大运输量优点的同时也具有固定投资高的缺点,如果使用共用管线能减少成本的话,我们就必然要考虑使用共用管线的情况.下面我们就共用管线费用与非共用管线费用相同和不同两种情况建立不同的模型.

(1)共用管线费用与非共用管线费用相同模型

假设 $A$、$B$ 两点分别代表两家炼油厂,$M$ 点代表铁路线 $L$ 上的车站,$P$ 点代表 $A$、$B$ 两家炼油厂成品油汇合点,成品油在 $P$ 点汇合后通过共用管线一起运往车站 $M$.由于共用管线费用与非共用管线费用相同,那么如何建立管线使得建设费用最省问题就等价于寻找合适的成品油汇合点 $P$ 与铁路线上的车站 $M$ 点,使得点 $P$ 到 $A$、$B$、$M$ 三点的距离之和 $PA + PB + PM$ 最小.

此问题的历史可以追溯到 1640 年费尔马提出的如下问题:"在平面上给出 $A$、$B$、$C$ 三点,求一点使距离和 $PA + PB + PC$ 达到最小."这就是数学史上著名的"费尔马问题".特别地,$A$、$B$、$C$ 三点不共线时,使 $PA + PB + PC$ 最小的点 $P$ 称为 $\triangle ABC$ 的费尔马点.

**定理 1**　在一个三角形中,到三个顶点距离之和最小的点叫作这个三角形的费尔马点.

① 若三角形的三个内角均小于 $120°$,那么三条距离连线正好平分费尔马点所在的周角.所以三角形的费尔马点也称为三角形的等角中心.

② 若三角形有一内角不小于 $120°$,则此钝角的顶点就是距离和最小的点.

对本题的求解,我们首先建立坐标系.过点 $A$、$B$ 分别作直线 $L$ 的垂线,垂足分别为 $O$、$D$,以 $L$ 为 $X$ 轴,$O$ 为原点建立直角坐标系,如图 9-2 所示.设 $A(0,a)$,$B(l,b)$(在本节讨论中,不妨设 $b \geqslant a$),$P(x,y)$,点 $P$ 到 $L$ 的距离为 $PM$.易知,欲使 $PA + PB + PM$ 最小,点 $P$ 一定在四边形 $OABD$ 内部(包括边界).

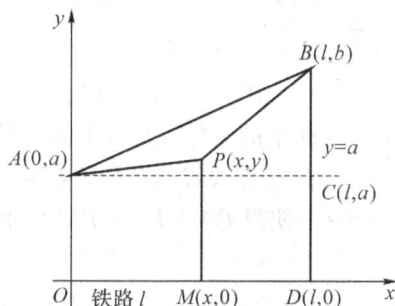

图 9-2　问题 1 坐标系

根据题意,我们可以建立如下模型:

**模型 1**　共用管线费用与非共用管线费用相同的费尔马模型

目标函数　$\min F = k \cdot s = k \cdot (PA + PB + PM)$

$$= k \cdot \left[ \sqrt{x^2 + (y-a)^2} + \sqrt{(x-l)^2 + (y-b)^2} + y \right]$$

s. t. $\begin{cases} 0 \leqslant x \leqslant l, \\ 0 \leqslant y \leqslant a. \end{cases}$

这里 $F$ 为铺设管线的总费用,$s$ 为所有管线长度总和,管线铺设费用为 $k$ 万元/千米.对上述模型的求解,文献[1]已作出完整解答和证明,下面对该文献中涉及的与本题解答以及与后面推广有关的方法和结果进行简要介绍.

先设动点 $P(x,t)$,若 $t > a$,即点 $P$ 在直线 $y = a$ 的上方,由于

$$PA + PB + PM \geqslant AB + PM > AB + AO,$$

所以,$PA + PB + PM$ 取得最小值时,点 $P$ 不可能在 $A$ 点的上方,故有 $0 \leqslant t \leqslant a$.

为了便于问题的解决,我们先固定 $t$ 的大小,使点 $P$ 在直线 $y = t$ 上移动.设点 $A$ 关于直线 $y = t$ 的对称点为 $A'$,则 $A'$ 的坐标为 $A'(0, 2t - a)$;连接 $A'$、$B$ 两点与直线 $y = t$ 交于点 $N$,如图 9-3 所示.

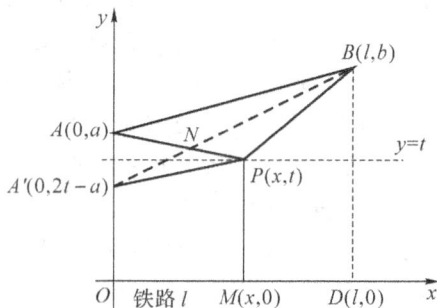

图 9-3  模型 1

由平面几何知识可知：

$$PA + PB + PM = PA' + PB + PM \geqslant A'B + PM$$
$$= \sqrt{l^2 + (2t - a - b)^2} + t \qquad (0 \leqslant t \leqslant a). \tag{9-1}$$

令 $s(t) = \sqrt{l^2 + (2t - a - b)^2} + t (0 \leqslant t \leqslant a)$，在动点 $P$ 沿直线 $y = t$ 移动并与 $N$ 点重合即 $A'$、$P$、$B$ 三点共线时，(9-1) 式中的不等式可以取到等号. 此时 $s(t)$ 取得点 $P$ 纵坐标为 $t$ 时的最小值. 然后在满足 $A'$、$P$、$B$ 三点共线的条件下继续讨论 $t$ 在 $[0, a]$ 上变化时 $s(t)$ 的最小值，即找到点 $P$ 最优的纵坐标，使得 $PA + PB + PM$ 最小. 过程略，详见文献[1]. 最终结论如下：

**定理 2**  设 $P$ 点是使得 $PA + PB + PM$ 取得最小值 $s_{\min}$ 的点，则有

(1) 当 $0 < l \leqslant \sqrt{3}(b - a)$ 时，$P$ 点与 $\triangle ABM$ 的顶点 $A$ 重合；此时有 $P(0, a)$，$s_{\min} = a + \sqrt{l^2 + (a - b)^2}$，如图 9-4a 所示.

(2) 当 $\sqrt{3}(b - a) < l < \sqrt{3}(a + b)$ 时，$P$ 点在 $\triangle ABM$ 的内部；此时有

$$P\left(\frac{\sqrt{3}(a - b) + l}{2}, \frac{a + b}{2} - \frac{\sqrt{3}l}{6}\right), S_{\min} = \frac{a + b + \sqrt{3}l}{2};$$

且 $\angle APB = \angle BPM = \angle MPA = 120°$，即此时 $P$ 点恰为 $\triangle ABM$ 的费尔马点，如图 9-4b 所示.

(3) 当 $l \geqslant \sqrt{3}(a + b)$ 时，$P$ 点与 $\triangle ABM$ 的顶点 $M$ 重合；此时有 $P\left(\frac{al}{a + b}, 0\right)$，$s_{\min} = \sqrt{l^2 + (a + b)^2}$，如图 9-4c 所示.

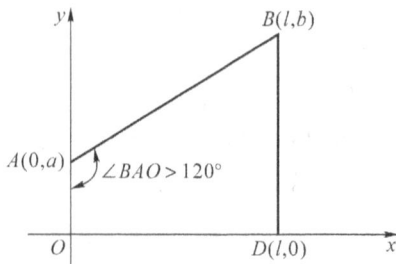

图 9-4a  定理 2 情况（1）

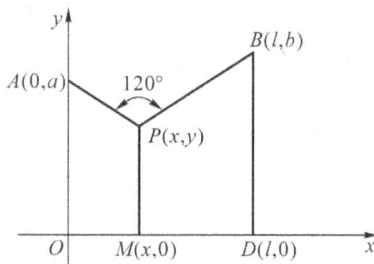

图 9-4b  定理 2 情况（2）

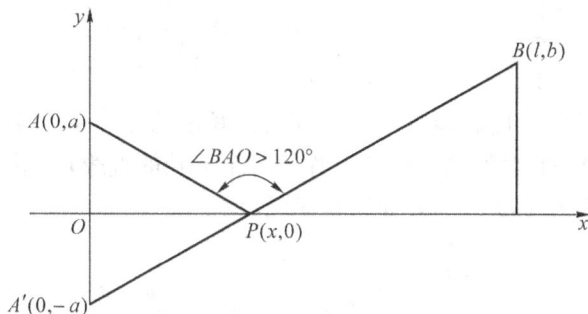

图 9-4c　定理 2 情况（3）

在共用管线费用与非共用管线费用相同（每 km $k$ 万元）的情况下，根据定理 2，我们有如下结论：

（1）当 $0 < l \leqslant \sqrt{3}(b-a)$ 时，$A$、$B$ 两家炼油厂成品油汇合点 $P$ 设在 $A$ 点，即 $P(0, a)$，此时管线建设费用最省，为 $k \cdot s_{\min} = k \cdot [a + \sqrt{l^2 + (a-b)^2}]$；

（2）当 $\sqrt{3}(b-a) < l < \sqrt{3}(a+b)$ 时，$A$、$B$ 两家炼油厂成品油汇合点 $P$ 的坐标满足 $P(\dfrac{\sqrt{3}(a-b)+l}{2}, \dfrac{a+b}{2} - \dfrac{\sqrt{3}l}{6})$，此时管线建设费用最省，为 $k \cdot s_{\min} = k \cdot \dfrac{a+b+\sqrt{3}l}{2}$；

（3）当 $l \geqslant \sqrt{3}(a+b)$ 时，$A$、$B$ 两家炼油厂成品油汇合点 $P$ 设在铁路线 $L$ 上，此时有 $P(\dfrac{al}{a+b}, 0)$，此时没有共用管线，管线建设费用最省，为 $k \cdot s_{\min} = k \cdot \sqrt{l^2 + (a+b)^2}$.

用表 9-1 简洁地表示共用管线费用与非共用管线费用相同情况下管线铺设方案.

表 9-1　共用管线费用与非共用管线费用相同情况下管线铺设方案

| $l$ 的范围 | 点 $P$ 的坐标 | 管线建设最省费用 |
| --- | --- | --- |
| $0 < l \leqslant \sqrt{3}(b-a)$ | $P(0, a)$ | $k \cdot [a + \sqrt{l^2 + (a-b)^2}]$ |
| $\sqrt{3}(b-a) < l < \sqrt{3}(a+b)$ | $P(\dfrac{\sqrt{3}(a-b)+l}{2}, \dfrac{a+b}{2} - \dfrac{\sqrt{3}l}{6})$ | $k \cdot \dfrac{a+b+\sqrt{3}l}{2}$ |
| $l \geqslant \sqrt{3}(a+b)$ | $P(\dfrac{al}{a+b}, 0)$ | $k \cdot \sqrt{l^2 + (a+b)^2}$ |

（2）共用管线费用与非共用管线费用不同模型

共用管线费用与非共用管线费用不同时的模型构造与上面提到的共用管线费用与非共用管线费用相同情况类似，我们可以建立一个推广的费尔马模型. 根据题意设非共用管线的费用为 $k_1$ 万元/km，共用管线的费用为 $\lambda k_1$ 万元/km，这里的 $\lambda$ 根据实际情况应满足 $1 < \lambda < 2$. 推广费尔马模型如下：

**模型 2**　共用管线费用与非共用管线费用不同的广义费尔马模型

目标函数　$\min F = k_1 \cdot s_{非共用} + \lambda k_1 \cdot s_{共用} = k_1 \cdot (PA + PB) + \lambda k_1 \cdot PM$

$= k_1 \cdot [\sqrt{x^2 + (y-a)^2} + \sqrt{(x-l)^2 + (y-b)^2}] + \lambda k_1 \cdot y$

$$\text{s.t.} \begin{cases} 0 \leqslant x \leqslant l \\ 0 \leqslant y \leqslant a \\ 1 < \lambda < 2 \end{cases}$$

这里 $s_{非共用}$ 为非共用管线长度总和，$s_{共用}$ 为共用管线长度总和. 对于上述模型的求解，我们可以采用文献[1]中提到的"对称法". 过点 $P$ 作平行于 $x$ 轴的直线 $L_1$，作点 $A$ 关于直线 $L_1$ 的对称点 $A'$，则 $A'$ 坐标为 $(0, 2y-a)$. 如图 9-5 所示.

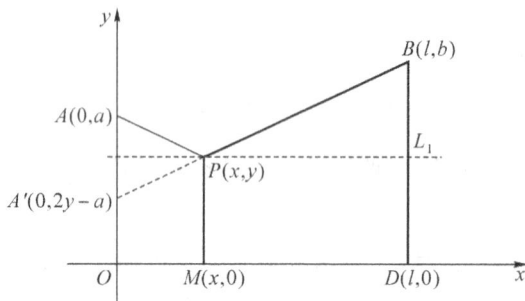

图 9-5　模型 2

若 $P$ 为上述模型的最优解点，根据文献[1]可知此时 $A'$、$P$、$B$ 三点共线，于是目标函数

$$\min F = k_1 \cdot s_{非共用} + \lambda k_1 \cdot s_{共用} = k_1 \cdot (PA + PB) + \lambda k_1 \cdot PM$$
$$= k_1 \cdot A'B + \lambda k_1 \cdot PM = k_1 \cdot \sqrt{l^2 + (2y - b - a)^2}] + \lambda k_1 \cdot y \tag{2}$$

此时目标函数转化为关于 $y$ 的一元函数.

为求目标函数的最小值，有 $\dfrac{\mathrm{d}F}{\mathrm{d}y} = 0$，可得

$$y = \frac{1}{2}\left(a + b - \frac{\lambda l}{\sqrt{4 - \lambda^2}}\right) \quad \text{或} \quad y = \frac{1}{2}\left(a + b + \frac{\lambda l}{\sqrt{4 - \lambda^2}}\right)$$

其中 $y = \dfrac{1}{2}\left(a + b + \dfrac{\lambda l}{\sqrt{4 - \lambda^2}}\right) > \dfrac{1}{2}(a + b) > a$，根据定理 1，可知此时点 $P$ 与点 $A$ 重合. 当点 $P$ 在 $\triangle ABM$ 内部时有 $0 < y < a$，即 $0 < \dfrac{1}{2}\left(a + b - \dfrac{\lambda l}{\sqrt{4 - \lambda^2}}\right) < a$，解得

$$\frac{(b - a)\sqrt{4 - \lambda^2}}{\lambda} < l < \frac{(b + a)\sqrt{4 - \lambda^2}}{\lambda}.$$

对目标函数　$F = k_1 \cdot s_{非共用} + \lambda k_1 \cdot s_{共用} = k_1 \cdot (PA + PB) + \lambda k_1 \cdot PM$
$$= k_1 \cdot \left[\sqrt{x^2 + (y - a)^2} + \sqrt{(x - l)^2 + (y - b)^2}\right] + \lambda k_1 \cdot y$$

关于 $x$ 求偏导，可得 $x = \dfrac{l(a - y)}{a + b - 2y}$ 或 $x = \dfrac{l(a - y)}{a - b} (x < 0$ 舍去$)$.

将 $y = \dfrac{1}{2}\left(a + b - \dfrac{\lambda l}{\sqrt{4 - \lambda^2}}\right)$ 代入 $x = \dfrac{l(a - y)}{a + b - 2y}$，可得 $x = \dfrac{l}{2} - \dfrac{(b - a)\sqrt{4 - \lambda^2}}{2\lambda}$，所以 $P$ 点坐标为 $\left(\dfrac{l}{2} - \dfrac{(b - a)\sqrt{4 - \lambda^2}}{2\lambda}, a + b - \dfrac{\lambda l}{\sqrt{4 - \lambda^2}}\right)$.

综上，根据 $l$ 的不同范围我们可以得到下面的结论：

(1) 当 $0 < l \leqslant \dfrac{(b-a)\sqrt{4-\lambda^2}}{\lambda}$ 时，$y > a$，此时 $A$、$B$ 两家炼油厂成品油汇合点 $P$ 与点 $A$ 重合，且 $P(0,a)$；此时管线建设费用最省为

$$F = k_1 \cdot AB + \lambda k_1 \cdot AO = k_1 \cdot [\lambda a + \sqrt{l^2+(a-b)^2}].$$

(2) 当 $\dfrac{(b-a)\sqrt{4-\lambda^2}}{\lambda} < l < \dfrac{(b+a)\sqrt{4-\lambda^2}}{\lambda}$ 时，$A$、$B$ 两家炼油厂成品油汇合点 $P$ 在 $\triangle ABM$ 内部，且 $P\left(\dfrac{l}{2} - \dfrac{(b-a)\sqrt{4-\lambda^2}}{2\lambda}, a+b - \dfrac{\lambda l}{\sqrt{4-\lambda^2}}\right)$；此时管线建设费用最省为

$$F = k_1 \cdot A'B + \lambda k_1 \cdot PM = k_1 \cdot \left[\dfrac{\lambda(a+b)}{2} + \dfrac{4l - \lambda^2 l}{2\sqrt{4-\lambda^2}}\right].$$

(3) 当 $l \geqslant \dfrac{(b+a)\sqrt{4-\lambda^2}}{\lambda}$ 时，$y < 0$，此时 $A$、$B$ 两家炼油厂成品油汇合点 $P$ 与铁路线上的车站 $M$ 点重合，且 $P\left(\dfrac{al}{a+b},0\right)$；此时没有共用管线，管线建设费用最省为

$$F = k_1 \cdot (AP + PB) = k_1 \cdot \sqrt{l^2+(a+b)^2}$$

用表 9-2 简洁地表示共用管线费用与非共用管线费用不同情况下的管线铺设方案.

表 9-2　共用管线费用与非共用管线费用不同情况下管线铺设方案

| $l$ 的范围 | 点 $P$ 的坐标 | 管线建设最省费用 |
|---|---|---|
| $0 < l \leqslant \dfrac{(b-a)\sqrt{4-\lambda^2}}{\lambda}$ | $P(0,a)$ | $k_1 \cdot [\lambda a + \sqrt{l^2+(a-b)^2}]$ |
| $\dfrac{(b-a)\sqrt{4-\lambda^2}}{\lambda} < l < \dfrac{(b+a)\sqrt{4-\lambda^2}}{\lambda}$ | $P\left(\dfrac{l}{2} - \dfrac{(b-a)\sqrt{4-\lambda^2}}{2\lambda},\right.$ $\left. a+b - \dfrac{\lambda l}{\sqrt{4-\lambda^2}}\right)$ | $k_1 \cdot \left[\dfrac{\lambda(a+b)}{2} + \dfrac{4l - \lambda^2 l}{2\sqrt{4-\lambda^2}}\right]$ |
| $l \geqslant \dfrac{(b+a)\sqrt{4-\lambda^2}}{\lambda}$ | $P\left(\dfrac{al}{a+b},0\right)$ | $k_1 \cdot \sqrt{l^2+(a+b)^2}$ |

**2. 问题 2**

根据题意，我们分有共用管线和没有共用管线两种情况来建立模型.

**模型 3**（没有共用管线）：

假设两炼油厂 $A$、$B$ 运送成品油到车站 $M$ 的过程中没有共用管线，从 $B$ 炼油厂出发的管线与城郊分界线的交点为 $Q(15,d)$，如图 9-6 所示.

对城区管线费用中还需增加的拆迁和工程补偿等费用，我们将给予甲级资质和乙级资质的工程咨询公司 2：1 的权重进行估算，计算出

$$f_{拆} = 21 \times 0.5 + 24 \times 0.25 + 20 \times 0.25 = 21.5(万元/km)$$

则目标函数 $\min F = 7.2 \times s_{郊} + (7.2 + f_{拆}) \times s_{城} = 7.2 \times (PA + PQ) + (7.2 + 21.5) \times QB$

$$= 7.2 \times [\sqrt{x^2+5^2} + \sqrt{(x-15)^2+d^2}] + 28.7 \times \sqrt{5^2+(8-d)^2}$$

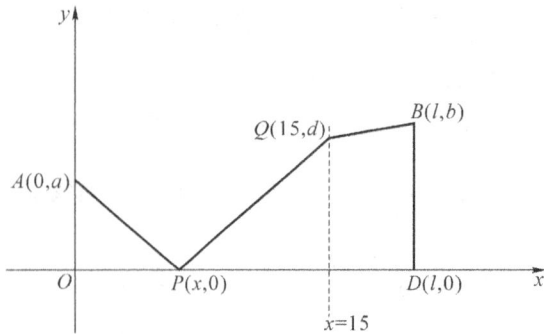

图 9-6　模型 3

$$\text{s. t.}\begin{cases}0\leqslant x\leqslant 15,\\ 0\leqslant d\leqslant 8.\end{cases}$$

上述模型为关于 $d$ 与 $x$ 的二元函数模型,要求得最优的 $d$ 值与 $x$ 值使得目标函数 $F$ 最小,只要求出满足 $\begin{cases}\dfrac{\partial F}{\partial x}=0\\ \dfrac{\partial F}{\partial d}=0\end{cases}$ 的 $d$ 值与 $x$ 值即可.利用 LINGO 软件编程可得 $P(6.1483,0)$, $Q(15,7.19848)$,最小费用 $F$ 为 284.537 万元.

**模型 4(有共用管线):**

假设两炼油厂 $A$、$B$ 运送成品油到 $P(x,y)$ 点汇合再利用共用管线运送到车站 $M$,从 $B$ 炼油厂出发的管线与城郊分界线的交点为 $Q(15,d)$,如图 9-7 所示.

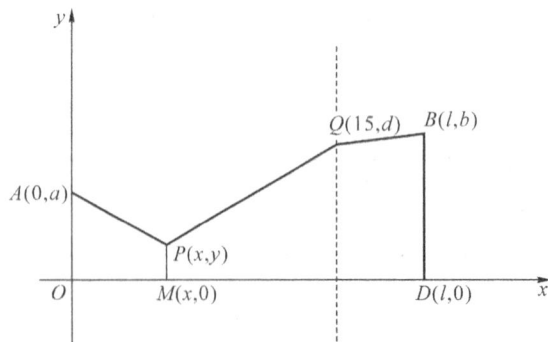

图 9-7　模型 4

对城区管线费用中还需增加的拆迁和工程补偿等费用同上一模型,则

目标函数 $\min F = 7.2 \times s_{郊} + (7.2 + f_{拆}) \times s_{城}$

$$= 7.2 \times (AP + PQ + PM) + (7.2 + 21.5) \times BQ$$

$$= 7.2 \times \left[\sqrt{x^2 + (y-5)^2} + \sqrt{(x-15)^2 + (y-d)^2} + y\right] + 28.7$$

$$\times \sqrt{5^2 + (8-d)^2}$$

$$\text{s.\,t.}\begin{cases} 0 \leqslant x \leqslant 15 \\ 0 < y \leqslant 5 \\ 0 \leqslant d \leqslant 8 \end{cases}$$

上述模型为关于 $d$、$x$、$y$ 的三元函数模型,要求得最优的 $d$ 值与 $x$ 值使得目标函数 $F$ 最

小,只要求出满足 $\begin{cases} \dfrac{\partial F}{\partial x} = 0 \\ \dfrac{\partial F}{\partial y} = 0 \\ \dfrac{\partial F}{\partial d} = 0 \end{cases}$ 的 $d$、$x$、$y$ 值即可. 利用 LINGO 软件编程可得 $P(5.4494,$

$1.8537)$,$Q(15,7.36783)$,最小费用 $F$ 为 $282.6973$ 万元.

综上所述,如表 9-3 所示.

表 9-3　两种方案比较

|  | 点 $P$ 的坐标 | 最短管线总长度 | 最小费用 |
|---|---|---|---|
| 没有共用管线 | $(6.148307,0)$ | 24.3973 | 284.5368 |
| 有共用管线 | $(5.4494,1.8537)$ | 24.2142 | 282.6973 |

所以,比较以上两种方案,问题 2 的最优方案是有共用管线的,此时,$P(5.4494,$
$1.8537)$,$Q(15,7.36783)$,最小费用 $F$ 为 $282.6973$ 万元.

**3. 问题 3**

与问题 2 类似,我们也分有共用管线和没有共用管线两种情况来建立模型.

**模型 1(没有共用管线):**

假设两炼油厂 $A$、$B$ 运送成品油到车站 $M$ 的过程中没有共用管线,从 $B$ 炼油厂出发的管线与城郊分界线的交点为 $Q(15,d)$,如图 9-8 所示.

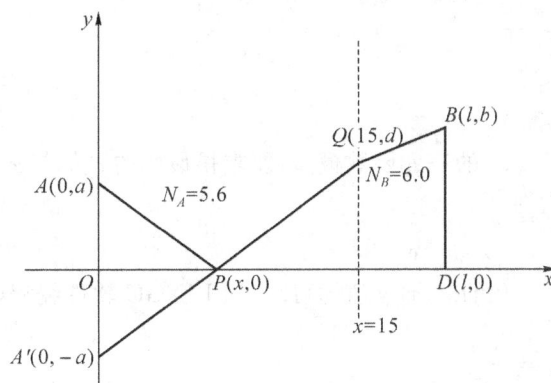

图 9-8　模型 1

目标函数　$\min F = N_A \times AP + N_B \times PQ + (N_B + f_{拆}) \times QB$
$$= 5.6 \times \sqrt{x^2 + 5^2} + 6.0 \times \sqrt{(x-15)^2 + d^2} + (6 + 21.5) \times \sqrt{5^2 + (8-d)^2}$$

$$\text{s. t.} \begin{cases} 0 \leqslant x \leqslant 15 \\ 0 \leqslant d \leqslant 8 \end{cases}$$

上述模型为关于 $d$ 与 $x$ 的二元函数模型,要求得最优的 $d$ 值与 $x$ 值使得目标函数 $F$ 最

小,只要求出满足 $\begin{cases} \dfrac{\partial F}{\partial x} = 0 \\ \dfrac{\partial F}{\partial d} = 0 \end{cases}$ 的 $d$ 值与 $x$ 值即可. 利用 LINGO 软件编程(详见后面附录)可得

$P(6.75295, 0)$, $Q(15, 7.27093)$,最小费用 $F$ 为 251.975 万元.

**模型 2(有共用管线):**

假设两炼油厂 $A$、$B$ 运送成品油到 $P(x, y)$ 点汇合再利用共用管线运送到车站 $M$,从 $B$ 炼油厂出发的管线与城郊分界线的交点为 $Q(15, d)$,如图 9-9 所示.

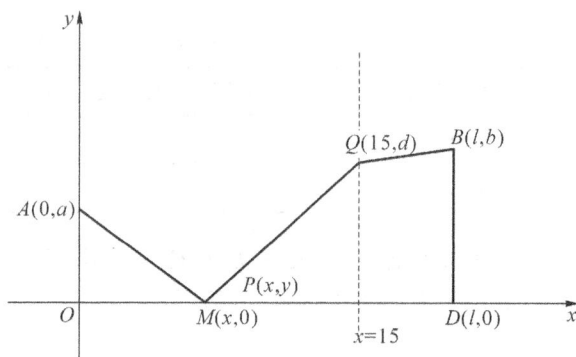

图 9-9　模型 2

则目标函数 $\min F = 5.6 \times AP + 7.2 \times PM + 6.0 \times PQ + (6.0 + 21.5) \times BQ$

$$= 5.6 \times \sqrt{x^2 + (y-5)^2} + 7.2 \times y + 6.0 \times \sqrt{(x-15)^2 + (y-d)^2}$$

$$+ 27.5 \times \sqrt{5^2 + (8-d)^2}$$

$$\text{s. t.} \begin{cases} 0 \leqslant x \leqslant 15 \\ 0 < y \leqslant 5 \\ 0 \leqslant d \leqslant 8 \end{cases}$$

上述模型为关于 $d$、$x$、$y$ 的三元函数模型,要求得最优的 $d$ 值与 $x$ 值使得目标函数 $F$ 最

小,只要求出满足 $\begin{cases} \dfrac{\partial F}{\partial x} = 0 \\ \dfrac{\partial F}{\partial y} = 0 \\ \dfrac{\partial F}{\partial d} = 0 \end{cases}$ 的 $d$、$x$、$y$ 值即可. 利用 LINGO 软件编程(详见后面附录)可得

$P(6.733378, 0.138901)$, $Q(15, 7.2795)$,最小费用 $F$ 为 251.969 万元.

综上所述,如表 9-4 所示.

表 9-4　两种方案比较

|  | 点 $P$ 的坐标 | 最短管线总长度 | 最小费用 |
|---|---|---|---|
| 没有共用管线 | $P(6.75295,0)$ | 24.4493 | 251.975 |
| 有共用管线 | $P(6.733378,0.138901)$ | 24.4173 | 251.969 |

所以,比较以上两种方案,问题 2 的最优方案是有共用管线的,此时,$P(6.733378,0.138901)$,$Q(15,7.2795)$,最小费用 $F$ 为 251.969 万元.

### 9.2.3　模型改进

可以将前面建立的问题一的模型推广到一般情况,同理,问题 2、问题 3 的模型也可以统一.

**1. 问题 1 的一般模型**

设炼油厂 $A$、$B$ 出发的管线价格分别为 $k_1$、$k_2$,共用管线价格 $k_3$,管线交汇点 $(x,y)$,可得第一问的一般模型:

$$\min F = k_3 y + k_1\sqrt{(a-y)^2+x^2} + k_2\sqrt{(l-x)^2+(b-y)^2}$$
$$\text{s. t.}\begin{cases}0\leqslant a\leqslant b,0\leqslant k_1\leqslant k_3,0\leqslant k_2\leqslant k_3\\x\in[0,l],y\in[0,a]\end{cases}$$

如果 $y=0$ 时,就成为没有共用管线情况;当 $k_1=k_2=k_3$ 时,就成为所有管线费用都相同的情况.

记该模型的最优值为 $F(x_0,y_0)$,则最优解 $(x_0,y_0)$ 应满足 $F'_x(x_0,y_0)=F'_y(x_0,y_0)=0$. 对于实际情况,可以知道各个价格以 $k_1$、$k_2$、$k_3$ 及 $abl$ 的值,则该方程不难求解.

**2. 问题 2、问题 3 的统一模型**

记城区管线的拆迁和工程补偿等附加费用为 $f$,则问题 2 和问题 3 的模型可以统一为:

$$\min F = k_3 y_1 + k_1\sqrt{(a-y_1)^2+x^2} + k_2\sqrt{(l_0-x)^2+(y_2-y_1)^2} + (k_2+f)\sqrt{(l-l_0)^2+(b-y_2)^2}$$
$$\text{s. t.}\begin{cases}0<a\leqslant b,0<k_1\leqslant k_3,0<k_2\leqslant k_3\\x\in[0,l_0],l_0\in[0,l],y_1\in[0,a],y_2\in[0,b]\end{cases}$$

当 $y_1=0$ 时,就成为无共用管线的方案;当 $k_1=k_2=k_3$ 时,就成为问题 2 各管线同费用情况.

**3. 问题 2、问题 3 模型的改进**

管线布置过程中可以将费用最小作为主要的目标函数,但还要考虑其他因素,比如城区施工的拆迁实际操作难度较大往往会影响工期进程,还有运油车站应远离城区,以免万一发生爆炸造成重大伤亡和发生泄漏造成环境污染.

为此,增加几个目标函数.用城区管线长度 $s_2$ 衡量城区施工难度,用管线总长度 $s$ 表示完工工期,车站离城区距离为 $x$,则目标可表示为:

目标 1:$\min f$,总费用最小.

目标 2:$\min s_2$,城区管线长度最短.

目标 3：$\min s$，施工工期最短．

目标 4：$\min x$，车站远离城区．

可将问题 2、问题 3 单目标规划模型改进为多目标规划模型：

$$\min F, \min s_2, \min s, \min x$$

$$\text{s. t.} \begin{cases} F = p_3 y_1 + p_1 \sqrt{(a-y_1)^2 + x^2} + p_2 \sqrt{(15-x)^2 + (y_2-y_1)^2} + (p_2+k)\sqrt{5^2 + (b-y_2)^2} \\ s_2 = \sqrt{5^2 + (b-y_2)^2} \\ s = y_1 + \sqrt{(a-y_1)^2 + x^2} + \sqrt{(15-x)^2 + (y_2-y_1)^2} + \sqrt{5^2 + (b-y_2)^2} \\ 0 < a \leqslant b, 0 < p_1 \leqslant p_3, 0 < p_2 \leqslant p_3 \\ a = 5, b = 8, k \in [20,24] \\ x \in [0,15], y_1 \in [0,a], y_2 \in [0,b] \end{cases}$$

该模型的求解采用序贯式解法，即先求总费用最小 $\min F$，再将该值作为约束条件添加到模型中求解第二目标值 $\min s_2$，同理，再依次求解第三、第四目标值．

将问题 2、问题 3 的管线价格代入多目标规划模型，可得改进后的管线交汇点坐标$(x, y_1)$和管线和城郊分界线交点纵坐标 $y_2$，如表 9-5 所示．

表 9-5　无共用管线和有共用管线比较

| 问题2：无共用管线 | $x = 6.14861, y_1 = 7.19788$ |
|---|---|
| 问题2：有共用管线 | $x = 5.40591, y_1 = 1.86081, y_2 = 7.36803$ |
| 问题3：无共用管线 | $x = 6.71552, y_1 = 7.27266$ |
| 问题3：有共用管线 | $x = 6.68514, y_1 = 0.167625, y_2 = 7.29314$ |

将改进后的结果和原结果对比，可以发现 $x$ 值都减少了；在无共用管线情况下，改进后的 $y_1$ 值都减少了；在问题 2 有共用管线时，$y_1$ 值和 $y_2$ 值都增大了；在问题 3 有共用管线时，$y_1$ 值增大而 $y_2$ 值减少了．

检验最优值和最优解的唯一性，发现所有目标函数的最优值唯一；若取施工精度要求为厘米级，则也可认为最优解是唯一的，最大相对误差不超出 $1\%$．

总而言之，管线布置方案得到了改进．

### 9.2.4　参考文献

［1］储炳南. 三角形费尔马点的一个推广. 中学数学教学，2006(5)：1—4.

［2］袁俊华. 菲尔马定理的又一证法及费马点轨迹初探. 数学通报，2002(7)：44—48.

［3］费马点，http：//baike. baidu. comview184329. htm?fr = ala0_1_1，2010-9-10.

［4］林健良. 关于费尔马点的几点注解. 华南理工大学学报，2004，32(1)：93—95.

［5］焦明起等. 关于推广的费尔马点的一个注记. 曲阜师范大学学报，1999，25(3)：47—48.

［6］梁红涛. 由一道课本例题演化的几何命题. 新疆石油教育学学报，2005(4)：63—65.

［7］堵丁柱. 谈谈斯坦纳树. 数学通报，1995(1)：25—30.

［8］田晓升. 数学建模实例最佳选址问题. 数学通报，2005(6)：22—23.

［9］刘立停. 三角形的重心真有此性质吗. 中学数学杂志，2002(5)：41—42.

［10］王申怀.利用导数求费尔马问题的解.数学通报,1995(1):38—39.

［11］谢金星,薛毅.优化建模与 LINDO/LINGO 软件.北京:清华大学出版社,2005.

［12］胡运权.运筹学教程.北京:清华大学出版社,2003.

［13］袁新生,邵大宏,郁时炼.LINGO 和 EXCEL 在数学建模中的应用.北京:科学出版社,2007.

［14］唐焕文,秦学志.实用最优化方法.第 3 版.大连:大连理工大学出版社,2004.

# 9.3　古塔的变形

摘要:"古塔的变形"是 2013 年全国大学生数学建模竞赛题.本节分析研究古塔变形情况,首先对古塔 4 年观测数据进行分析,可知观测点的序号发生了改变,第 2009、2011 年的 3 号观测点就是原来的 1 号观测点.

问题 1:(1)1 ~ 14 层中心位置.以观测点与斜平面距离差的平方和最小为目标,建立拟合优化模型 1,算出古塔各年各层的斜平面方程.进而,以各观测点到中心的实际距离 $d_i$ 与理想距离 $r$ 之差的平方和 $\sum_{i=1}^{n}(d_i-r)^2$ 最小为目标,中心点落在拟合斜平面上为约束条件,建立非线性优化模型 2,可得古塔各年 1 ~ 14 层的中心坐标以及半径.

(2)塔底中心位置:以所得的 14 个中心坐标为散点,利用 SPSS 数学软件拟合,得到中心横、纵坐标 $x,y$ 关于 $z$ 坐标的函数关系,进而给出塔底($z=0$)的中心坐标.

问题 2:(1)倾斜度.以 1986 年的塔底中心作为基准点,计算古塔相对基准点在 $x,y$ 轴方向的偏移量与总偏移量 $\triangle x,\triangle y,\triangle D$,以及对应的倾斜角 $\alpha_x,\alpha_y,\alpha$.

(2)扭曲度:以 1986 的塔底作为基准面,计算观测点与中心点的连线,与基准面对应的直线的转向角 $\beta_j$,则第 $i$ 层古塔的相对扭曲度和单层扭曲度为 $\beta_i=\dfrac{\sum_{j=1}^{n}\beta_j}{n},\gamma_i=\beta_i-\beta_{i-1}$.

(3)弯曲度:对各层中点进行三次样条插值法,得到中心三个分量 $x,y,z$ 以层数 $f$ 之间的参数方程,进而结合运动学原理,建立空间曲线参数方程的曲率与曲率半径的计算模型 3:

$$r=|v|^3/\sqrt{|a|^2|v|^2-(v\cdot a)^2},k=\frac{1}{r}$$

问题 3:结合文献资料,建立古塔各层高度 $\triangle H$、倾斜角 $\alpha$、弯曲角 $\beta$、扭曲度 $\kappa$ 与时间 $t$ 的函数关系,并利用 SPSS 软件,求出相应的拟合函数.进而根据中心点坐标方程:

$$\begin{cases} x=x_0+\Delta H\times\tan\alpha\times\cos\beta \\ y=y_0+\Delta H\times\tan\alpha\times\sin\beta \\ z=\Delta H \end{cases}$$

给出了古塔未来几十年古塔的中心坐标、倾斜、弯曲和扭曲度.并给出了如果不加维护,古塔倒塌的大约时间.

### 9.3.1 建模前期工作

**问题提出**

由于长时间承受自重、气温、风力等各种作用,偶然还要受地震、飓风的影响,古塔会产生各种变形,诸如倾斜、弯曲、扭曲等.为保护古塔,文物部门需适时对古塔进行观测,了解各种变形量,以制定必要的保护措施.

某古塔已有上千年历史,是我国重点保护文物.管理部门委托测绘公司先后于 1986 年 7 月、1996 年 8 月、2009 年 3 月和 2011 年 3 月对该塔进行了 4 次观测.

根据题目提供的 4 次观测数据,讨论以下问题:

问题 1:给出确定古塔各层中心位置的通用方法,并列表给出各次测量的古塔各层中心坐标.

问题 2:分析该塔倾斜、弯曲、扭曲等变形情况.

问题 3:分析该塔的变形趋势.

**模型假设**

1. 不考虑测量误差,所有测量所得的数据均为有效数据;

2. 以 1986 年第 1 层中心的投影点作为倾斜扭曲的基准点,即 1986 年第 1 层的倾斜度与扭曲度均为零;

3. 古塔各层中心位于各观测点拟合的平面上;

4. 古塔各层中心位置到各个观测点的距离基本相同;

5. 古塔的倾斜程度以古塔中心与垂直线的夹角的大小表示.

**符号说明**

$(x_i, y_i, z_i)$:古塔第 $i$ 层的中心位置坐标;

$\alpha_x$:古塔第 $i$ 层的 $x$ 轴方向倾斜度;

$\alpha_y$:古塔第 $i$ 层的 $y$ 轴方向倾斜度;

$\alpha$:古塔第 $i$ 层的总倾斜度;

$\beta$:古塔第 $i$ 层的扭曲度;

$r$:古塔第 $i$ 层中心点处的曲率半径;

$k$:古塔第 $i$ 层中心点处的曲率.

**数据预处理**

把 4 年第一层的 8 个绘测点投影到 $xoy$ 平面上,可得到如图 9-10 所示.

由于投影图基本为正八边形,按此观测点数据会发现 1986 年到 2009 年塔身发生的旋转度 $\beta \approx \dfrac{360}{4} = 90°$.

根据文献[1],此旋转角度下,古塔将会倒塌,因此可以大胆猜测 2009、2011 年的观测点发生了变化,将第三点提前到第一点,也就意味着第一点变为第七点,第二点变为第八点.变化如下($1 \rightarrow 7, 2 \rightarrow 8$).

1986年第一层观测点XY轴坐标点

1996年第一层观测点XY轴坐标点

2009年第一层观测点XY轴坐标点

2011年第一层观测点XY轴坐标点

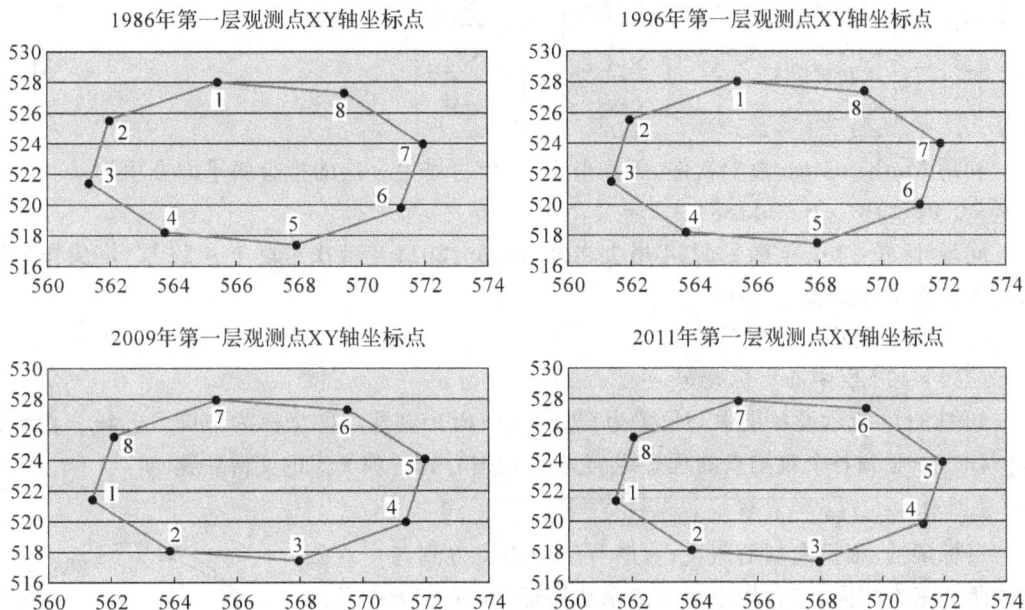

图 9-10  8 个观测点投影到 $xoy$ 平面上

## 9.3.2  问题建模

### 1. 问题 1

1) 古塔各层斜平面拟合

对所测量的斜平面点进行空间平面拟合,以得到空间平面方程. 设古塔第 $i$ 层的 $n$ 个观测点的坐标为 $M(x_j, y_j, z_j)(j = 1, 2, \cdots, n)$,空间斜平面的方程通常表示为:

$$Ax + By + Cz = 1$$

当有 $n$ 个观测点时,要拟合这个平面,建立拟合可以表示成以下矩阵形式:

$$\begin{bmatrix} x_1 & y_1 & z_1 \\ x_2 & y_2 & z_2 \\ \vdots & \vdots & \vdots \\ x_n & y_n & z_n \end{bmatrix} \begin{bmatrix} A \\ B \\ C \end{bmatrix} = \begin{bmatrix} -1 \\ -1 \\ -1 \end{bmatrix}$$

要求 $n$ 个观测点与斜平面的距离之和尽量小.

结合最小二乘法,可得斜平面参数拟合优化合模型 1(参考文献[2]).

模型 1:

$$\begin{bmatrix} \sum x_i^2 & \sum x_i y_i & \sum x_i z_i \\ \sum x_i y_i & \sum y_i^2 & \sum y_i z_i \\ \sum x_i z_i & \sum y_i z_i & \sum z_i^2 \end{bmatrix} \begin{bmatrix} A \\ B \\ C \end{bmatrix} = \begin{bmatrix} -\sum x_i \\ -\sum x_i \\ -\sum x_i \end{bmatrix}$$

即:

$$\begin{bmatrix} A \\ B \\ C \end{bmatrix} = \begin{bmatrix} \sum x_i^2 & \sum x_i y_i & \sum x_i z_i \\ \sum x_i y_i & \sum y_i^2 & \sum y_i z_i \\ \sum x_i z_i & \sum y_i z_i & \sum z_i^2 \end{bmatrix}^{-1} \begin{bmatrix} -\sum x_i \\ -\sum x_i \\ -\sum x_i \end{bmatrix} \qquad (9\text{-}1)$$

利用 Mathematica 数学软件,可算得 1986 年古塔第一层的拟合斜平面方程为:$0.00176 \times x - 0.00724 \times y + 2.11884 \times z = 1$

同理,除了 2009 年和 2011 年塔尖之外,1986—2011 年 4 次古塔 1～14 层(塔尖作为第 14 层)的斜平面如表 9-6 所示.

2)古塔各层中心位置的确定

(1)1～14 层中心坐标确定

如图 9-11 所示设各层中心位置为 $O(x,y,z)$,$n$ 个观测点的坐标为 $M(x_j,y_j,z_j)(j=1,2,\cdots,n)$,中心到各个观测点的理想距离为 $r$,则中心到各观测点的实际距离为

$$d_i = \sqrt{(x-x_j)^2 + (y-y_j)^2 + (z-z_j)^2}$$

目标函数:根据模型的假设,古塔各层中心位置到各个观测点的距离基本相同,结合最小最小二乘法原理,即 $d_i$ 与 $r$ 的差的平方和最小,即

$$\sum_{i=1}^{n} (d_i - r)^2$$

约束条件:中点 $O(x,y,z)$ 需落在该层观测点拟合的斜平面 $Ax + By + Cz = 1$ 上,即满足 $Ax + By + Cz = 1$.

建立优化模型 2:

$$\min \sum_{i=1}^{n} (d_i - r)^2$$
$$\text{s. t} \begin{cases} Ax + By + Cz = 1 \\ d_i = \sqrt{(x-x_j)^2 + (y-y_j)^2 + (z-z_j)^2} \end{cases} \qquad (9\text{-}2)$$

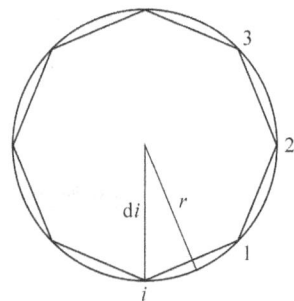

图 9-11  1～14 层中心坐标

模型计算:以 1986 年 7 月第 1 层为例,将 8 个观测值,及其对应的斜平面方程代入模型,利用数学软件 Mathematica,可得 1986 年 7 月第 1 层的中心位置坐标为:

$$\begin{cases} x = 566.665 \\ y = 522.709 \\ z = 1.769 \end{cases}$$

同理,1986—2011 年 4 次古塔 1～12 层的中心坐标如表 9-6 所示.

特别的:

① 对于 1986 年和 1996 年第 13 层,由于各种原因,第 13 层的第五组的观测数据缺失,同理可以利用模型 1,将 7 个观测值代入模型 2 求取中心位置.

② 对于 1986 年和 1996 年塔尖,利用 4 个观测值求取中心位置.

③ 2009 年与 2011 年塔尖,由于 2009 年与 2011 年塔尖的观测数据值都是唯一的,我们就将这唯一的数据作为 2009 年与 2011 年塔尖中心的位置.

(2)塔底中心坐标确定

利用 SPSS 数学软件对 1986 年 1～14 层中心进行拟合,得到中心点的横、纵坐标 $x,y$ 与

$z$ 坐标的函数关系,并进行了相应的拟合度分析. 拟合方程如下:

$$\begin{cases} x = 566.641 - 0.011z \\ y = 522.734 + 0.048z \end{cases}$$

进而将 $z = 0$ 带入上述拟合函数,可得 1986 年的塔底中心方向的坐标为 $O(566.641, 522.734, 0)$.

表 9-6 各层中心坐标、半径与斜平面方程

| | 层数 | 中心 $x$ | 中心 $y$ | 中心 $z$ | 半径 $r$ | 方程 |
|---|---|---|---|---|---|---|
| 1986 | 0 | 566.641 | 522.73 | 0 | | $z = 0$ |
| | 1 | 566.665 | 522.71 | 1.7874 | 5.4276 | $0.00176071\,x - 0.0072409\,y + 2.11884\,z = 1$ |
| | 2 | 566.722 | 522.67 | 7.3203 | 5.2263 | $0.000138908\,x - 0.000616341\,y + 0.16986\,z = 1$ |
| | 3 | 566.779 | 522.64 | 12.755 | 5.0288 | $0.000078078\,x - 0.00032947\,y + 0.0884293\,z = 1$ |
| | 4 | 566.823 | 522.61 | 17.078 | 4.8723 | $0.0000599411\,x - 0.000245983\,y + 0.0640917\,z = 1$ |
| | 5 | 566.87 | 522.58 | 21.721 | 4.7044 | $0.000043382\,x - 0.000195511\,y + 0.0496109\,z = 1$ |
| | 6 | 566.919 | 522.54 | 26.235 | 4.5416 | $0.000525287\,x - 0.000163408\,y + 0.0300206\,z = 1$ |
| | 7 | 566.952 | 522.53 | 29.837 | 4.273 | $0.000499803\,x - 0.000151132\,y + 0.0266652\,z = 1$ |
| | 8 | 566.985 | 522.51 | 33.351 | 4.0118 | $0.000480764\,x - 0.000141441\,y + 0.0240268\,z = 1$ |
| | 9 | 567.018 | 522.49 | 36.855 | 3.751 | $0.000468194\,x - 0.00013343\,y + 0.0218217\,z = 1$ |
| | 10 | 567.048 | 522.48 | 40.172 | 3.5043 | $0.000416934\,x - 0.0000170492\,y + 0.0192293\,z = 1$ |
| | 11 | 567.102 | 522.44 | 44.441 | 3.2772 | $0.000395886\,x - 0.0000333292\,y + 0.0178418\,z = 1$ |
| | 12 | 567.156 | 522.4 | 48.712 | 3.0499 | $0.000390767\,x - 0.0000355856\,y + 0.0163608\,z = 1$ |
| | 13 | 567.202 | 522.38 | 52.829 | 2.8204 | $0.000413613\,x - 0.000101962\,y + 0.0154965\,z = 1$ |
| | 14 | 567.245 | 522.24 | 55.118 | 0.0141 | $0.00119042\,x + 0.000731564\,y - 0.00103982\,z = 1$ |
| | 层数 | 中心 $x$ | 中心 $y$ | 中心 $z$ | 半径 $r$ | 方程 |
| 1996 | 1 | 566.665 | 522.71 | 1.783 | 5.4277 | $0.00217416\,x - 0.00542791\,y + 1.46113\,z = 1$ |
| | 2 | 566.723 | 522.67 | 7.3146 | 5.2263 | $0.0000877353\,x - 0.000673285\,y + 0.178025\,z = 1$ |
| | 3 | 566.78 | 522.63 | 12.751 | 5.0288 | $0.000109901\,x - 0.00032436\,y + 0.0868364\,z = 1$ |
| | 4 | 566.825 | 522.6 | 17.075 | 4.8723 | $-0.0000491421\,x - 0.000277873\,y + 0.0687005\,z = 1$ |
| | 5 | 566.873 | 522.57 | 21.716 | 4.7044 | $0.0000630789\,x - 0.000193301\,y + 0.0490538\,z = 1$ |
| | 6 | 566.922 | 522.54 | 26.229 | 4.5416 | $0.000519294\,x - 0.000170894\,y + 0.0303057\,z = 1$ |
| | 7 | 566.956 | 522.52 | 29.832 | 4.273 | $0.000493916\,x - 0.000158189\,y + 0.0269047\,z = 1$ |
| | 8 | 566.989 | 522.51 | 33.346 | 4.0118 | $0.000489092\,x - 0.000140303\,y + 0.0238713\,z = 1$ |
| | 9 | 567.022 | 522.49 | 36.848 | 3.751 | $0.000462477\,x - 0.000140094\,y + 0.0220081\,z = 1$ |
| | 10 | 567.053 | 522.47 | 40.168 | 3.5044 | $0.00042483\,x - 0.0000166932\,y + 0.0191153\,z = 1$ |
| | 11 | 567.108 | 522.43 | 44.436 | 3.2773 | $0.000403858\,x - 0.0000328582\,y + 0.0177366\,z = 1$ |
| | 12 | 567.162 | 522.39 | 48.707 | 3.05 | $0.000398678\,x - 0.0000351178\,y + 0.0162651\,z = 1$ |
| | 13 | 567.209 | 522.37 | 52.824 | 2.8204 | $0.000420355\,x - 0.000108713\,y + 0.0154921\,z = 1$ |
| | 14 | 567.252 | 522.23 | 55.114 | 0.0153 | $0.00126971\,x + 0.00064124\,y - 0.00100016\,z = 1$ |

**续表**

| | 层数 | 中心 $x$ | 中心 $y$ | 中心 $z$ | 半径 $r$ | 方程 |
|---|---|---|---|---|---|---|
| | 1 | 566.766 | 522.71 | 1.7644 | 5.438 | $0.000463924\,x + 0.000743724\,y + 0.19741\,z = 1$ |
| | 2 | 566.779 | 522.67 | 7.3136 | 5.2162 | $0.000344353\,x + 0.000184986\,y + 0.0968257\,z = 1$ |
| | 3 | 566.812 | 522.65 | 12.732 | 5.0102 | $0.000145041\,x + 0.000231368\,y + 0.0625867\,z = 1$ |
| | 4 | 566.839 | 522.62 | 17.07 | 4.8457 | $0.000226001\,x + 3.28971 * 10\hat{\ }-6\,y + 0.0509777\,z = 1$ |
| | 5 | 566.867 | 522.6 | 21.709 | 4.6698 | $0.000172616\,x + 0.0000384345\,y + 0.0406306\,z = 1$ |
| | 6 | 566.956 | 522.55 | 26.211 | 4.2944 | $0.000118224\,x + 0.000525764\,y + 0.0251132\,z = 1$ |
| 2009 | 7 | 566.989 | 522.53 | 29.824 | 4.1543 | $0.000156936\,x + 0.000428435\,y + 0.0230399\,z = 1$ |
| | 8 | 567.042 | 522.5 | 33.339 | 3.9316 | $0.000135113\,x + 0.000447001\,y + 0.0206911\,z = 1$ |
| | 9 | 567.094 | 522.47 | 36.843 | 3.7099 | $0.000131491\,x + 0.000423242\,y + 0.0191162\,z = 1$ |
| | 10 | 567.149 | 522.41 | 40.161 | 3.5275 | $0.0000287888\,x + 0.000430138\,y + 0.0188982\,z = 1$ |
| | 11 | 567.191 | 522.37 | 44.432 | 3.292 | $0.0000438451\,x + 0.000383926\,y + 0.0174328\,z = 1$ |
| | 12 | 567.233 | 522.33 | 48.699 | 3.0571 | $0.0000446467\,x + 0.000381353\,y + 0.0159239\,z = 1$ |
| | 13 | 567.282 | 522.29 | 52.818 | 2.8314 | $0.0000774406\,x + 0.000393177\,y + 0.0142133\,z = 1$ |
| | 14 | 567.336 | 522.21 | 55.091 | | |

| | 层数 | 中心 $x$ | 中心 $y$ | 中心 $z$ | 半径 $r$ | 方程 |
|---|---|---|---|---|---|---|
| | 1 | 566.745 | 522.7 | 1.7632 | 5.427 | $0.000462879\,x + 0.000742036\,y + 0.19839\,z = 1$ |
| | 2 | 566.779 | 522.67 | 7.2905 | 5.2162 | $0.000253921\,x + 0.000251513\,y + 0.0993936\,z = 1$ |
| | 3 | 566.812 | 522.65 | 12.727 | 5.0102 | $0.000159335\,x + 0.000266769\,y + 0.0605227\,z = 1$ |
| | 4 | 566.839 | 522.62 | 17.052 | 4.8457 | $0.000175119\,x + 0.000133326\,y + 0.0487368\,z = 1$ |
| | 5 | 566.867 | 522.6 | 21.704 | 4.6698 | $0.000171564\,x + 0.0000544082\,y + 0.0402838\,z = 1$ |
| | 6 | 566.957 | 522.55 | 26.204 | 4.2945 | $0.000117654\,x + 0.000533814\,y + 0.0249713\,z = 1$ |
| 2011 | 7 | 566.99 | 522.53 | 29.817 | 4.1543 | $0.000161956\,x + 0.000420375\,y + 0.0230917\,z = 1$ |
| | 8 | 567.043 | 522.5 | 33.336 | 3.9316 | $0.000134149\,x + 0.00044662\,y + 0.0207155\,z = 1$ |
| | 9 | 567.095 | 522.46 | 36.822 | 3.71 | $0.0000899486\,x + 0.000479803\,y + 0.0189646\,z = 1$ |
| | 10 | 567.15 | 522.41 | 40.144 | 3.5277 | $-8.39072 * 10\hat{\ }-6\,x + 0.000488681\,y + 0.0186696\,z = 1$ |
| | 11 | 567.192 | 522.37 | 44.425 | 3.2921 | $0.0000371143\,x + 0.000417713\,y + 0.0171245\,z = 1$ |
| | 12 | 567.235 | 522.33 | 48.684 | 3.057 | $0.0000716943\,x + 0.000306658\,y + 0.0164153\,z = 1$ |
| | 13 | 567.283 | 522.28 | 52.813 | 2.8314 | $0.0000731428\,x + 0.000402063\,y + 0.014173\,z = 1$ |
| | 14 | 567.338 | 522.21 | 55.087 | | |

## 2. 问题 2

1) 古塔的倾斜情况分析

(1) 模型的建立

模型的假设：以 1986 年古塔塔底中心 $(566.641, 522.734, 0)$ 为基准点 $O(x_0, y_0, 0)$，设该点处的倾斜角、弯曲度、扭曲度均为 0. 有：

$$\begin{cases} x_0 = 566.641 \\ y_0 = 522.734 \end{cases}$$

进而设古塔第 $i$ 层各层中心位置为 $O_i(x_i,y_i,z_i)(i=1,2,\cdots,14)$，在水平面的投影为 $O_i{}'(x_i,y_i,0)$，则第 $i$ 层中心位置偏离基准的 $x$ 轴方向分量为：$\Delta x=x_i-x_0$，$y$ 轴方向的分量为：$\Delta y=y_i-y_0$，高度为：$\Delta H=z_i$，总偏移量为：

$$\Delta D=OO_i{}'=\sqrt{\Delta x^2+\Delta y^2}=\sqrt{(x_i-x_0)^2+(y_i-y_0)^2}$$

古塔的倾斜程度可以表示成以下几个分量，如图 9-12 所示.

① 第 $i$ 层古塔的 $x$ 轴方向的倾斜角为 $\alpha_x$，

则：$\quad\tan\alpha_x=\dfrac{\Delta x}{\Delta H}$，　即 $\alpha_x=\arctan\dfrac{\Delta x}{\Delta H}$.

② 第 $i$ 层古塔的 $y$ 轴方向的倾斜角为 $\alpha_y$，则：

$$\tan\alpha_y=\frac{\Delta y}{\Delta H}，即\ \alpha_y=\arctan\frac{\Delta y}{\Delta H}.$$

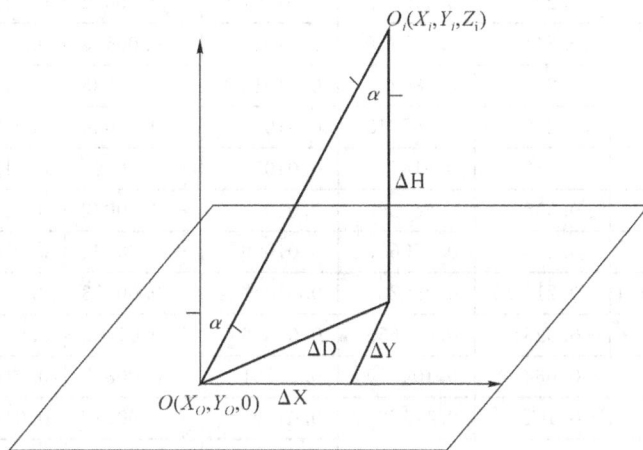

图 9-12　古塔的倾斜程度分量

③ 第 $i$ 层古塔的总倾斜角为 $\alpha$，则：

$$\tan\alpha=\frac{OO_i{}'}{O_iO_i{}'}=\frac{\Delta D}{\Delta H}，即\ \alpha=\arctan\frac{\Delta D}{\Delta H}$$

(2) 模型的求解

以 1986 年 7 月第 2 层为例，将 $O(566.641,522.734,0)$，$O_2(566.722,522.671,7.32026)$ 代入上述方程可得到：

$$\Delta x=0.024,\Delta y=-0.025,\Delta D=0.03466,\alpha_x=0.0013427,\alpha_y=-0.014,$$
$$\alpha=0.01939,\Delta H=1.7874$$

同理，1986—2011 年 4 次古塔 $1\sim14$ 层倾斜角如表 9-7 所示.

表 9-7　各年各层偏移情况

| 年份 | 层数 | X 轴方向偏移量（$\Delta X$） | Y 轴方向偏移量（$\Delta Y$） | 总偏移量（$\Delta D$） | X 轴方向倾斜度（$\alpha x$） | Y 轴方向倾斜度（$\alpha y$） | 倾斜角（$\alpha$） | 层高（$\Delta H$） |
|---|---|---|---|---|---|---|---|---|
| 1986 | 1 | 0.024 | −0.025 | 0.034655 | 0.01343 | −0.01399 | 0.019387 | 1.78737 |
| | 2 | 0.081 | −0.063 | 0.102616 | 0.01106 | −0.00861 | 0.014017 | 7.32026 |
| | 3 | 0.138 | −0.099 | 0.169838 | 0.01082 | −0.00776 | 0.013314 | 12.7553 |
| | 4 | 0.182 | −0.128 | 0.222504 | 0.01066 | −0.00749 | 0.013028 | 17.0783 |
| | 5 | 0.229 | −0.159 | 0.278787 | 0.01054 | −0.00732 | 0.012834 | 21.7206 |
| | 6 | 0.278 | −0.19 | 0.336725 | 0.0106 | −0.00724 | 0.012834 | 26.235 |
| | 7 | 0.311 | −0.207 | 0.373591 | 0.01042 | −0.00694 | 0.01252 | 29.8369 |
| | 8 | 0.344 | −0.224 | 0.410502 | 0.01031 | −0.00672 | 0.012308 | 33.351 |
| | 9 | 0.377 | −0.241 | 0.447448 | 0.01023 | −0.00654 | 0.01214 | 36.8551 |
| | 10 | 0.407 | −0.255 | 0.480285 | 0.01013 | −0.00635 | 0.011955 | 40.1723 |
| | 11 | 0.461 | −0.296 | 0.547848 | 0.01037 | −0.00666 | 0.012327 | 44.441 |
| | 12 | 0.515 | −0.336 | 0.614915 | 0.01057 | −0.0069 | 0.012623 | 48.7118 |
| | 13 | 0.561 | −0.355 | 0.663887 | 0.01062 | −0.00672 | 0.012566 | 52.8288 |
| | 14 | 0.604 | −0.493 | 0.779657 | 0.01096 | −0.00894 | 0.014144 | 55.1181 |
| 平均值 | | 0.322285714 | −0.219357 | 0.390233 | 0.01077 | −0.00773 | 0.013286 | 30.586559 |
| 1996 | 1 | 0.024 | −0.025 | 0.034655 | 0.01346 | −0.01402 | 0.019434 | 1.78299 |
| | 2 | 0.082 | −0.064 | 0.104019 | 0.01121 | −0.00875 | 0.01422 | 7.31463 |
| | 3 | 0.139 | −0.101 | 0.17182 | 0.0109 | −0.00792 | 0.013474 | 12.7508 |
| | 4 | 0.184 | −0.13 | 0.225291 | 0.01078 | −0.00761 | 0.013193 | 17.0752 |
| | 5 | 0.232 | −0.162 | 0.282963 | 0.01068 | −0.00746 | 0.013029 | 21.7161 |
| | 6 | 0.281 | −0.193 | 0.340896 | 0.01071 | −0.00736 | 0.012996 | 26.2294 |
| | 7 | 0.315 | −0.211 | 0.379138 | 0.01056 | −0.00707 | 0.012708 | 29.8323 |
| | 8 | 0.348 | −0.228 | 0.416038 | 0.01044 | −0.00684 | 0.012476 | 33.3455 |
| | 9 | 0.381 | −0.246 | 0.453516 | 0.01034 | −0.00668 | 0.012307 | 36.8484 |
| | 10 | 0.412 | −0.26 | 0.48718 | 0.01026 | −0.00647 | 0.012128 | 40.1678 |
| | 11 | 0.467 | −0.301 | 0.555599 | 0.01051 | −0.00677 | 0.012503 | 44.4355 |
| | 12 | 0.521 | −0.342 | 0.623221 | 0.0107 | −0.00702 | 0.012795 | 48.7073 |
| | 13 | 0.568 | −0.361 | 0.673012 | 0.01075 | −0.00683 | 0.01274 | 52.8243 |
| | 14 | 0.611 | −0.502 | 0.790775 | 0.01109 | −0.00911 | 0.014347 | 55.1139 |
| 平均值 | | 0.326071429 | −0.223286 | 0.39558 | 0.01088 | −0.00785 | 0.013454 | 30.581723 |
| 2009 | 1 | 0.125 | −0.029 | 0.12832 | 0.07073 | −0.01643 | 0.072599 | 1.76442 |
| | 2 | 0.138 | −0.062 | 0.151288 | 0.01887 | −0.00848 | 0.020683 | 7.31357 |
| | 3 | 0.171 | −0.089 | 0.192774 | 0.01343 | −0.00699 | 0.01514 | 12.7322 |
| | 4 | 0.198 | −0.111 | 0.226991 | 0.0116 | −0.0065 | 0.013297 | 17.0697 |

| 年份 | 层数 | X 轴方向偏移量（ΔX） | Y 轴方向偏移量（ΔY） | 总偏移量（ΔD） | X 轴方向倾斜度（αx） | Y 轴方向倾斜度（αy） | 倾斜角（α） | 层高（ΔH） |
|---|---|---|---|---|---|---|---|---|
| 2009 | 5 | 0.226 | −0.134 | 0.262739 | 0.01041 | −0.00617 | 0.012102 | 21.7093 |
| | 6 | 0.315 | −0.183 | 0.364299 | 0.01202 | −0.00698 | 0.013898 | 26.2106 |
| | 7 | 0.348 | −0.205 | 0.403892 | 0.01167 | −0.00687 | 0.013542 | 29.8242 |
| | 8 | 0.401 | −0.237 | 0.4658 | 0.01203 | −0.00711 | 0.013971 | 33.3394 |
| | 9 | 0.453 | −0.269 | 0.526849 | 0.01229 | −0.0073 | 0.014299 | 36.8433 |
| | 10 | 0.508 | −0.323 | 0.601991 | 0.01265 | −0.00804 | 0.014988 | 40.1607 |
| | 11 | 0.55 | −0.364 | 0.659542 | 0.01238 | −0.00819 | 0.014843 | 44.4322 |
| | 12 | 0.592 | −0.403 | 0.716152 | 0.01216 | −0.00828 | 0.014704 | 48.6694 |
| | 13 | 0.641 | −0.449 | 0.782612 | 0.01214 | −0.0085 | 0.014816 | 52.8179 |
| | 14 | 0.695 | −0.5192 | 0.867522 | 0.01261 | −0.00942 | 0.015746 | 55.091 |
| 平均值 | | 0.382928571 | −0.241229 | 0.453627 | 0.01678 | −0.00942 | 0.018902 | 30.571992 |
| 2011 | 1 | 0.104 | −0.034 | 0.109417 | 0.05892 | −0.01928 | 0.061976 | 1.76321 |
| | 2 | 0.138 | −0.062 | 0.151288 | 0.01893 | −0.0085 | 0.020749 | 7.29045 |
| | 3 | 0.171 | −0.088 | 0.192315 | 0.01344 | −0.00691 | 0.01511 | 12.7268 |
| | 4 | 0.198 | −0.111 | 0.226991 | 0.01161 | −0.00651 | 0.013311 | 17.0519 |
| | 5 | 0.226 | −0.134 | 0.262739 | 0.01041 | −0.00617 | 0.012105 | 21.7038 |
| | 6 | 0.316 | −0.183 | 0.365164 | 0.01206 | −0.00698 | 0.013934 | 26.2041 |
| | 7 | 0.349 | −0.206 | 0.405262 | 0.0117 | −0.00691 | 0.013591 | 29.8166 |
| | 8 | 0.402 | −0.238 | 0.46717 | 0.01206 | −0.00714 | 0.014013 | 33.3362 |
| | 9 | 0.454 | −0.27 | 0.52822 | 0.01233 | −0.00733 | 0.014344 | 36.8217 |
| | 10 | 0.509 | −0.324 | 0.603371 | 0.01268 | −0.00807 | 0.015029 | 40.1437 |
| | 11 | 0.551 | −0.365 | 0.660928 | 0.0124 | −0.00822 | 0.014876 | 44.4245 |
| | 12 | 0.594 | −0.405 | 0.71893 | 0.0122 | −0.00832 | 0.014766 | 48.6836 |
| | 13 | 0.642 | −0.45 | 0.784005 | 0.01216 | −0.00852 | 0.014844 | 52.8127 |
| | 14 | 0.6965 | −0.5205 | 0.869501 | 0.01264 | −0.00945 | 0.015783 | 55.087 |
| 平均值 | | 0.382178571 | −0.242179 | 0.453236 | 0.01597 | −0.00845 | 0.018174 | 30.561876 |

（3）结论

该古塔 1986 年向东平均偏移量为 0.322286，向南平均偏移量为 0.21936，该塔总体向东南方向倾斜，平均倾斜角为 0.013286；同理可得，1996 年向东平均偏移量为 0.326071，向南平均偏移量为 0.22329，该塔总体向东南方向倾斜，平均倾斜角为 0.013454；2009 年向东平均偏移量为 0.382929，向南平均偏移量为 0.24123，该塔总体向东南方向倾斜，平均倾斜角为 0.018902；2011 年向东平均偏移量为 0.382179，向南平均偏移量为 0.24218，该塔总体向东南方向倾斜，平均倾斜角为 0.018174。随着年限的增加该塔向东南方向的倾斜程度逐渐增大。

2）古塔的弯曲情况分析

（1）模型的建立

假定空间曲线 $S$ 为平滑曲线，其方程由参数方程给出：

$$\begin{cases} x = x(f) \\ y = y(f) \qquad \theta \leqslant t \leqslant \phi \\ z = z(f) \end{cases}$$

对上式中的函数要求具有二阶导数，讨论其在 $M$ 点（$t = t_0$）的曲率。

如图 9-13 所示，可以把本曲线看作质点在空间中的运动轨迹，则质点的速度向量及加速度向量可以由曲线的参数方程的一阶及二阶导数给出：

速度向量：

$$v = \{x'(t_0), y'(t_0), z'(t_0)\}$$

加速度向量：

$$a = \{x''(t_0), y''(t_0), z''(t_0)\}$$

其加速度可以分解为两部分：一个是与速度方向平行的切向加速度，另一个是与速度方向垂直的法向加速度。由圆周运动中速度与加速度的关系就可以确定圆周运动的半径，也就是曲率半径，从而求出曲率。圆周运动关系式为：

$$|a| = |v|^2/r$$

其中 $r$ 是圆周运动的半径。切向加速度大小就是加速度向量在速度向量上的投影值，由向量的运算规则，可以求出切向加速度大小为：

$$(v \cdot a)/|v|$$

则法向加速度大小为：

$$\sqrt{|a|^2 - (v \cdot a)^2/|v|^2}$$

综上所述，可计算出曲率半径 $r$ 为：

$$r = |v|^2 / \sqrt{|a|^2 - (v \cdot a)^2/|v|^2}$$

进而化简为：

$$r = |v|^3 / \sqrt{|a|^2 |v|^2 - (v \cdot a)^2}$$

曲率 $k$ 为曲率半径的倒数，即：

$$k = \frac{1}{r} = |v|^3 / \sqrt{|a|^2 |v|^2 - (v \cdot a)^2} / |v|^3$$

其中：

$$|v| = \sqrt{x'(t_0)^2 + y'(t_0)^2 + z'(t_0)^2}$$

$$|a| = \sqrt{x''(t_0)^2 + y''(t_0)^2 + z''(t_0)^2}$$

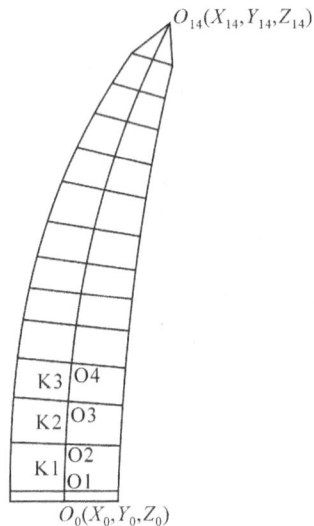

图 9-13 质点在空间中的运动

$$v \cdot a = x'(t_0)x''(t_0) + y'(t_0)y''(t_0) + z'(t_0)z''(t_0)$$

代入具体数值就可以求出给定曲线 $S$ 的曲率.这个公式也可以用于平面曲线的曲率计算,只需稍作变换即可得到验证.

(2) 古塔各年各层中心点坐标的参数方程

以基准点 $O(x_0, y_0, 0)$ 所在的地面作为第 0 层中心的坐标,加上问题 1 所求出的 14 层的中心的坐标 $O_i(x_i, y_i, z_i)$,将这 15 个中心坐标 $O_i(x_i, y_i, z_i)(i = 0, 1, \cdots, 14)$ 作为散点,利用三次样条函数进行插值,求出中心点连线(中心轴)的方程.利用数学软件 MATLAB 数学软件,可得古塔第 $f$ 层(说明:$f$ 可以取非整数值,如 $f = 1.2$ 代表古塔位于 1、2 层之间的中心位置)的中心坐标三个分量 $x, y, z$ 与层数 $f$ 之间三次样条插值函数.

以 1986 年的 15 个中心点坐标为例,第 $f$ 层中心位置 $O(x, y, z)$ 与层数 $f$ 之间的关系为:

$$x = \begin{cases} -0.00526(f-0)^3 + 0.032761(f-0)^2 - 0.0035(f-0) + 566.641 & f \in [0,1] \\ -0.00622(f-1)^3 + 0.016978(f-1)^2 + 0.046239(f-1) + 566.665 & f \in (1,2] \\ -0.00287(f-2)^3 - 0.00167(f-2)^2 + 0.061544(f-2) + 566.722 & f \in (2,3] \\ 0.004704(f-3)^3 - 0.01029(f-3)^2 + 0.049584(f-3) + 566.779 & f \in (3,4] \\ 0.00005(f-4)^3 + 0.003824(f-4)^2 + 0.04312(f-4) + 566.823 & f \in (4,5] \\ -0.00593(f-5)^3 + 0.003991(f-5)^2 + 0.050935(f-5) + 566.87 & f \in (5,6] \\ 0.005648(f-6)^3 - 0.01379(f-6)^2 + 0.041139(f-6) + 566.919 & f \in (6,7] \\ -0.00067(f-7)^4 + 0.003158(f-7)^2 + 0.03051(f-7) + 566.952 & f \in (7,8] \\ -0.00298(f-8)^3 + 0.001156(f-8)^2 + 0.034823(f-8) + 566.985 & f \in (8,9] \\ 0.009582(f-9)^3 - 0.00778(f-9)^2 + 0.028198(f-9) + 567.018 & f \in (9,10] \\ -0.00835(f-10)^3 + 0.020965(f-10)^2 + 0.041383(f-10) + 567.048 & f \in (10,11] \\ -0.00019(f-11)^3 - 0.0408(f-11)^2 + 0.058269(f-11) + 567.102 & f \in (11,12] \\ 0.001113(f-12)^3 - 0.00465(f-12)^2 + 0.049534(f-12) + 567.156 & f \in (12,13] \\ 0.00074(f-13)^3 - 0.00131(f-13)^2 + 0.04357(f-13) + 567.202 & f \in (13,14] \end{cases}$$

$$y = \begin{cases} 0.002379(f-0)^3 - 0.01388(f-0)^2 + 0.0135(f-0) + 522.734 & f \in [0,1] \\ 0.002864(f-1)^3 - 0.00674(f-1)^2 - 0.03412(f-1) + 522.709 & f \in (1,2] \\ -0.001167(f-2)^3 + 0.001848(f-2)^2 - 0.03902(f-2) + 522.671 & f \in (2,3] \\ -0.00253(f-3)^3 + 0.005349(f-3)^2 - 0.03182(f-3) + 522.635 & f \in (3,4] \\ -0.00001(f-4)^3 - 0.00224(f-4)^2 - 0.02871(f-4) + 522.606 & f \in (4,5] \\ 0.004706(f-5)^3 - 0.00237(f-5)^2 - 0.03333(f-5) + 522.575 & f \in (5,6] \\ -0.00478(f-6)^3 + 0.01173(f-6)^2 - 0.02396(f-6) + 522.544 & f \in (6,7] \\ 0.000413(f-7)^4 - 0.00260(f-7)^2 - 0.01482(f-7) + 522.527 & f \in (7,8] \\ 0.003129(f-8)^3 - 0.00136(f-8)^2 - 0.01877(f-8) + 522.51 & f \in (8,9] \\ -0.00993(f-9)^3 + 0.00803(f-9)^2 - 0.0121(f-9) + 522.493 & f \in (9,10] \\ 0.00659(f-10)^3 - 0.02176(f-10)^2 - 0.02583(f-10) + 522.479 & f \in (10,11] \\ 0.011564(f-11)^3 - 0.00198(f-11)^2 - 0.04958(f-11) + 522.438 & f \in (11,12] \\ -0.03285(f-12)^3 + 0.03270(f-12)^2 - 0.01886(f-12) + 522.398 & f \in (12,13] \\ -0.02016(f-13)^3 - 0.06584(f-13)^2 - 0.05199(f-13) + 522.379 & f \in (13,14] \end{cases}$$

$$z = \begin{cases} -0.59798(f-0)^3 + 3.75186(f-0)^2 - 1.36651(f-0) + 0 & f \in [0,1] \\ -0.76831(f-1)^3 + 1.95792(f-1)^2 + 4.34327(f-1) + 1.78737 & f \in (1,2] \\ -0.17215(f-2)^3 - 0.34700(f-2)^2 + 5.95419(f-2) + 7.32026 & f \in (2,3] \\ 0.44272(f-3)^3 - 0.86346(f-3)^2 + 4.74373(f-3) + 12.7553 & f \in (3,4] \\ -0.16742(f-4)^3 + 0.46472(f-4)^2 + 4.34499(f-4) + 17.0783 & f \in (4,5] \\ -0.22023(f-5)^3 - 0.03754(f-5)^2 + 4.77217(f-5) + 21.7206 & f \in (5,6] \\ 0.26374(f-6)^3 - 0.69823(f-6)^2 + 4.03639(f-6) + 26.235 & f \in (6,7] \\ -0.01005(f-7)^4 + 0.09299(f-7)^2 + 3.43115(f-7) + 29.8369 & f \in (7,8] \\ -0.14573(f-8)^3 + 0.06284(f-8)^2 + 3.58699(f-8) + 33.351 & f \in (8,9] \\ 0.41609(f-9)^3 - 0.37436(f-9)^2 + 3.27547(f-9) + 36.8551 & f \in (9,10] \\ -0.38024(f-10)^3 + 0.87391(f-10)^2 + 3.77502(f-10) + 40.1723 & f \in (10,11] \\ 0.15545(f-11)^3 - 0.26679(f-11)^2 + 4.38214(f-11) + 44.441 & f \in (11,12] \\ -0.39747(f-12)^3 + 0.19955(f-12)^2 + 4.31490(f-12) + 48.7118 & f \in (12,13] \\ -0.23949(f-13)^3 - 0.99284(f-13)^2 + 3.52162(f-13) + 52.8288 & f \in (13,14] \end{cases}$$

同理可得 1996 年、2009 年与 2011 年古塔各层中心坐标与层数之间的函数关系.

(3) 古塔中心轴的曲率计算

结合空间曲线曲率在计算方法和所得在各年中心轴的插值函数,以 1986 年第 $f$(假定 $f = 1.2$)为例,计算中心轴在该处的曲率.

该点处的曲线参数方程为:

$$\begin{cases} x = 0.002864(f-1)^3 - 0.00674(f-1)^2 - 0.03412(f-1) + 522.709 \\ y = -0.76831(f-1)^3 + 1.957925(f-1)^2 + 4.343274(f-1) + 522.709 \\ z = -0.76831(f-1)^3 + 1.957925(f-1)^2 + 4.343274(f-1) + 1.78737 \end{cases}$$

速度向量 $v$ 的三个分量:

$$\begin{cases} x'(f) = -0.01865(f-1)^2 + 0.033956(f-1) + 0.046239 \\ y'(f) = 0.008591(f-1)^2 - 0.01348(f-1) - 0.03412 \\ z'(f) = -2.30493(f-1)^3 + 3.915851(f-1) + 4.343274 \end{cases}$$

加速度向量 $a$ 的三个分量:

$$\begin{cases} x''(f) = -0.0373(f-1) + 0.033956 \\ y''(f) = 0.017182(f-1) - 0.01348 \\ z''(f) = -4.60986(f-1) + 3.915851 \end{cases}$$

将 $f = 2$ 代入,可得速度向量 $v = (0.06355, -0.0411, 5.9542)$,加速度向量 $a = (-0.0103, 0.0110, -0.6940)$,$|v| = 5.9547$,$|a| = 0.6942$,$v \cdot a = 4.1334$,进而可得曲率与曲率半径为:

$$r = |v|^3 / \sqrt{|a|^2 |v|^2 - (v \cdot a)^2} = 5208.371 \ 与 \ k = \frac{1}{r} = 0.000192$$

以此类推可得 4 年古塔 1～14 层中心处的曲率. 将空间曲线曲率的计算方法简化,减少其中一个变量,即可得曲线在 $xoy$、$xoz$、$yoz$ 平面上投影处的曲率. 详细数据如表 9-8 所示.

表 9-8 各层中心轴的曲率

| 年份 | 层数 | $v$ | $a$ | $\varpi$ | 总曲率半径($r$) | 总曲率($k$) |
|------|------|------|------|------|------|------|
| 1986 | 1 | 4.3437 | 3.916021 | 17.01 | 996.7574 | 0.001003 |
| | 2 | 5.9546 | 0.694025 | −4.133 | 9041.584 | 0.000111 |
| | 3 | 4.7441 | 1.727077 | −8.193 | 8410.589 | 0.000119 |
| | 4 | 4.3453 | 0.929496 | 4.0389 | 8264.023 | 0.000121 |
| | 5 | 4.7726 | 0.075667 | −0.358 | 2223.49 | 0.00045 |
| | 6 | 4.0367 | 1.396946 | −5.638 | 805.8919 | 0.001241 |
| | 7 | 3.4313 | 0.186178 | 0.6385 | 1838.943 | 0.000544 |
| | 8 | 3.5872 | 0.125733 | 0.451 | 5522.345 | 0.000181 |
| | 9 | 3.2756 | 0.749062 | −2.453 | 665.7094 | 0.001502 |
| | 10 | 3.7753 | 1.748873 | 6.6009 | 366.2661 | 0.00273 |
| | 11 | 4.3828 | 0.533663 | −2.339 | 1908.302 | 0.000524 |
| | 12 | 4.3152 | 0.404548 | 1.7205 | 271.5287 | 0.003683 |
| | 13 | 3.5223 | 1.99004 | −6.986 | 76.35974 | 0.013096 |
| 1996 | 1 | 4.341 | 3.919111 | 17.013 | 1019.859 | 0.000981 |
| | 2 | 5.9548 | 0.691464 | −4.117 | 17815.09 | 5.61E−05 |
| | 3 | 4.746 | 1.726162 | −8.192 | 16671.91 | 6E−05 |
| | 4 | 4.3453 | 0.924929 | 4.0191 | 9018 | 0.000111 |
| | 5 | 4.7706 | 0.074711 | −0.355 | 3238.189 | 0.000309 |
| | 6 | 4.037 | 1.392997 | −5.623 | 1013.458 | 0.000987 |
| | 7 | 3.4318 | 0.182611 | 0.6266 | 4133.962 | 0.000242 |
| | 8 | 3.5852 | 0.124367 | 0.4455 | 2566.183 | 0.00039 |
| | 9 | 3.2767 | 0.741589 | −2.429 | 625.8451 | 0.001598 |
| | 10 | 3.7761 | 1.74075 | 6.5716 | 366.503 | 0.002728 |
| | 11 | 4.3824 | 0.527893 | −2.313 | 1512.77 | 0.000661 |
| | 12 | 4.3161 | 0.401845 | 1.7071 | 262.1351 | 0.003815 |
| | 13 | 3.5221 | 1.989357 | −6.982 | 74.61216 | 0.013403 |
| 2009 | 1 | 4.3557 | 3.970993 | 17.281 | 113.717 | 0.008794 |
| | 2 | 5.9522 | 0.778391 | −4.615 | 520.4147 | 0.001922 |
| | 3 | 4.7396 | 1.650136 | −7.821 | 2557.864 | 0.000391 |
| | 4 | 4.3588 | 0.889351 | 3.8737 | 560.9536 | 0.001783 |
| | 5 | 4.7575 | 0.171331 | −0.43 | 155.5371 | 0.006429 |

续表

| 年份 | 层数 | $v$ | $a$ | $va$ | 总曲率半径($r$) | 总曲率($k$) |
|---|---|---|---|---|---|---|
| | 6 | 4.0374 | 1.355602 | −5.45 | 132.0434 | 0.007573 |
| | 7 | 3.4414 | 0.174725 | 0.5409 | 155.1921 | 0.006444 |
| | 8 | 3.5858 | 0.135498 | 0.4711 | 388.1028 | 0.002577 |
| 2009 | 9 | 3.276 | 0.75346 | −2.46 | 169.9535 | 0.005884 |
| | 10 | 3.7783 | 1.756979 | 6.6325 | 194.5613 | 0.00514 |
| | 11 | 4.3814 | 0.549619 | −2.407 | 1517.194 | 0.000659 |
| | 12 | 4.3147 | 0.41613 | 1.7954 | 4622.249 | 0.000216 |
| | 13 | 3.5197 | 2.006918 | −7.06 | 187.2027 | 0.005342 |
| | 1 | 4.3307 | 3.934869 | 17.031 | 143.1244 | 0.006987 |
| | 2 | 5.9543 | 0.686523 | −4.086 | 1596.97 | 0.000626 |
| | 3 | 4.744 | 1.734446 | −8.228 | 2069.51 | 0.000483 |
| | 4 | 4.3549 | 0.957101 | 4.1647 | 489.0646 | 0.002045 |
| | 5 | 4.7684 | 0.196624 | −0.612 | 152.6434 | 0.006551 |
| | 6 | 4.0316 | 1.351391 | −5.425 | 130.4614 | 0.007665 |
| 2011 | 7 | 3.4476 | 0.192497 | 0.6102 | 156.9816 | 0.00637 |
| | 8 | 3.5766 | 0.086898 | 0.2889 | 398.9389 | 0.002507 |
| | 9 | 3.2645 | 0.707665 | −2.301 | 170.5726 | 0.005863 |
| | 10 | 3.7922 | 1.762003 | 6.6759 | 193.781 | 0.00516 |
| | 11 | 4.379 | 0.587382 | −2.571 | 1119.651 | 0.000893 |
| | 12 | 4.3141 | 0.457508 | 1.9736 | 3432.305 | 0.000291 |
| | 13 | 3.5319 | 2.022848 | −7.14 | 182.6383 | 0.005475 |

(4)结论:古塔中心轴的曲率随时间的推移而逐渐增大,且每层塔的扭曲规律是不同的.

3)古塔的扭曲情况分析

(1)模型的建立

由于本问题考虑古塔塔身的扭曲程度.首先以1986年古塔的塔底作为基准面,计算4年中古塔各层与基准面的总扭转度.

假设:古塔第 $i$ 层的 $n$ 个观测数据和中心点在 $xoy$ 面的投影分别为 $M_{ij}(a_{ij},b_{ij},0)$ 和 $O_i(x_i,y_i,0)(i=0,1,\cdots,13,i=1,2,\cdots,8)$,古塔1986年基准面的拟合数据和中心点分别为 $M_j(a_j,b_j,0)$ 和 $O(x_0,y_0,0)$.

第 $i$ 层第 $j$ 个点与基准面第 $j$ 个点的扭转度,为直线 $OM_j$ 到直线 $O_iM_{ij}$ 的转向角

$$\beta_{ij}=acr\tan\frac{k_{O_iM_{ij}}-k_{OM_j}}{1+k_{OM_j}\cdot k_{O_iM_{ij}}}$$

其中 $k_{O_iM_{ij}}$，$k_{OM_j}$ 为两直线斜率，

$$k_{O_iM_{ij}} = \frac{b_{ij} - y_j}{a_{ij} - x_j}, \quad k_{O_1M_{1j}} = \frac{b_j - y_o}{a_j - x_0}$$

第 $i$ 层相对于第 1 层的总体扭转度，为 $n$ 个点的扭曲度的平均值

$$\beta_i = \frac{\sum_{j=1}^{n} \beta_j}{n}$$

第 $i$ 层的单层扭曲度为

$$\gamma_i = \begin{cases} \beta_i - \beta_{i-1}, & i = 1, 2, \cdots, 13 \\ \beta_i, & i = 0 \end{cases}$$

其中第 0 层的扭曲度表示 1986—2011 年的塔底（地面）相对于 1986 年，由于受到各种自然因素的影响，塔底（地面）所发生的扭转．

（2）模型的求解

以 1986 年古塔第 3 层的扭曲程度为例，首先将 1986 年第 1 层在平面上的投影作为基准，考虑第 3 层以及第 2 层相对于第 1 层的扭动情况．

将 1986 年第 3 层的观测点与中心点坐标带入模型，可以得到第 3 层的总体扭曲度为：

$$\beta_3 = 0.01867$$

而第 2 层的总体扭曲为：

$$\beta_2 = 0.0091$$

最后，第 3 层的单层扭曲度为 $\gamma_3 = \beta_3 - \beta_2$．即 $\gamma_3 = 0.00957$，$\gamma_3 = 0.00957$．

同理可得各年古塔各层的总体扭曲度与单层扭曲度如表 9-9 所示．

表 9-9　各层扭曲度

| | 1986 | | | 1996 | |
| --- | --- | --- | --- | --- | --- |
| 层数 | 总扭曲度($\beta$) | 单层扭曲度($\gamma$) | 层数 | 总扭曲度($\beta$) | 单层扭曲度($\gamma$) |
| 0 | 0 | 0 | 0 | 0 | 0 |
| 1 | $9.6E-07$ | $9.58228E-07$ | 1 | $9.51E-07$ | $9.50531E-07$ |
| 2 | 0.0091 | 0.009100443 | 2 | 0.009097 | 0.009096296 |
| 3 | 0.01867 | 0.009570449 | 3 | 0.018673 | 0.009575326 |
| 4 | 0.02692 | 0.008247085 | 4 | 0.02692 | 0.008247154 |
| 5 | 0.03632 | 0.009402513 | 5 | 0.036317 | 0.009397712 |
| 6 | 0.04619 | 0.009873305 | 6 | 0.046194 | 0.009876512 |
| 7 | 0.05111 | 0.004918214 | 7 | 0.051115 | 0.004921457 |
| 8 | 0.05646 | 0.005351492 | 8 | 0.056462 | 0.005346584 |
| 9 | 0.06263 | 0.006160628 | 9 | 0.062626 | 0.006164234 |
| 10 | 0.06929 | 0.006669583 | 10 | 0.069293 | 0.006666783 |
| 11 | 0.06844 | $-0.00085258$ | 11 | 0.068449 | $-0.000844181$ |
| 12 | 0.06758 | $-0.000859134$ | 12 | 0.067564 | $-0.000884574$ |
| 13 | 0.06234 | $-0.005238022$ | 13 | 0.062378 | $-0.005186267$ |

**续表**

| | 2009 | | | 2011 | |
|---|---|---|---|---|---|
| 层数 | 总扭曲度($\beta$) | 单层扭曲度($\gamma$) | 层数 | 总扭曲度($\beta$) | 单层扭曲度($\gamma$) |
| 0 | 0 | 0 | 0 | 0 | 0 |
| 1 | 0.00756 | 0.007557624 | 1 | 0.007556 | 0.007555088 |
| 2 | 0.01266 | 0.005102579 | 2 | 0.012661 | 0.005105258 |
| 3 | 0.01809 | 0.005426793 | 3 | 0.01809 | 0.005428712 |
| 4 | 0.02272 | 0.004637085 | 4 | 0.022722 | 0.004631893 |
| 5 | 0.02808 | 0.005359493 | 5 | 0.028079 | 0.005357399 |
| 6 | 0.04269 | 0.014609242 | 6 | 0.042699 | 0.014619234 |
| 7 | 0.04865 | 0.005952213 | 7 | 0.048645 | 0.005946177 |
| 8 | 0.05922 | 0.010577626 | 8 | 0.059224 | 0.010579682 |
| 9 | 0.07095 | 0.011725426 | 9 | 0.070966 | 0.01174115 |
| 10 | 0.07019 | $-0.000758725$ | 10 | 0.070186 | $-0.000779192$ |
| 11 | 0.06909 | $-0.001097421$ | 11 | 0.069097 | $-0.00108939$ |
| 12 | 0.06788 | $-0.001212175$ | 12 | 0.067878 | $-0.001219077$ |
| 13 | 0.06657 | $-0.001311985$ | 13 | 0.066559 | $-0.001319116$ |

**2. 问题 3**

1）古塔中心随时间 $t$ 的变化规律

（1）各层塔高关于 $t$ 的变化规律

由于长时间承受自重、气温、风力等各种作用,偶然还要受地震、飓风的影响,古塔会产生各种变形,特别是古塔的塔高会随着时间 $t$ 的增大而减小.

根据参考文献,第 $i$ 层塔高 $z_i$ 与时间 $t$ 为指数关系,即

$$z_i = e^{f(t)}$$

通过取对数

$$\ln z_i = f(t)$$

其中 $f(t)$ 为多项式函数.

以 1986 年 8 月即（1986.5833）作为时间基点,即 $t$ 为 0,则 1996 年 7 月时间 $t$ 为 10.0834,2009 年 3 月时间 $t$ 为 22.6667,以及 2011 年 3 月时间 $t$ 为 24.6667.

利用 SPSS 软件,拟合可得 $z$ 关于 $t$ 的函数关系式如下:

$$
\begin{cases}
z_1 = e^{0.582-0.001t} \\
z_2 = e^{1.991-0.001\times t-4.485\times10^{-6}\times t} \\
z_3 = e^{2.546-2.689\times10^{-5}\times t+4.29\times10^{-7}\times t^2-1.222\times10^{-7}\times t^3} \\
z_4 = e^{2838+4.438\times10^{-5}\times t-1.365\times10^{-6}\times t^3} \\
z_5 = e^{3.078-8.153\times10^{-5}\times t+8.823\times10^{-6}\times t^2-2.752\times10^{-7}\times t^3} \\
z_6 = e^{3.267-1.02\times10^{-6}\times t-1.836\times10^{-6}\times t^2} \\
z_7 = e^{3.396-2.724\times10^{-6}\times t-8.713\times10^{-7}\times t^2} \\
z_8 = e^{3.507-1.692\times10^{-6}\times t} \\
z_9 = e^{3.607+2.642\times10^{-5}\times t^2-7.971\times10^{-7}\times t^3} \\
z_{10} = e^{3.693+1.769\times10^{-5}\times t-5.442\times10^{-7}\times t^3} \\
z_{11} = e^{3.794-6.902\times10^{-5}\times t+8.006\times10^{-6}\times t^2-2.359\times10^{-7}\times t^3} \\
z_{12} = e^{3.886+1.321\times10^{-5}\times t^2-4.085\times10^{-7}\times t^3} \\
z_{13} = e^{3.967-4.196\times10^{-6}\times t^2-1.08\times10^{-7}\times t^3} \\
z_{14} = e^{4.009+2.515\times10^{-6}\times t-1.047\times10^{-6}\times t^2}
\end{cases}
$$

（2）古塔各层的倾斜角、弯曲度、扭曲度随时间

根据前面已有的倾斜角($\alpha$)、弯曲度($\kappa$)、扭曲度($\beta$)随时间变化的规律,可用 SPSS 分析各层倾斜角($\alpha$),弯曲度($\kappa$),扭曲率($\beta$)与时间 $t$ 的函数关系式.

结合各层塔高 $\Delta H$ 与 $\alpha,\kappa,\beta$ 可得:

$$
\begin{cases}
x = x_0 + \Delta H \times \tan\alpha \times \cos\beta \\
y = y_0 + \Delta H \times \tan\alpha \times \sin\beta \\
z = \Delta H
\end{cases}
$$

其中$(x_0,y_0,0)$为塔底中心基准点$(x_0 = 566.641, y_0 = 522.734, z_0 = 0)$

可计算古塔各层中心坐标与时间的函数关系式.

（3）模型的计算

以塔顶为例,可拟得塔尖这几个分量与 $t$ 的函数表达式:

$$\alpha = 0.042 + 5.165\times10^{-5} - 6.235\times10^{-6}\times t^2 + 1.848\times10^{-7}\times t^3$$

$$\beta = 0.062 - 9.065\times10^{-5} + 1.134\times10^{-5}\times t^2$$

$$z_{14} = e^{(4.009+2.515\times10^{-6}\times t-1.047\times10^{-6}\times t^2)}$$

以塔重心为例:

将塔身近似地看作一个锥体,由锥体重心的位置的计算公式可知,古塔的重心位于中心轴上且与塔底的距离为塔高的四分之一处.可近似得出该古塔的重心位于第 4 层的中心处.

$$av\alpha = 0.013 - 6.635\times10^{-5}\times t + 1.215\times10^{-5}\times t^2$$

$$av\beta = 0.008 + 8.264\times10^{-5}\times t - 9.922\times10^{-6}\times t^2$$

$$z_4 = e^{2.838-4.845\times10^{-5}\times t}$$

2015—2040 年每隔 5 年的发展趋势,如表 9-10 所示:

表 9-10 近几十年古塔的变形趋势

| 时间 | 塔尖 | | | 塔重心 | | |
|------|------|------|--------|--------|------|--------|
| | 坐标 $x$ | 坐标 $y$ | 倾斜度 | 坐标 $x$ | 坐标 $y$ | 倾斜度 |
| 2015 年 7 月 | 568.911 | 522.896 | 0.04132 | 567.004 | 522.735 | 0.02129 |
| 2020 年 7 月 | 568.953 | 522.908 | 0.04211 | 567.064 | 522.734 | 0.02479 |
| 2025 年 7 月 | 569.03 | 522.923 | 0.04353 | 567.134 | 522.732 | 0.02889 |
| 2030 年 7 月 | 569.148 | 522.945 | 0.04572 | 567.214 | 522.73 | 0.0336 |
| 2035 年 7 月 | 569.316 | 522.973 | 0.04882 | 567.305 | 522.726 | 0.03892 |
| 2040 年 7 月 | 569.54 | 523.01 | 0.05297 | 567.405 | 522.721 | 0.04485 |

古塔倒塌的临界点为重心在底面上的投影超过其底面,又由于本节古塔的底面半径为 $(r = 5.6)$,所以该古塔倒塌的临界点为

$$z_4 \times \text{Tan}[\text{av}\alpha] = r$$

其中

$$\text{av}\alpha = 0.013 - 6.635 \times 10^{-5} \times t + 1.215 \times 10^{-5} \times t^2$$

$$z_4 = e^{2.838 - 4.845 \times 10^{-5} \times t}$$

求解得到古塔到达临界值的时间为 $t = 533.316$,可估测在不加维修的情况下,古塔将于 2519.943 年左右倒塌.

### 9.3.3 模型的评价

**1. 优点**

① 首先对坐标用 SPSS 进行 $x$ 与 $z$,$y$ 与 $z$ 的相关性进行拟合分析.

② 所建立的模型与实际紧密联系,由一些利用简单的模型就能达到很好的效果,有很好的通用性和推广性.

③ 运用 MATLAB 和 Mathematica 以及 SPSS 软件进行计算,可信度高.

④ 文中图形与数据相结合更具有说服力.

**2. 缺点**

① 该模型在方案的处理上有一定的主观性,在影响因素时有一定的局限性和主观性.

② 在处理数据和求解过程中不可避免地出现各种误差,在一定程度上也影响到模型求解的精确度.

### 9.3.4 参考文献

[1] 胡志晓.古塔倾斜观测和数据分析.江苏建筑,2011,145(6):34—44.

[2] 黄强.古塔变形监测的探讨.测绘与空间地理信息,2013,36(6):217—220.

[3] 司守奎.数学建模算法与应用.北京:国防工业出版社,2011.

[4] 蒋珉.MATLAB 程序设计及应用.北京:北京邮电大学出版社,2010.

［5］袁新生.LINGO 和 Excel 在数学建模中的应用.北京：科学出版社,2007.

［6］邓维生.SPSS19 统计分析实用教程.北京：电子工业出版社,2012.

［7］罗园.20 多座古塔倾斜：专家观测防倒塌.http://it.sohu.com/20081218/n261219145.shtml,2013-9-15.

# 附录一　MATLAB 常用函数和指令索引

| 函数及命令 | 函数的功能 |
|---|---|
| 特殊变量 | |
| ans | 用于结果的缺省变量名 |
| pi | 圆周率 |
| eps | 计算机的最小数,当和 1 相加就产生一个比 1 大的数 |
| flops | 浮点运算数 |
| inf | 无穷大,如 1/0 |
| NaN | 不定量,如 0/0 |
| i,j | $i=j=\sqrt{-1}$ |
| 符号 | |
| % | 注释号 |
| ... | 续行符 |
| = | 赋值号 |
| 比较关系符号 | |
| == | 等于 |
| <= | 小于或等于 |
| < | 小于 |
| >= | 大于或等于 |
| > | 大于 |
| ~= | 不等于 |
| 逻辑运算符号 | |
| $A\&B$ 或 $and(A,B)$ | 与运算 |
| $A\mid B$ 或 $or(A,B)$ | 或运算 |
| $\sim A$ 或 $not(A)$ | 非运算 |
| $X\,or(A,B)$ | 异或运算 |
| 基本函数 | |
| abs | 绝对值 |
| acos | 反余弦函数 |

| asin | 反正弦函数 |
|---|---|
| atan | 反正切函数 |
| cos | 余弦函数 |
| ceil | ＋∞方向取整,也称过剩整数 |
| exp | 以 e 为底的指数 |
| fix | 离 0 近方向取整 |
| floor | －∞方向取整,也称不足整数 |
| log | 常用对数 |
| log10 | 以 10 为底的对数 |
| max | 向量最大值 |
| mean | 向量平均值 |
| median | 向量中位数 |
| min | 向量最小值 |
| nchoosek | 组合数 |
| pow2 | 2 的幂 |
| prod | 数组行(列)元素求积 |
| round | 四舍五入整数 |
| sign | 符号函数 |
| sin | 正弦函数 |
| sort | 将元素按升幂排列 |
| sqrt | 算术平方根 |
| std | 向量标准差 |
| sum | 数组行(列)元素求和 |
| tan | 正切函数 |
| 常用指令与函数命令 | |
| b,g,y,k,r,c,m | 表示为曲线上色:蓝色,绿色,黄色,黑色,红色,青色,紫色 |
| clc | 清除命令窗里的显示内容,光标回到屏幕的左上角 |
| clear | 清除内存变量和函数 |
| collect | 合并 |
| demo | 演示 |
| det | 求行列式 |
| diff | 微分或差分 |
| disp | 显示字符串 |
| doc 函数名 | 查找某函数 |
| double | 双精度型 |

**续表**

| | |
|---|---|
| dsolve | 常微分方程符号解 |
| end | for,if,while 结构的结束关键字 |
| expand | 符号表达式展开 |
| eye | 产生单位矩阵 |
| ezplot | 指定范围作二维图 |
| factor | 质数分解、因式分解 |
| factorial | 阶乘函数 |
| finverse | 反函数 |
| fminimax | 极小极大问题 |
| fminbnd | 一元函数极小值 |
| fmincon | 约束极小(非线性规划) |
| fminunc | 无约束函数极小值 |
| fminsearch | 无约束多元函数极小值 |
| for while | 循环语句关键字 |
| fplot | 指定范围作二维图 |
| fsolve | 解非线性方程组 |
| function | 函数 M 文件的关键字 |
| funtool | 可视化函数计算器 |
| fzero | 求一元函数的零点 |
| gcd | 最大公约数 |
| help 主题 | 可得该命令的帮助信息 |
| home | 光标回到屏幕的左上角 |
| if else else if | 条件语句关键字 |
| ilaplace | 拉普拉斯逆变换 |
| int | 求积分 |
| intersect | 两集合(向量)的交集 |
| inv | 矩阵求逆 |
| laplace | 拉普拉斯变换 |
| lcm | 最小公倍数 |
| limit | 求极限 |
| linewidth | 设置线宽 |
| linprog | 求线性规划问题 |
| lsqnonlin | 解非线性最小二乘问题 |
| magic | 生成魔方阵 |
| membrane | 显示 MATLAB 图标 |

| mesh | 三维网线图 |
| --- | --- |
| mod | 求余数 |
| nchoosek | 计算组合数 |
| numeric | 数值型 |
| ones | 产生元素全为 1 的矩阵 |
| plot | 描点作二维图 |
| Plot3 | 作三维曲线图 |
| poly | 已知根求所对应的多项式 |
| polyfit | 拟合成多项式 |
| polyval | 多项式求值 |
| pretty | 显示数学理论形式 |
| prod | 计算乘积函数 |
| quadprog | 二次规划 |
| rand | 产生均匀分布的随机数矩阵 |
| randn | 产生正态分布的随机数矩阵 |
| rank | 求矩阵秩 |
| rats | 有理逼近 |
| roots | 多项式方程所有解 |
| round | 四舍五入取整 |
| rref | 用高斯—约当消元法和行主元法求最简行矩阵 |
| sign | 符号函数 |
| simple | 符号表达式的最简形式 |
| simplify | 符号表达式化简 |
| solve | 代数方程(组)符号解 |
| subs | 变量代换 |
| switch case | 分支语句关键词,与条件语句类似 |
| sym | 构造符号数字、变量和对象 |
| sym2poly | 将符号多项式转换为系数向量 |
| syms | 以命令行形式构造符号对象 |
| symsum | 符号求和 |
| taylor | 泰勒级数展开 |
| vpa | 变精度算法 |
| zeros | 产生零矩阵 |

# 附录二 LINGO 常用函数和指令索引

| 函数及命令 | 函数的功能 |
|---|---|
| 一、基本运算符 | |
| 算术运算符 | |
| ^ | 乘方 |
| * | 乘 |
| / | 除 |
| + | 加 |
| - | 减 |
| 逻辑运算符 | |
| #not# | 否定该操作数的逻辑值,#not#是一个一元运算符 |
| #eq# | 若两个运算数相等,则为 true;否则为 flase |
| #ne# | 若两个运算符不相等,则为 true;否则为 flase |
| #gt# | 若左边的运算符严格大于右边的运算符,则为 true;否则为 flase |
| #ge# | 若左边的运算符大于或等于右边的运算符,则为 true;否则为 flase |
| #lt# | 若左边的运算符严格小于右边的运算符,则为 true;否则为 flase |
| #le# | 若左边的运算符小于或等于右边的运算符,则为 true;否则为 flase |
| #and# | 仅当两个参数都为 true 时,结果为 true;否则为 flase |
| #or# | 仅当两个参数都为 false 时,结果为 false;否则为 true |
| 关系运算符 | |
| = | 等于 |
| <= | 小于或等于 |
| >= | 大于或等于 |
| 二、数学函数 | |
| @abs($x$) | 返回 $x$ 的绝对值 |
| @sin($x$) | 返回 $x$ 的正弦值,x 采用弧度制 |
| @cos($x$) | 返回 $x$ 的余弦值 |
| @tan($x$) | 返回 $x$ 的正切值 |
| @exp($x$) | 返回常数 e 的 $x$ 次方 |
| @log($x$) | 返回 $x$ 的常用对数 |

| | |
|---|---|
| @lgm($x$) | 返回 $x$ 的 gamma 函数的自然对数 |
| @sign($x$) | 如果 $x<0$ 返回 $-1$；否则，返回 1 |
| @floor($x$) | 返回 $x$ 的整数部分．当 $x>=0$ 时，返回不超过 $x$ 的最大整数；当 $x<0$ 时，返回不低于 $x$ 的最大整数． |
| @smax($x_1,x_2,\cdots,x_n$) | 返回 $x_1,x_2,\cdots,x_n$ 中的最大值 |
| @smin($x_1,x_2,\cdots,x_n$) | 返回 $x_1,x_2,\cdots,x_n$ 中的最小值 |
| 三、金融函数 | |
| @fpa($I,n$) | 返回如下情形的净现值：单位时段利率为 $I$，连续 $n$ 个时段支付，每个时段支付单位费用． |
| @fpl($I,n$) | 返回如下情形的净现值：单位时段利率为 $I$，第 $n$ 个时段支付单位费用． |
| 四、概率函数 | |
| @pbn($p,n,x$) | 二项分布的累积分布函数．当 $n$ 和（或）$x$ 不是整数时，用线性插值法进行计算． |
| @pcx($n,x$) | 自由度为 $n$ 的 $\chi^2$ 分布的累积分布函数． |
| @pfd($n,d,x$) | 自由度为 $n$ 和 $d$ 的 $F$ 分布的累积分布函数． |
| @psn($x$) | 标准正态分布的累积分布函数． |
| @ptd($n,x$) | 自由度为 $n$ 的 $t$ 分布的累积分布函数． |
| @qrand($seed$) | 产生服从$(0,1)$区间的拟随机数． |
| 五、变量界定函数 | |
| @bin($x$) | 限制 $x$ 为 0 或 1 |
| @bnd($L,x,U$) | 限制 $L\leqslant x\leqslant U$ |
| @free($x$) | 取消对变量 $x$ 的默认下界为 0 的限制，即 $x$ 可以取任意实数 |
| @gin($x$) | 限制 $x$ 为整数 |
| 六、集操作函数 | |
| @in(set_name,primitive_index_1 [,primitive_index_2,…]) | 如果元素在指定集中，返回 1；否则返回 0． |
| @index([set_name,]primitive_set_element) | 该函数返回在集 set_name 中原始集成员 primitive_set_element 的索引． |
| @wrap(index,limit) | 该函数返回 j＝index－k＊limit，其中 k 是一个整数，取适当值保证 j 落在区间[1,limit]内． |
| @size(set_name) | 该函数返回集 set_name 的成员个数．在模型中明确给出集大小时最好使用该函数． |

**续表**

| 七、集循环函数 | |
|---|---|
| @function(setname [(set_index_list) ][\|conditional_qualifier] ]:expression_list); | @function 相应于下面罗列的四个集循环函数之一；<br>setname 是要遍历的集；set_ index_list 是集索引列表；conditional_qualifier 是用来限制集循环函数的范围，当集循环函数遍历集的每个成员时，LINGO 都要对 conditional_qualifier 进行评价，若结果为真，则对该成员执行@function 操作，否则跳过，继续执行下一次循环。expression_list 是被应用到每个集成员的表达式列表，当用的是@for 函数时，expression_list 可以包含多个表达式，其间用逗号隔开。这些表达式将被作为约束加到模型中。当使用其余的三个集循环函数时，expression_list 只能有一个表达式。如果省略 set_index_list，那么在 expression_list 中引用的所有属性的类型都是 setname 集。 |
| @for | 该函数用来产生对集成员的约束。 |
| @sum | 该函数返回遍历指定的集成员的一个表达式的和。 |
| @min 和@max | 返回指定的集成员的一个表达式的最小值或最大值。 |

| 八、输入和输出函数 | |
|---|---|
| @file | 该函数用从外部文件中输入数据，可以放在模型中任何地方。该函数的语法格式为@file('filename')。 |
| @text | 该函数被用在数据部分用来把解输出至文本文件中。它可以输出集成员和集属性值。其语法为@text(['filename']) |
| @ole | @OLE 是从 EXCEL 中引入或输出数据的接口函数，它是基于传输的 OLE 技术。 |
| @status() | 返回 LINGO 求解模型结束后的状态：<br>0　Global Optimum(全局最优)<br>1　Infeasible(不可行)<br>2　Unbounded(无界)<br>3　Undetermined(不确定)<br>4　Feasible(可行)<br>5　Infeasible or Unbounded(通常需要关闭"预处理"选项后重新求解模型，以确定模型究竟是不可行还是无界)<br>6　Local Optimum(局部最优)<br>7　Locally Infeasible(局部不可行，尽管可行解可能存在，但是 LINGO 并没有找到一个)<br>8　Cutoff(目标函数的截断值被达到)<br>9　Numeric Error(求解器因在某约束中遇到无定义的算术运算而停止)<br>　　通常，如果返回值不是 0、4 或 6 时，那么解将不可信，几乎不能用。该函数仅被用在模型的数据部分来输出数据。 |

| 九、辅助函数 | |
|---|---|
| @if | 将评价一个逻辑表达式 logical_condition，如果为真，返回 true_ result，否则返回 false_result。 |

# 附录三　EXCEL 常用命令汇编

**表 1　EXCEL 中的运算函数**

| 函数类别 | 示　例 |
|---|---|
| 逻辑函数 | IF(判断),NOT(非),OR(或),AND(与),TRUE(真),FALSE(假) |
| 数学函数 | LOG(对数),POWER(乘幂),FACT(阶乘),… |
| 统计函数 | VAR(方差),NORMSDIST(标准正态分布),… |
| 工程函数 | HEX2BIN(十六进制到二进制),… |
| 金融函数 | NPV(净现值),FV(净现值),INTRATE(利率),YIELD(收益),… |

**表 2　EXCEL 常用函数表**

| 函数名 | 功　能 | 参　数 |
|---|---|---|
| ABS | $x$ 的绝对值 | 数 $x$ 或单元格 |
| ASIN,ACOS,ATAN | 求反三角函数值 | 定义域内的数 |
| AVERAGE | 求算术平均数 | 数组 |
| COMBIN | 组合数 $C_n^r$ | $n$ 和 $r$ 两个整数 |
| COUNT | 统计个数 | 数组 |
| COUNTIF | 统计满足某种条件的数据个数 | 数据区域和条件 |
| EXP | 计算 $e^x$ | 任意实数 |
| FACT | 计算 $n$ 阶乘 | 整数 $n$ |
| GCD | 最大公约数 | 若干个数 |
| IF | 由条件决定返回值 | 一个条件,两个结果 |
| LCM | 最小公倍数 | 若干个数 |
| LN | 求自然对数 ln | 真数或单元格(正实数) |
| LOG | 给定底的对数 | 真数和底数 |
| LOG10 | 10 为底的对数 | 真数或单元格(正实数) |
| MAX | 求最大值 | 数组 |
| PI | 圆周率 | 无 |
| POWER | $x$ 的 $y$ 次方 | 两个数 $x$ 和 $y$ |
| RAND | 0—1 之间均匀分布随机数 | 无 |
| SERIESSUM | 求幂级数的和 | 满足要求的四个数 |
| SIN,COS,TAN | 求三角函数值 | 以弧度表示的角度 |
| SQRT | x 的平方根 | 数 x 或单元格 |
| SUM | 求和 | 数组,如:A2:A10 |
| SUMIF | 满足某种条件的所有数据的和 | 数据区域和条件 |
| SUMSQ | 计算平方和 | 数组(向量) |
| SUMXMY2 | 两个数组对应数值差的平方和 | 两个数组 |
| SUMPRODUCT | 两个数组对应数值乘积之和 | 两个数组 |

# 参考文献

[1]叶其孝.大学生数学建模竞赛辅导教材(五)[M].长沙:湖南教育出版社,2008.

[2]杨桂元等.数学模型应用实例[M].合肥:合肥工业大学出版社,2007.

[3][美]Frank R. Giordano Maurice D. Weir WilliamP. Fox.数学建模[M].北京:机械工业出版社,2006.

[4]袁震东,赵小平,吴长江.数学建模[M].上海:华东师范大学出版社,2007.

[5]姜启源,谢金星,叶俊.数学模型[M].北京:高等教育出版社,2003.

[6]冯杰,黄力伟,王勤,尹成义.数学建模原理与案例[M].北京:科学出版社,2007.

[7]王冬琳.数学建模及实验[M].北京:国防工业出版社,2004.

[8]求实科技.MATLAB7.0从入门到精通[M].北京:人民邮电出版社,2006.

[9]施吉林.实验微积分[M].北京:高等教育出版社/海德堡:施普林格出版社,2001.

[10]江世宏.数学实验[M].北京:科学出版社,2007.

[11][美]芬尼·韦尔·焦尔当诺.托马斯微积分[M].北京:高等教育出版社,2003.

[12]李心灿.高等数学应用205例[M].北京:高等教育出版社,1997.

[13]宣明.应用高等数学[M].北京:国防工业出版社,2014.

[14]颜文勇,柯善军.高等应用数学[M].北京:高等教育出版社,2006.

[15]吴云宗,张继凯.实用高等数学[M].北京:高等教育出版社,2006.